哈佛数学150年

(1825–1975)

STEVE NADIS 丘成桐 著

赵振江 译

高等教育出版社·北京

献给过去、现在和未来的哈佛数学家，

以及曾对这一优美的学科有所贡献的

全世界数学家！

目 录

序言一

近来，我们系里一位德高望重的同事问我，为何要写一部关于哈佛数学史的书。他认为我们系的历史 (或者任何一个系的历史) 本身并不是一个有价值的题目，或者至少不值得写成一本书。他说："我不把历史看作目的，我把它看作一种手段。但是如果它应该是一个目的，你真的应该解释一下，为何你认为它是重要的，并且其他地方的人会对此感兴趣。"

我必须承认我被他的话吓了一跳，因为我从一开始就认为这个题目毫无疑问是有价值的。但是作为这个项目的发起人 (当时我还是系主任)，我十分感谢他的询问，因为这迫使我的合著者和我长时间苦苦思考这本书的前提。在对这个问题进行大量的思考后，我必须对我这位可敬的同事提出异议，因为从哈佛数学家几年甚至几十年的故事中，我既看到了手段，又看到了目的。首先，阅读伟人的非凡事迹具有潜在的教育价值，这些伟人在历史的不同时期确实改变了数学的进程。其次，这里有一些非常好的故事，这些故事值得讲述，它们讲述了一些人通过不同且独特的途径走向数学，在某些情况下，为追求各自的事业，他们克服了重重的困难。

但除此之外，我真的相信，优秀的数学家 (以及优秀的科学家) 需要了解他们所研究学科的起源。通过审视昔日那些伟大的男人和女人的贡献，我们可以找到一条显示数学中的重要思想是如何演进的道路。通过审视这条道路，我们可以获得一些有用的线索，这些线索在未来的岁月里可能会结出硕果。换一种说法，这本书的一个希望，就是在颂扬数学系的传奇往事中，我们可以为未来的成就铺平道路，从而有助于确保它的未来可以像过去一样甚至更加传奇。

你可以是世界上最聪明的数学家，但如果你试图在不了解任何历史的情况下证明一个定理，你成功的机会可能会寥寥可数。很显然，一个人，无论他或她的天赋有多高，如果不利用前人积累的知识，就不可能在数学上走得很远。

你可能会认为你刚刚证明的定理是有史以来最伟大的工作，一个确定无疑的"游戏规则改变者"、一个现成的经典。但从大局来看，这只是一项孤立的成就，是我们称为数学这个大木桶中的一滴水。当你把这"一滴"与你所有其他成就结合起来，你可能总共生产了少量的一点水，也许是一杯 (或一罐)。在我看来，那一杯水并不仅仅是盛在一个雕刻的杯子里，与我们办公室墙上的学位证书和奖项并列摆在一起。相反，它是大河的一部分，这条大河源远流长，我希望，河水能永远流淌。当我做数学时，只要有可能，我就想知道这条大河从哪里来，往哪里去。一旦了解了这些，我就能更好地知道下一步应该去做什么。

这些是我深入研究数学和其他智力活动的过往所看到的价值。但这仍留下了一个问题，为何我们选择写哈佛的数学，而非其他地方，又为何我们认为这个地方足够重要，值得这样对待。除了我在哈佛工作、很幸运地在过去的二十五年里受聘于此这一明显事实外，这所大学还帮助推动了美国乃至世界数学的发展。大约 100 年前，这个领域还几乎都是由欧洲人主导。但在过去的一个世纪里，美国数学家留下了自己的印记，哈佛一直处于许多关键进展的中心，我们的学者持续发挥着主导作用。

我不会冒险宣称哈佛是最好的，那样会让我在一些地方不受欢迎，并且也很难证明。它甚至可能并非事实。但我想，大多数客观的观察者都会同意，哈佛数学系至少是最好的数学系之一。我可以毫不犹豫地说，它培养并吸引了一批伟大的数学家，一个多世纪以来一直如此。在这个环境中，诞生出一些真正令人惊叹的工作，自从 1987 年来到这里，我就一直被哈佛的杰出传统所震撼，有时甚至有些敬畏。

我们大学的教室、图书馆和走廊都曾见证了传奇人物的丰功伟绩，这些人包括 Peirce、Osgood、Bôcher、Birkhoff、Morse、Whitney、Mac Lane、Ahlfors、Mackey、Gleason、Zariski、Brauer、Bott 和 Tate。这些学者的影响依旧显著，他们的遗产振奋人心。在如分析、微分几何和拓扑、代数几何和代数拓扑、表示论、群论和数论等六个左右的独立领域中，哈佛一直处于领先地位。

在讲述这些先驱者的故事时，合著者和我的目标远不止讲述系里所取得的最知名的成就。相反，我们希望提供一个宽泛的现代数学指南，向非专业人士解释一些概念，这些概念即便是数学专业的学生在上研究生课之前通常也不会接触到。尽管外行读者无法从我们相对简略的叙述中掌握这些高深的主题，但他们至少可以对相关工作有所了解，或许还能抓住主旨要点。据我们所知，除了高年级学生或职业数学家外，还从来没有人讨论过诸如 Stiefel-Whitney 类、拟共形映射、平展上同调和 Klein 群这些深奥的问题。在这些篇幅中，我们希望对某些概念提供一个概括性的、亲和的介绍，人们可能听说过这些概念，但对它们到底是什么一无所知。

但是从项目一开始，我们就感觉到，在介绍这些“重要的”哈佛数学家时，我们必须在某种程度上解释这些人做了什么，使得他们的重要性远远超出了哈佛本身的范畴。他们的数学贡献被作为生平故事的一部分来讲述，我们希望这个方法能使原本可能枯燥无味的叙述变得生动活泼一些。

当然，一个数学系不仅仅是一群人因或多或少的共同学术追求聚在一起；一个系也有历史，而它在哈佛的起源绝非浮夸。可以说，该系正式成立于 1727 年，当时 Isaac Greenwood 被任命为第一位 Hollis “数学和自然哲学” 教授。(虽然当时数学系只有一个人，但在学校的早期历史中，根本就没有院系。在学校创建伊始，所有科目都由一位教师负责讲授。) Greenwood 显然具有数学才能，而且还是哈佛毕业生，他在职 11 年，直到他在这所学院的事业乃至生命因酗酒而终结。

虽然大约 300 年前系里只有一个 (有才华但有缺陷的) 人，但现在已发展成为各数学学科的主要力量，尽管其规模相对较小，大约只有 24 名初级和高级教师。从几乎一无所有发展到现在的世界领先地位，哈佛数学是建设和保持一流院系，以及在数学上取得成功和多产的典范。

系里的部分成功，源于从 20 世纪初开始，保持了一种鼓励教师和学生——甚至和年轻学生，包括本科生——进行研究的氛围。聘用终身教员的决定至关重要，需要数年时间来完成，其目标是在一个特定领域任命那个最好的人。系里努力使教授群体包含不同的年龄层，以达到人员结构的平衡，并实现梯队的持续更新。

在这个意义上，数学系已经实现它的目标，在各个领域取得了成绩、甚至是卓越的成就，它的历史成为美国乃至世界数学史的重要组成部分。尤其自 20 世纪初以来，哈佛起到引领作用，数学系——凭借其吸引的人才、探索的道路和获得的进展——已在数学发展的每个角落都留下了持久印记。换句话说，我们系的历史是整个当代数学史的一部分，而且我认为是很重要的一部分。

如前所述，一个系不只是在网页或目录中列出的一堆名字，也不只是这些人所占用的大楼。它就像一个家族，有自己的过去、独一无二的谱系和复杂的动态，它是友情、善意与合作的混合体，同时伴随着不可避免的竞争、积怨和权力之争。当然，数学是一门涉及面极广的学科，没有一个人能完全掌握它。这是我们与来自美国和世界其他地方的人们进行合作、互动的理由之一。但是，我们最密切的关系大多是和自己系里的人，大家都在同一栋楼里 (谢天谢地，这恰恰是我们目前的情况) ——除了分散在世界各地的访问学者，他们定期到访，让我们接触到新的研究方法。在一些重要方面，我们可以从所有这些人身上学习；他们让我们了解我们尚不知晓的进展，完善我们的知识和技能。

例如，George David Birkhoff (关于他，我们还会谈很多) 激发了其研究生 Marston Morse 和 Hassler Whitney 的兴趣，使他们在拓扑学中开辟了新的道路。而 Morse 又影响了 Raoul Bott，后者把拓扑学引入以前未曾预料的领域，其中一些已经促进了数学和物理的重要发展。Bott 的学生 Stephen Smale 在 Morse 理论的基础上做了进一步的研究。这就是我前面提到的 “大河” 的一部分。当然，水流不会局限于单独一个系，但重要的支流可能会流经这里，并在流经的过程中汇流壮大 (获得额外的 “水量”)。

绘制这条大河的流向图不是一件容易的事情，我们需要追溯其源头，并在它们的交汇点和分叉点追踪支流。在转到芝加哥大学前，数学家 Saunders Mac Lane 的早期生涯大多在哈佛度过，他声称：“众所周知，做数学研究十分艰苦。写数学史虽然不像做数学那样艰难，但它也是困难的。一部分困难在于如何挑选出正确的内容。” 研究历史也是困难的，Mac Lane 写道：“因为事物间的重要关联通常有很多，且往往隐秘，因此会被忽视。” (参见 *A Century of Mathematics in America*, Part 3, 1989 中的附录。)

同河流一样，一个数学系正如数学本身，也不是一成不变的。人是动态的，经常来来往往，这意味着我们的故事不会只局限于马萨诸塞州的剑桥。本书谈到的数学家，有些是来哈佛读本科，并以初级教员的身份返回这里，然后去了其他机构，有些则是来读研究生或来做资深教员。同样，来自美国其他机构或欧洲、亚洲和其他地方的顶级学者会定期来访，与我们的学生和教师交流想法，开展有时长达数十年的合作研究。反过来，为了与美国及全球的其他研究人员合作，系里的人也经常劳碌奔波，所有这一切意味着我们的关注点远没有哈佛数学这一标题所暗示的那样狭隘。因此，数学的讨论不再局限于某一特定校园，而是更加国际化。

处理如此庞杂的主题，最大的挑战之一就是 “挑选正确的事情”，正如 Mac Lane 说的那样。对本书的一些关键时点，我们不得不做出艰难的决定，即在众多有价值的竞争者中，选择谁的故事会脱颖而出，同时也要对考虑的时间范围做出取舍。尽管我们试图关注那些对数学做出最大贡献的哈佛研究人员 (主要是教员)，但我承认，这里存在一定程度的武断和主观。因为时间、空间和 (本书作者的) 知识的局限，许多杰出的个人可能在叙述中被忽略了，我们对此深表歉意。

时间范围的选择也有些随意。一个半世纪的 150 年似乎是一个不错的整数；1825 年被选为 “官方” 起点 (尽管也简略提及了更早的年份)，是因为在那一年，16 岁的 Benjamin Peirce 作为新生第一次来到哈佛。许多人认为，Peirce 是第一位在纯数学领域做出原创工作的美国人。例如，在 1831 年成为哈佛教员的几个月内，Peirce 就证明了一个定理 (在第 1 章讨论)，内容涉及奇 “完全数” (假设其存在) 至少有多少个素因子。

遗憾的是，校方并没有因此奖励 Peirce。相反，他们敦促他把精力放到编写教科书上，这被认为是哈佛教授最合适、也是最崇高的目标。事实上，直到 19 世纪末和 20 世纪初，哈佛 (或者任何美国其他大学) 都几乎很少进行原创性的数学研究。这一转变——哈佛数学时代的来临与美国其他地方的同步发展——成为第 2 章的主题。Steve Batterson 在他 2009 年的一篇优秀文章《Bôcher、Osgood 和美国数学在哈佛崛起》(Bôcher, Osgood, and the Ascendance of American Mathematics at Harvard) 中也提到了这一转变，该文发表在《美国数学会通报》(*Notices of American Mathematical Society*) 上。虽然我觉得 Batterson 的叙述引人入胜，但我感到它在故事正变得有趣 (就在我们系开始步入正轨) 时却戛然而止。这其实是写作本书的部分动机，即写下 20 世纪初数学真正在哈佛扎根后发生的事情。

在我看来，这里已建立了一种优秀的传统，它自我延续，有了自己的生命。随着教员、研究员、研究生和本科生持续做出令人印象深刻的研究工作，证明新定理，赢得重要奖项，这个故事正在不断展开。由于这项工作没有一个明显的截止点，我们 (再次有些武断地) 决定把编年史截止在 1975 年或其前后，缘由在于，准确评价数学的发展也许需要几十年的时间。许多定理起初令人兴奋，但二三十年后，我们发现有些定理并没有那么重要。

我们选定时间范围的一个结果是，除了少数例外，我们写到的人已不在系里工作，他们中的大多数人已经离世。这使得在撰写这样一段历史时更加容易，因为当一个人的事业还在中途时，很难辨别他或她最突出的成就。时间对于评判一个人成就的重要性是很有帮助的。在任何时候，他或她做的下一件事都可能令之前所做的一切黯然失色。

这一策略的缺点是，我们不可避免地略去了许多非凡的数学成果，因为很明显，哈佛学者自 1975 年以来取得了很多成功。也许有一天，这次的叙事还会有续篇，从中我们同样可以读到他们的故事和成就。

丘 成 桐

序言二

当我的合著者第一次接洽我来承担这个项目时，我必须承认我不知道如何着手。(我不好意思承认，我参与的大多数文学创作都是如此。) 尽管我之前曾去过数学系无数次，并在访谈中见过许多教员、学生和博士后，但我从未多想这些人工作的环境或背景。我不知道他们是如何适应这里的。像我一样在这里进进出出，人们很容易忽视这个地方的传统底蕴。然而，经过一番挖掘，我高兴地发现，几十年甚至几百年间，这些振奋人心的人物为推进美国乃至全世界的数学事业曾做出那么多贡献，远远超出我的想象。我渴望更多地了解他们以及他们所取得的成就，我也希望和我一样、没有在这里工作的人也可以发现这些人物故事的精彩之处。

我曾与一位数学家交谈过，他是一家著名数学期刊的编辑，他告诉我哈佛很特别，用他的话说，是“数学的灯塔”，“几乎每个远道而来访问美国的数学家，都想在哈佛停留一些时间”。在开始这个项目之前，我从未听过这样的评论，而且评论出自外人之口，这无疑是对数学系的赞誉。但同样真实的是，不管哈佛数学现在的地位如何，它并不总是一座灯塔。有很长一段时间，哈佛数学家甚至美国数学家，都没有在他们的领域做出持续的贡献。当然，这种情况已经改变了，这就是为何我和我的合著者考虑写这本书。我们认为，考察哈佛数学系是如何从开始的简陋 (与它的大多数美国同行一样) 发展到今天拥有显赫的地位，可能是有教益的。我们的关注焦点不是课程体系的演变，不是数学教育中的革新或者管理政策的变化，而是值得关注的数学成就，即由那些充满个人魅力的人做出的令人惊叹且经得起时间考验的成果。

这一任务涉及大量的研究、采访和调查工作，为此我们得到了数学系内外许多人的帮助。现在，我们要尽可能地感谢他们中的许多人，并对曾在项目中帮助过我们、但却没有被提及的人们致以由衷的歉意，整个项目并不总是有条不紊进行的，有时甚至可以用 “疯狂” 二字形容。我们向以下人员致谢：Michael Artin、Michael Atiyah、Michael Barr、Ethan Bolker、Joe Buhler、Paul Chernoff、齐震宇 (Chen-Yu Chi)、John Coates、Charles Curtis、David Drasin、Clifford Earle、Noam Elkies、Carl Erickson、John Franks、David Gieseker、Owen Gingerich、Daniel Goroff、金芳蓉 (Fan Chung Graham)、Robert Greene、Benedict Gross、Michael Harris、Dennis Hejhal、Aimo Hinkkanen、Eriko Hironaka、Heisuke Hironaka、Roger Howe、胡毅 (Yi Hu)、黄锷 (Norden Huang)、季理真 (Lizhen Ji)、蒋云平 (Yunping Jiang)、Irwin Kra、Steve Krantz、Bill Lawvere、Peter Lax、李骏 (Jun Li)、连文豪 (Bong Lian)、David Lieberman、Albert Marden、Brian Marsden、Barry Mazur、Colin McLarty、Calvin Moore、Dan Mostow、David Mumford、Richard Palais、Wilfried Schmid、Caroline Series、Joseph Silverman、Robert Smith、Joel Smoller、Shlomo Sternberg、Dennis Sullivan、陶哲轩 (Terence Tao)、John Tate、Richard Taylor、Andrey

Todorov、汤家豪 (Howell Tong)、Henry Tye、V. S. Varadarajan、Craig Waff、伍鸿熙 (Hung-Hsi Wu)、杨鼎 (Deane Yang)、杨乐 (Lo Yang)、姚鸿泽 (Horng-Tzer Yau)、杨丽笙 (Lai-Sang Young) 和辛周平 (Xin Zhouping)。尤其是 Antti Knowles、Jacobi Lurie、杜武亮 (Loring Tu) 极为慷慨地投入时间，作者非常感谢他们的巨大投入。Maureen Armstrong、陈丽苹 (Lily Chan)、Susan Gilbert、Susan Lively、Rima Markarian、Roberta Miller 和 Irene Minder 提供了重要的行政帮助。哈佛大学档案馆的图书管理员提供了极大的帮助，哈佛大学 Birkhoff 图书馆的 Nancy Miller、哈佛摄影服务部的 Gail Oskin 等人也是如此。我们还要感谢 Michael Fisher 编辑以及他在哈佛大学出版社的同事 (包括 Lauren Esdaile、Tim Jones、Karen Peláez、Stephanie Vyce)，他们参与了这个项目，并把我们的电子文档变成如此漂亮的一本书。Brian Ostrander 和 Westchester 出版服务公司的其他人，与文字编辑 Patricia J. Watson 一道，帮助我们完成本书最后的润色；感谢！

两位作者得益于陈乐宗 (Gerald Chan)、陈启宗 (Ronnie Chan) 以及晨兴基金会的支持，没有他们，我们就不能完成这一计划。我们深表谢意，并会铭记他们的慷慨相助。

最后，我们要感谢家人，当一个家庭成员决定放弃理性，全心投入到像写书这样的事情当中时，他们总是要包容很多。我的合著者感谢他的妻子友云 (Yu-Yun) 和两个儿子明诚 (Isaac) 和正熙 (Michael)；而我要感谢我的妻子 Melissa、女儿 Juliet 和 Pauline，还有父母 Lorraine 和 Marty，感谢他们的支持和耐心。他们听到的关于哈佛数学的事比一般人多，但这并不意味着本书讨论的内容对他们就不再精彩。

Steve Nadis

数学是得出必然结论的科学。

——Benjamin Peirce，1870 年

开 端

早年岁月

——在牧场上崛起的一所“学院”

哈佛大学 (按照当时的称谓，最初被称为“哈佛学院”) 的开始确实是简陋的，一点也没有显露在多年乃至几个世纪后会出现的迹象。这所学校在 1636 年根据马萨诸塞湾殖民地立法院的政令成立；但在那一年，它更像是一个抽象的概念，而不是一所真正的高等学府，既没有建筑，也没有教员，更没有一名学生。1637 年左右，“纽敦镇” (Newetowne，不久被更名为剑桥) 的一所房屋和一小块奶牛牧场从 Goodman Peyntree 手中被买下，Peyntree 已决定搬到康涅狄格去，这在他那些比较富裕的邻居中显然是一种时髦的做法。在同一年，学院雇用了第一位院长 Nathaniel Eaton，他曾在荷兰弗拉内克大学接受教育，在那里他就安息日这一引人入胜的题目写了一篇学位论文。起初，学校只有 Eaton、九名学生和一个占地一英亩多一点的农舍。查尔斯敦附近的牧师 John Harvard 是 Eaton 的朋友，“一位虔诚的绅士和热爱学习的人”，[1] 1638 年去世，他把自己一半的财产和全部 400 册藏书都捐赠给了这所新兴的学校。

大约 375 年之后，这所以 John Harvard 的名字命名的大学仍矗立在昔日的奶牛牧场上——当然增加了一些不动产——成为美国最古老的高等学府。学校图书馆的藏书量已超过 1600 万册，与最初的几百种形成鲜明对照。学生的数目也同样从屈指可数的几人增长到目前的 30000 多名全日制或非全日制学生。1630 年代时的院长孤身一人，而现在有大约 9000 名教员 (包括在哈佛附属教学医院任职的教员)，外加 12000 名左右的雇员。有 8 位美国总统毕业于该校，学校培养了 40 多位诺贝尔奖获得者。哈佛的教授和毕业生已经获得了 7 枚菲尔兹奖章——有时被称为数学上的诺贝尔奖——在美国数学会的 62 位主席中所占比例超过四分之一。此外，哈佛学者还赢得了许多其他享有盛誉的数学荣誉，我们会在后续篇幅中详细介绍。

当然，这一切在清教徒殖民者创办这所学校时是无法预知的，这些殖民者与今天的博雅精神形成鲜明对比，他们最担心的可能是“当现在的牧师归于尘土之时，留给教会一个不识字的牧师”。[2] 创办者们感到迫切需要培养新的牧师，培养有能力阅读摆在他们面前的《圣经》、赞美诗以及其他文学作品的市民。

换句话说，创办者的想法是建立一所荣耀的《圣经》研究学校，而他们为此目的创办的这所“学院”无疑一开始就举步维艰。学校的第一位雇员 Eaton 有“用棍棒逼着做家庭作业”的倾向。1639 年，也就是他任职的第二年，他用“足以杀死一匹马的胡桃木棍”殴打他的助手，如果没有附近教堂牧师的及时干预，助手可能就死于非命了。同一年，Eaton 因为暴力行为被法庭传唤并被解职——部分原因是他喜欢体罚，部分原因是他妻子的厨艺糟糕，这让学生们吃不好且变得脾气暴躁。显然，她只给学生很少一点的牛肉 (或者根本就没有)，面包“有时是用加热的发酸的面粉做的”，也许最严重的冒犯是，她有时让寄宿生在供应啤酒前要等上一个星期。由于没有任何校长或老师，学校在

1639－1640 学年关闭了，学生们被送往其他地方——一些人回到了原来的农场——这让很多人怀疑学校是否还能重新开学。[3]

哈佛的监管者幸运地遇到 Eaton 的继任者，一位名叫 Henry Dunster 的剑桥大学毕业生，在他担任院长和校长的 14 年间，他让学校在财务和学术上都走上了一条更加健康的道路。Dunster 设计了一个为期三年、三管齐下的教育计划，围绕人文科学、哲学和语言学 (或被称为“习得的语言”) 展开。Dunster 的计划在他 1654 年离职后很长一段时间里基本保持不变，一直持续到 18 世纪。

尽管这个课程表为学生提供了相当广泛的基础，但用历史学家 Samuel Eliot Morison 的话来说，它在数学和自然科学方面是“明显薄弱的”，这与哈佛效仿的那个时代的英国大学是一致的。[4] (关于校园中数学教学的匮乏，另一位历史学家曾经这样解释：“泉水不会高过其源头。”)[5] 由于“算术和几何被认为是……适合技工而不是有学问的人的学科”，Morison 补充道，[6] 所以只有学生在第三和最后一个学年的前三个季度才会接触这些学科，而当年的第四季度则要留给天文学。学生们在周一和周二的上午 10 点集合，有机会磨炼他们的数学技能。这些时间被明显地刻在石头上，或写在学校的规章制度里，规定“除非经验表明有理由改变”，否则不得改变这个时间。[7]

在最初的大约 100 年里，有导师头衔的数学教员几乎没有接受过这个学科的正规训练，大家普遍认为这个学科本身几乎不值得认真投入。同样，学生想要被哈佛录取，就必须证明自己精通拉丁语 (“足以理解 Tully* 或任何类似古典作家的作品”)，但没有数学的入学考试，“连乘法表都可以不会”。[8]

---

*古罗马作家西塞罗 (Marcus Tullius Cicero) 的英文名字。——译者注

有证据表明，在 Dunster 引入他最初的学习计划后的八九十年间，哈佛的数学教育几乎没有什么变化。1890 年，Florian Cajori 在一篇关于美国数学训练的评论中写道：“算术、一点几何和天文学构成了关于精确科学大学教学的全部内容，申请硕士学位的人只需要把同样的内容再彻底复习一遍就行了。”[9]

例如，Cajori 认为代数可能直到 1720 或 1730 年代才出现在哈佛的课程中，尽管法国数学家和哲学家 René Descartes 在 1637 年就引入了现代代数符号。1673 年和 1674 年，英国教师 John Kersey 分两卷本出版了这个学科的教科书 *Elements of That Mathematical Art Commonly Called Algebra*，比哈佛认为适合让学生接触代数学早了近半个世纪。

从当时的毕业论文题目看，当时的数学学问不是什么惊天动地的大事，Morison 写道：“大多由一些显然的命题构成，‘素数不能被任何因子整除’，‘在任意三角形中，大边对大角’。”[10] 显然，在这种耕作环境中，没有人耕种新的土地，也没有人挖掘新的宝藏。

转折点出现在 1726 年，当时 Isaac Greenwood 被任命为第一位数学教授。毕业于哈佛的 Greenwood 为提高科学和数学的教学水平做出了很大贡献，他开设了各种高等主题的私人课程。他还就 Isaac Newton 的发现做了一系列讲座和演示，Newton 在 1727 年去世，这恰好也是 Greenwood 成为第一个担任新设立的 Hollis 数学和自然哲学教授的同一年，该席位以伦敦富商、哈佛的捐助人 Thomas Hollis 的名字命名。Greenwood 还占据了许多其他的第一，编写了第一部由本土出生的美国人写的英文数学教科书，成为殖民地第一个讲授微积分的数学教授。他还讲授代数学，而且可能是第一个向哈佛学生介绍这一学科的人。

尽管有这些优点，Greenwood 还是让他对酒精的嗜好占据了上风。在多次酗酒和戒酒失败后，尽管有很多机会改过自新，他还是在 1738 年被永久免职，解雇原因是“严重酗酒”。[11] 他的解职在这所大学的早期历史中被描述为“从哈佛古老的树干上剪除了病变的树枝”。[12] 离开哈佛后，Greenwood 成为一名旅行讲师，不幸的是，7 年后他因醉酒而死。

Greenwood 24 岁的继任者 John Winthrop 的表现要好得多，他担任 Hollis 教授长达 41 年。根据 Morison 的说法，Winthrop 是“哈佛学院教职员工中第一位重要科学家或高产学者”，他将 Winthrop 与 Benjamin Franklin 相提并论：“有了归他支配的时间和方法，他能够在许多问题上比 Franklin 研究得更深入。” Winthrop 研究了电学、太阳黑子和地震学，“证明地震是纯粹的自然现象，而不是神的愤怒的表现，” 因此招致一些神职人员 (非神) 的愤怒。[13]

尽管 Winthrop 是一位一流的科学家，而且据说是一位优秀的教师，但 Julian Coolidge (1899 年至 1940 年在哈佛数学系任教) 并不认为“他对纯数学很感兴趣”，这也许是那个时代的一个征候。[14] Cajori 指出，一般来说，“纯数学研究不会得到赏识和鼓励。抽象数学的原创工作会被看作游手好闲的空想家的无用推测。” [15]

根据 Coolidge 的说法，之后的两位 Hollis 数学教授 Samuel Williams 和 Samuel Webber 就没那么出色了，“这几年人们对数学的兴趣……肯定在倒退”。[16] Williams 从事天文学、气象学和磁学方面的研究，他是一位社交名流，生活奢侈，负债累累，最终于 1788 年丢掉了哈佛的工作。Webber 被形容为“没有朋友或者敌人的一个人”，他于 1789 年担任 Hollis 教授，并在 1806 年成为学院院长，不过 Morison 称他“也许是学院历史上最无趣的院长”。他死于 1810 年，远在他于哈佛建立天文台的梦想实现之前，在这方面，他唯一实实在在的成就也很不起眼：建造了一座“直立的斜面日晷”。[17]

1806 年，Hollis 教授席位被授予 Nathaniel Bowditch，一位声名渐著自学成才的数学家，但他为了追求其他事业而拒绝了。一年以后，这一数学和自然哲学教授席位由 John Farrar 担任，他是一位科学家和哈佛毕业生，后来他改变了我们对飓风的观念，对 1815 年袭击新英格兰的一场大风，他写道：“这似乎是一个移动的漩涡，而不是一个向前冲的巨大气团。”[18] 尽管 Farrar 没有完成任何值得关注的原创性数学研究，但他是一位能力卓越的讲师，把现代数学引入哈佛的课程中，并亲自翻译了诸如 Jean-Baptiste Biot、Étienne Bézout、Sylvestre Lacroix 和 Adrien-Marie Legendre 这些法国数学家的著作。

1824 年，哈佛本科生开始学习由 Farrar 表述的 Bézout 的微积分。一年后，一位名为 Benjamin Peirce 的早熟的新生进入了这所学校，他已经跟 Bowditch 学过数学了。他的父亲也叫 Benjamin Peirce，这名大学图书管理员不久之后就书写了哈佛的历史。[19] 与此同时，他的儿子不久之后改写了哈佛以及哈佛之外的数学的历史。

1

BENJAMIN PEIRCE 和“得出必然结论”的科学

Benjamin Peirce 16 岁就来到哈佛，基本上从未离开过，他一直固守数学家应当做原创数学的非正统观念，也就是说，他们应该证明新的定理，并解决以前从未解决过的问题。可悲的是，这种态度既不是哈佛正统观念的一部分，实际上也不被美国任何高等学府所接受。在哈佛和其他地方，重点是教数学和学数学，而不是做数学。这种取向从来没有被 Peirce 接受，他不能够或者不愿意仅仅是数学教条的被动接受者。他理所当然地觉得，他要对这个领域有更多的贡献，而不仅仅是一个好的读者和说明者。因此，尽管他工作的大学并没有像他那样对研究或数学期刊充满热情，他还是去提升数学知识并传播他的发现。[显然，“不发表就出局” (publish or perish) 的理念还没有形成。]

当 Peirce 23 岁刚当上哈佛的导师*时，他发表了一个关于完全数的证明，完全数即自身等于所有因数 (包括 1) 之和的正整数。(例如，

*原文为 tutor，导师制是由英国的牛津大学和剑桥大学创立并实行的一种教学方法，以人数较少的小组教学为特点，与国内的导师含义有所不同。——译者注

6 是一个完全数：它的因数 3、2 和 1 加起来等于 6。28 是另一个例子：$28 = 14 + 7 + 4 + 2 + 1$。）那时（直至今日）已知的所有完全数均为偶数。Peirce 想知道奇完全数是否存在，他的证明（在本章后面会讨论）对它们的存在性做了一些限制。尽管这项工作超前其时代 50 年，但它并没有获得国际上的赞誉或任何注意，这其实主要是因为欧洲的顶尖学者并没有认真对待美国的数学期刊，也没有期望那上面能发表任何有意义的东西。然而，对任何可能关注过的人来说，Peirce 的成就标志着一个数学的新纪元正在哈佛开端，这是学校管理部门无法遏制的时代，尽管他们并没有鼓励 Peirce 往这个方向发展。

然而，Peirce 得到了 Nathaniel Bowditch 的大力鼓励，后者被认为是美国最杰出的数学家之一。Bowditch 帮助培养了 Peirce 对“真正的”前沿数学的兴趣，如果 Bowditch 做出不同的职业决定，那么他可能会在对门徒的教育中发挥更直接的作用。1806 年，哈佛为 Bowditch 提供了赫赫有名的 Hollis 数学和自然哲学教授职位。Bowditch 拒绝了这一邀请，正如他后来拒绝了西点军校和弗吉尼亚大学的邀请一样。但他并没有完全放弃哈佛；后来他成为哈佛公司的一名研究员，这段时间正好与 Peirce 在哈佛做学生、导师和教员的年份重合。

与一般的顶尖数学家相比，Bowditch 有些另类。他几乎完全是自学成才，他没有上过大学，也没有上过高中。相反，他 10 岁时离开学校去工作，帮助父亲做制桶业生意，制造酒桶、木桶和其他木制容器。在帮了父亲两年后，他进入了航运业。在航行到像苏门答腊和菲律宾这样遥远的地方后，他回到麻省并进入保险业，同时恢复他的数学学习。虽然他接受正规教育的时间很短，但他自学的数学知识足以让他明白，一所大学永远也无法提供像他担任 Essex 火灾和海上保险公司总裁时那么多的收入。

Benjamin Peirce

哈佛大学档案馆惠允

不过，Bowditch 还是继续追求他对数学的兴趣，专注于天体力学的研究，这是天文学的一个分支，涉及恒星、行星和其他天体运动。到 1806 年，也就是 Bowditch 被哈佛招募的那一年，他已经读完了 Pierre-Simon Laplace 的四卷本专著《天体力学》(*Mécanique Céleste*)。(第 5 卷于 1825 年出版。) 事实上，Bowditch 所做的远不只是读了它；他开始着手翻译 Laplace 这部伟大著作的前 4 卷。他的努力超越了单纯的翻译——翻译本身并不是一项艰巨的任务——还包含了详细的评注，从而帮助美国天文学家和数学家理解 Laplace，这些人以前大都无法理解 Laplace 的著作。Bowditch 不仅使 Laplace 的著作有所更新，而且填补了原作者略掉的许多步骤。Bowditch 说："每当我读到 Laplace 的'这是显而易见的'时，我就确信将要花几个小时艰苦工作，来填补这个鸿沟，以便弄清楚并说明它是怎样显而易见的。"[1] 法国数学家 Adrien-Marie Legendre 盛赞 Bowditch 的努力："您的作品不仅仅是带有注释的翻译；我认为它是一个经过扩充和改进的全新版本，如果作者考虑到自己真正的兴趣，即他一直乐于把事情讲清楚的话，这个版本可能会出自他本人之手。"[2]

1809 年，Peirce 出生于麻省的塞勒姆，鉴于 Peirce 明显的数学天赋和 Bowditch 在该领域的声誉日隆，Peirce 很可能最终会遇到 Bowditch。但是，他们相遇的时间比原本可能的要早，因为 Peirce 在塞勒姆的一所文法学校上课，成为 Henry Ingersoll Bowditch 也就是 Nathaniel 儿子的同学和朋友。据说 Henry 给 Peirce 看了他父亲一直在研究的一道数学难题。Peirce 发现了一个错误，由儿子提醒父亲注意。据说 Bowditch 这样吩咐："把那个纠正我数学错误的男孩带来。"他们的关系从此发展起来。[3]

1823 年，Bowditch 从塞勒姆移居波士顿。两年后，16 岁的 Peirce

为到哈佛上学，跟随父亲老 Benjamin Peirce 的脚步，搬到剑桥附近，他父亲曾就读于这所学院，后来成为学校的图书管理员和历史学家。在小 Peirce 进入校园时，他已经有了一位良师益友，不是某个经验老到的高年级学生，而是 Bowditch 本人，当时已是全国知名的人物。当时 Bowditch 正在努力翻译 Laplace 的书，他争取到观察力敏锐的年轻 Peirce 帮忙审校。据说由 Peirce 提出的改进“数不胜数”。[4] Bowditch 译本的第一卷于 1829 年出版，那一年 Peirce 从哈佛毕业。其他三卷分别于 1832 年、1834 年和 1839 年出版。(此外，Laplace 著作的另一个译本于 1831 年出版。这本名为《天空的机制》(*The Mechanism of the Heavens*) 的图书，由英国的 Mary Somerville 女士著述，和 Bowditch 一样，她主要靠自学研习数学，并努力让 Laplace 为人们所理解。她的书也不仅仅是翻译，还包含将原著用人们更熟悉的语言详加解释。)[5]

Peirce 在担任哈佛教授期间，仍继续校阅 Bowditch 的手稿。“每印出 120 页，Bowditch 博士就把它装订成小册子给 Peirce 教授送去，Peirce 就是以这种方式首次读到这部著作的，” Nathaniel Bowditch 的另一个儿子 Nathaniel Ingersoll Bowditch 在一本关于他父亲的回忆录中写道，“他返还的那些页附有勘误表，每一份手稿中的错误都用钢笔或其他笔改正过来。”[6]

通过这种方式，Peirce 很早就接触到比任何美国课程都要高深的数学，其他本科生对此一无所知。学者们推测，阅读并掌握 Laplace 著作的兴奋之情可能吸引到 Peirce 从事数学研究。显然，Laplace 的著作给他留下了深刻的印象。几十年之后，在南北战争前，一名学生告诉 Peirce，他冒着被监禁的危险营救了一个逃跑的奴隶；这个学生说，被关在监狱里的唯一慰藉是他终于有时间阅读 Laplace 的代表作了。Peirce 打趣道：“如果是那样的话，我真心希望你可以被关进去。”[7]

当然，Peirce 对他的导师怀有比 Laplace 更深的敬意；反过来，Bowditch 坚信他年轻的手下会大有作为，他宣称，Peirce 作为一名本科生，已经比 John Farrar 懂得更多的数学，而 Farrar 当时是 Hollis 教授。[8] 几十年后，Peirce 回报了这份好意，在他献给导师的分析力学专著中，他称 Bowditch 是“美国几何学之父”。[9] 不久之后，一个类似的词语“美国数学之父”被用在 Peirce 身上 (由英国数学家 Arthur Cayley 等人提出)。凭借他的人格魅力和工作的原创性，Peirce 被认为是他那一代美国首屈一指的数学家，更广泛地说，他是美国大学数学研究的发起人。[10]

在这一点上，Peirce 没有遇到什么竞争。哈佛数学家 Julian Coolidge 于 1924 年写道，在他进入这个领域之前，没有人认为“数学研究是一个数学系存在的理由之一”。这当然不是一份工作的必备条件，因为有资格或倾向于做高水平研究的人远没有现有的教学岗位那么多。“如今，在所有一流大学里，数学研究已司空见惯，”Coolidge 补充道，“Peirce 一峰独秀，其山峰的绝对高度可能难以测量，但高高耸立于四野之上。”[11]

尽管 Peirce 早年就展现了能力，但他是否有机会达到上述高度并非显然。Peirce 于 1829 年从哈佛获得学士学位后，在美国基本上没办法进行数学的高级研究，因为当时还没有数学的博士课程。人们可以去欧洲，德国的哥廷根对有数学天赋的美国年轻人来说是热门目的地，但由于经济原因，这对 Peirce 来说并不现实。他的家庭看来负担不起送他出国留学的昂贵费用；他不得不在毕业后不久就开始自己谋生。

他在麻省北安普敦的一所预科学校圆山中学教了两年书，之后于 1831 年回到哈佛担任导师。但是，由于当时担任 Hollis 教授职位的 Farrar 去了欧洲，Peirce 很快被任命为系里的负责人。由于健康原因，

Farrar 从未完全恢复工作。Peirce 继续掌管数学系，从 1833 年开始担任大学的数学和自然哲学教授，后来从 1842 年开始担任 Perkins 数学和天文学教授。他一直担任 Perkins 教授，直到 1880 年去世，这距离他进入哈佛任教已经近 50 年。

在最初任职的几个月内，Peirce 将上述关于完全数的证明提交给《纽约数学日志》(*New York Mathematical Diary*)，这是他投稿的众多期刊之一，他因此获得越来越高的声誉，被认为是一名不可忽视的天才。[12] Peirce 认为，人们需要解决实际的数学问题，才能获得数学家的称号。“我们太容易把单纯的数学读者当作数学家，然而这和把读诗的人看作诗人一样名不副实。” Peirce 在宣传《数学杂集》(*Mathematical Miscellany*) 时写道，他经常给这份期刊投稿，并最终 (尽管短暂) 成为它的主编。[13]

他在 1832 年发表的关于完全数的论文涉及一个自古以来就备受关注的话题。在写于公元前 300 年左右的《原本》(*Elements*) 中，Euclid 证明：如果 2^n-1 是素数，那么 $2^{n-1}(2^n-1)$ 是一个完全数。大约两千年后，Leonhard Euler 证明了每个偶完全数都是这种形式。Peirce 写道：“但我从未见过关于这种形式包含所有完全数的令人满意的证明。” [14] 他在暗示奇完全数是否存在的问题。这是数学中最古老的未解决问题之一，至今仍未解决。但 Peirce 给出了这个问题的部分答案，他证明了如果存在一个奇完全数，则它至少有 4 个不同的素因子。只有少于 4 个素因子的完全数 (如 6) 一定是偶数。

取得这一结果，尽管看起来不那么重要，但 Peirce 已远远领先于同代人。1888 年，即 Peirce 证明这一事实 56 年后，英国数学家 James J. Sylvester (恰好是 Peirce 的好朋友) 和法国数学家 Cl. Servais 证明了完全相同的事情：任意一个奇完全数都至少有 4 个不同的素因子。[15] Sylvester 和 Servais 显然没有看过 Peirce 发表在《数学日志》上的论文，这份期刊在美国并没有被广泛阅读，更不用说被国外的许多读者关注了。Peirce 一次又一次地遇到这个问题，因为他是在一个被许多欧洲人认为是数学最落后的地方做这些工作的。

后来，Sylvester 在 1888 年证明了奇完全数至少有 5 个不同的素因子，随后猜想至少有 6 个。一个多世纪后，到写作本书的时候，不同素因子的最小数目已达到 9 个。[16] 如果没有其他结果，Peirce 开创的事业一直持续至今。即便过了这么久，也没有人知道奇完全数是否存在。但是直至 10^{300} 的奇数均未通过检验，这使得寻找奇完全数的前景似乎愈加渺茫。

奇怪的是，Peirce 的雇主们并不欣赏他的成就，即证明了一个与著名问题有关的数论新定理。哈佛大学校长 Josiah Quincy 督促 Peirce 回到更传统的方向：编写教科书。然而，Peirce 的雄心远不止于此，他问哈佛董事会是否想让他 “承担这项耗费大量时间、本质上如此初级、对渴求科学更高目标的人来说非常不值得的任务”。但董事会同意了 Quincy 的指示。对数学做原创性研究的想法在当时是如此新颖，在美国几乎是闻所未闻；几乎没有人有资格去尝试，这就是 Peirce 的恳求被置若罔闻的原因。在接下来的 10 年里，他出版了 7 本教材 (内容涉及平面三角学、球面三角学、声学、平面与立体几何学、代数学) 和两卷本《曲线、函数和力的基础理论》(*An Elementary Treatise on Curves, Functions and Forces*)。他的分析力学教科书则要晚得多，于 1855 年出版。为了与哈佛管理部门保持一致，他没有再发表数论的文章，尽管他没有停止在数学和科学领域的原创性工作。[17]

尽管他的教科书在表述上很新颖，数学上也很优美，但对于大多数学生来说，它们过于简洁，基本没有任何说明，这使得它们难以理解。简而言之，除了最优秀的学生，这些教科书对所有人都要求太高了。这些教科书“充满了新奇的东西”，前哈佛校长 Thomas Hill 解释说，“或许除了三角学，这些教材从未广为流传；但它们对这个国家的数学教学产生了持久影响；它们中大多数新奇的东西现在在所有教科书中已司空见惯了。”[18]

例如，Peirce 在 1855 年对分析力学的论述确实吸引了一些人的的注意。该书出版后不久，一名在德国的美国学生问一位著名的德国教授，关于这个学科他应该读什么书。教授回答道：“没有什么书比你自己的 Peirce 四开本更新、更有价值了。”[19]

尽管赞誉来自非常精通数学的那些人，但这些教科书在学生中间普遍不受欢迎，有些学生在书中写道：“谁偷了我的 Peirce，谁就是偷了垃圾。”[20] 事实上，有足够多的学生抱怨 Peirce 的教科书不可理解，以至于哈佛数学考试委员会对它们进行调查，得出的结论是：“这些教科书是抽象和困难的，在没有太多解释的情况下，很少有人能理解它们，Peirce 的著作是对称和优雅的，成熟的大脑可以愉快地研读，但给年轻学生读的书应该更简单些。”也就是说，这份报告做到了面面俱到，但是最终 Peirce 的教科书在哈佛课堂上继续使用了很多年。[21]

Peirce 讲课也是毁誉参半。一般人几乎无法听懂，有些人说 Peirce 的思考速度使他很难用别人理解的方式来表述。1832–1833 学年担任导师的 A. P. Peabody 博士说：“他的解释会有很大跳跃。他经常说‘你们明白’，这表示他看得很清楚，但他的学生们却是一头雾水。”[22]

对于能跟上 Peirce 敏捷思路的优等生，讲的内容启发灵感。在大学和研究生院都是 Peirce 学生的 William Elwood Byerly 说：“尽管我们很少能跟上他，我们还是正襟危坐，专心听讲。”Byerly 获得了哈佛授予的第一个博士学位，并在 1876 年成为该校的助理教授。[23]

一位剑桥的女士在听了 Peirce 的一次课后也有类似的经历。她说："他讲的我能理解的不多，但是很精彩。整堂课中我现在记得的唯一一件事就是：'把思维倾斜 45 度角，周期性就变成了非周期性，理想就变成了现实。'"[24]

Ralph Waldo Emerson 曾断言"伟大就是要被误解"，Peirce 在哈佛的例子为这句格言提供了一个变体：伟大就是要不被理解。在美国国家科学院的一次报告中，Peirce 曾花了一个小时在黑板上写满密密麻麻的方程。他转过身来，看到与会者一副副困惑的面孔，便说："科学院只有一个人能理解我的工作，而他现在在南美。"[25]Coolidge 认为 Peirce 是一个虽然有些晦涩但却令人振奋的演讲者："他伟大的数学天赋和创造性思维，再加上完全不能把任何事情说清楚，让与他同时代的人产生了一种近乎恐惧的敬畏感。"[26]

Byerly 注意到，这些讲座不仅难懂，往往还准备不足。"他快速涂满黑板的板书非常难以辨认，内容被频繁擦拭所破坏，错误不少 (他写得太快，无法保证准确性)。当下课铃声响起时 …… 我们鱼贯而出，留下他聚精会神地盯着自己的板书，手里拿着粉笔和板擦儿，完全忘记了要离开教室。"[27]

尽管"无法容忍"[28] 和"令人失望"[29] 这样的词曾用来形容 Peirce 教学表面上的缺点，但哈佛前校长 Abbott Lawrence Lowell 说，在他与学院 50 年的交往中，"Benjamin Peirce 至今仍给我留下深刻印象，他是我曾密切接触的最伟大的智者，也是我曾遇到的最具启发性的老师"。[30] 不过，Lowell 也承认 Peirce 的板书确有需要改进之处："他对细节缺乏耐心，有时得出的结果并不正确；但他不是检查板书去找出错误，而是把它擦掉，并说他弄错了某处的一个符号，我们应该在检查笔记时找到它。"[31]

根据 Peirce 的大学同学兼教员同事的 Oliver Wendell Holmes 的说法，他在“黑板边”(而不是床边) 的态度也成问题。Holmes 说：“如果一个问题引起他的兴趣，他会称赞提问者，并以某种方式回答，给出他自己对这个问题的解释；如果他不喜欢学生所提问题的形式或者提问方式，就概不回答。”[32]

在《哈佛深红报》(*Harvard Crimson*) 上有这样一则轶事：一名学生应邀参加 Peirce 的课后答疑，以防他对高等数学的解释有任何不十分清楚的地方。但在提出问题后，学生没有得到任何回应。他又重复了一遍问题，仍然没有回应。“‘可是，先生，您不是邀请我们就讲课内容向您提问吗?’学生问道。Peirce 教授带着惊讶的神情回答：‘噢，当然，但我指的是聪明的问题。’”[33]

1860 年以后入学的学生情况有所缓解，因为那些发现 Peirce 的自言自语不够清晰的人可以从他的长子 James Mills Peirce 那里得到帮助，那一年他接替了父亲的职位，并在一年后成为助理教授。(他四个儿子中的另一个——Charles Sanders Peirce，最终比 James 出名得多，其成就即使没有超越父亲，也能与之媲美。) 随着 Benjamin Peirce 在职业生涯后期减轻了教学负担，James 在系里承担了越来越多的教学任务，最终在父亲去世后继任了 Perkins 讲席教授一职。在 James 的领导下，教学质量得到提升，他是“一位更好的老师，尽管缺乏原创的火花”，对数学领域的贡献“微不足道”。但他对哈佛数学系的贡献让人感触至深，Coolidge 写道。[34]

早在儿子 James 成为学生的救星之前很久，老 Peirce 就对数学上的愚钝缺乏耐心。他宁愿把时间花在更有才能的学生身上。不幸的是，这样的人在哈佛和当时的其他美国大学都很少见。1835 年，Peirce 提议，除非学生自愿选择，否则他们不应该在一年级之后继续学习数学。

1838 年，大学采纳了他的方案。Peirce 的传记作者 Edward Hogan 写道：“这使得 Peirce 能够讲授比美国其他地方更高深的数学。”[35]

Peirce 进一步认为，教授应该把更多的时间用于研究，而非教学，每天花在教学上的时间不超过两个小时，这样才能有更多时间进行原创研究。几年后，Peirce 找到了一个强有力的盟友——哈佛校长 Thomas Hill，根据历史学家 Samuel Eliot Morison 的说法，这位前哈佛学生“是他那一代大学生中唯一理解”Peirce 高深数学论证的人。[36]和 Peirce 一样，Hill 也认为“我们最好的教授都被繁重的教学和备课任务所束缚，以致他们没有时间和精力用于个人研究、促进科学与学问的进展”。这一体制的失败在数学教育上尤为突出，Hill 说，因为许多学校采用“本末倒置的方法”来“训练记忆，向其灌输细节……但却没有用引导奇思妙想的原则来启发想象力”。[37]Peirce 当然完全同意 Hill 的评价：“我不认为把教师用于正式教学的时间减少到每天几个小时甚至更少是不明智的。”[38]

Peirce 在课外花了大量时间研究的一个领域是天文学，这在那个时代的数学家中并不少见。正如前面提到的，Laplace 和 Bowditch 都在这个领域下了很大的功夫。另一位同时代的人，Carl Friedrich Gauss，被公认为是有史以来最伟大的数学家之一，他在哥廷根天文台当了将近 50 年的天文学教授，直至生命的最后。Peirce 本人在 1839 年哈佛学院天文台的建立中发挥了关键作用，尽管直到 1847 年，第一台 15 英寸“大折射望远镜”安装后，它才成为一个全面运作的天文台。芝加哥大学天文学家 T. J. J. See 写道：“这是美国建立的第一座大型且高效的天文台，它对美国科学的价值可以用几年前 Bowditch 所说的事实来判断：‘美国还没有值得一提的天文台。’”[39]

在天文台建立之后的几年里，天文学占用了 Peirce 越来越多的时间和精力。事实上，许多同时代的人认为他首先是一个天文学家。例如，Peirce 利用中午可以看见的 “1843 年的大彗星” (正式名称为 C/1843 D1 和 1843 I)，做了一系列的公开演讲，旨在激发公众对天文学的兴趣。与此同时，Peirce 开始对彗星轨道做详尽的计算。当 Peirce 对新发现的海王星轨道进行更复杂的计算时，这次操练将被证明是很有用的，这是一个备受关注且颇有争议的事件。

故事于 1846 年突然发生，当时柏林天文台的 Johann Gottfried Galle 将望远镜对准天空中一个预先确定的点，并发现了海王星，这是距离太阳第 8 远的行星。在 Galle 观测之前，两位数学兼天文学家，法国的 Urbain Jean Joseph Le Verrier 和英国的 John Couch Adams 两人都预测了太阳系中一颗更遥远的未知行星在天空中的位置，这颗行星导致了天王星轨道的摄动。两个人当中，Le Verrier 幸运地找到了天文学家 Galle，后者有能力承担这项工作。果然，Galle 在预期的地方发现了一颗行星，与 Le Verrier 和 Adams 的预测值相差 1 度左右。由于 Galle 的观测是应 Le Verrier 的邀请进行的，因此这次发现的大部分功劳落在 Le Verrier 身上，而不是 Adams。

这一发现是科学史上最著名的事件之一——数学首次被用来准确确定一颗未知行星的位置，为天文学开辟了一条全新的道路。但事情并没有就此结束，因为仅仅在天空中选出正确的位置或正确的 “星历表” 是不够的。人们还想知道有关天体的轨道。而这正是 Peirce 介入纷争之处。这位无礼的美国人赞扬 Le Verrier 和 Adams 的工作导致了海王星的发现，同时指出，他们找到了正确的地点，但可以说是找到了错误的行星。Le Verrier 起初认为海王星的质量大约是天王星的两倍，距离太阳约 36 个天文单位 (一个天文单位是地球到太阳的平均距离)。经过进一步分析，Peirce 支持海王星质量更小、距离也更近的观点，它距离太阳大约有 30 个天文单位——这个结论部分是由美国海军天文台的一位美国天文学家 Sears Cook Walker 计算得出的。Peirce 争辩说，可能的解不止一个，包括 Le Verrier 起初主张的解和 Peirce 后来提出的解。Peirce 认为，1846 年这两种解碰巧出现在差不多同一个地方，这就是为何他基于 Le Verrier 的预测，把 Galle 的发现称为“一次意外惊喜”。[40]

可想而知，这让 Le Verrier 大为不悦。他是世界杰出的数理天文学家之一，而 Peirce 这个激进的美国人相对来说没有名气，尤其是在当时统治科学界的欧洲。Peirce 采取的大胆立场让有些人觉得无法容忍。在剑桥举办的美国艺术与科学学院的一次会议上，Peirce 宣称海王星的发现是一次意外，参加会议的哈佛校长 Edward Everett 敦促说，如果没有学院的支持，就不应该把这样完全不可能的声明公之于众。Peirce 回答：“它也许是完全不可能的，但有一件事更不可能，那就是万有引力定律和数学公式的真理会失败。”[41]

Peirce 坚持立场没有让步。但问题仍在：他是正确的吗？是否正如 Peirce 坚持的那样，Le Verrier 真的是一次幸运事件的受益者？看待这场小争论有很多种方式。最后，Peirce 提出的海王星距离太阳约 30 个天文单位而不是 36 个天文单位的观点被证明更接近事实。但是 Peirce 的声明出现在 Le Verrier 和 Adams 的预测以及 Galle 的探测之后，也在 Walker 和其他人的后续工作之后。考虑到 Le Verrier 和 Adams 最初可用的数据，根本不可能马上算出轨道参数。从一开始，总是存在解的一个范围——距离和质量的可能范围。在获得一些数据、显示出行星在不同历史时刻的位置后，人们通过一个迭代过程来确定精确轨道。此外，海王星的轨道取决于它的质量，直到海王星的一个卫星被发现，其质量才能被直接计算出来。最终，Peirce 的许多预感都得到了证实，但这实际上并没有影响 Le Verrier 和 Adams 的成就。他们以一种可接受的方式计算出星历表，但不可能从一开始就确定行星的轨道。在某种程度上，双方都赢了，没有真正的输家。

然而，大多数美国人相信 Peirce 在争论中胜出，即使他实际上只是打了个平手。[42] 这或许可以从以下事实得到一些验证，在 Galle 的发现 4 年后，Peirce 加入伦敦皇家天文学会，成为继他的导师 Nathaniel Bowditch 在 1818 年获得类似荣誉后，第一位当选的美国人。Peirce 挑战欧洲的科学精英，并毫发无损地从那些争论中脱颖而出，“使这位学者和他的国家获得了地位，” 埃默里大学的数学家和历史学家 Steve Batterson 写道，“后者对他更重要。” [43]

正如 Hogan 所说：“Peirce 是一位科学爱国者。他看到美国的荣耀不是来自昭昭天命 (Manifest Destiny) 或军事实力，而是来自美国正在成为科学和教育领域的世界领袖。” 在 1840 年代，许多美国人试图为他们国家的科学家赢得尊重，为达到这一目的，没有人比 Peirce 本人更努力工作。[44] 尽管 Peirce 绝不缺乏自我，但他所做的大部分工作不是为了自我夸耀，因为他经常不屑于发表已完成的论文，或者反而让别人独占功劳。除了他的个人成就，Peirce 决心表明，在科学方面，美国人应该在世界舞台上占有一席之地。他和他的同胞们都还没有在国际上影响数学的发展，但他至少帮助他们参与到其中。

随着 Peirce 在数理天文学的地位越发稳固，1849 年他被任命为《美国星历表和航海历》(*American Ephemeris and Nautical Almanac*) 期刊的几何学和天文学顾问。在接下来的 30 年里，他为该出版物做出了许多不同的贡献。例如，Peirce 设计出新颖的方法来利用昴星团的掩星现象，比如月球遮挡住我们观测这个著名星团 (也被称为七姊妹星团) 的视线。他展示了在这种条件下，对星团的详细观察如何能揭示地球和月球的形状及表面特征。

1850 年代，Peirce 将注意力转向土星环。18 世纪末，Laplace 曾提出土星有大量的实心环。1850 年，美国天文学家 George P. Bond 在利用哈佛的大折射望远镜进行观测时，发现了土星环中的一个缺口。Bond 认为这些环一定是流体，而不是 Laplace 和其他人坚持的固体。Peirce 对这些环的构成进行了详细的数学分析，得出它们是流体的结论。此外，他还证明仅仅存在土星并不能保持环的稳定。但是土星与它的 8 颗卫星可以保持流体环的平衡。1851 年，在辛辛那提举行的全国科学会议上，Peirce 介绍了他的发现。波士顿的一家报纸称赞 Peirce 在会议上做了"迄今为止最重要的交流"，并做出了"自发现海王星以来……对天文学最重要的贡献"。[45]

不幸的是，Peirce 的结论被证明是错误的。1859 年，伟大的物理学家 James Clerk Maxwell 发表了一篇论文《论土星环运动的稳定性》(On the Stability of the Motion of Saturn's Rings)，他在文中指出，这些环既不是固体也不是流体，而是由无数独立绕土星运行的小颗粒组成。1895 年，天文学家 James E. Keeler 和 William W. Campbell 证明了 Maxwell 的理论，他们发现环的内部部分比外部部分的运行速度更快。尽管 Peirce 的想法最终没有被接受，但他的分析激励了 Maxwell，推动了科学的发展。在 1857 年写给物理学家 William Thomson (以 Kelvin 勋爵的身份更为知名) 的信中，Maxwell 写道："关于刚体环，我首先应该提到 Peirce 教授。关于环的构成，他向美国科学院提交了一篇很长的数学论文，但直到今年，他都还没有发表的打算。"[46]Kelvin 勋爵显然对提到的这位教授评价颇高，因为在英国科学促进协会 (Kelvin 勋爵在 1871 年成为该协会主席) 的一次演讲中，他称 Peirce 为"美国高等数学的创始人"。[47]

在他职业生涯的这个阶段，Peirce 已经把注意力转移到测地学上——一门涉及测量、监测和描绘地球形状和大小的科学分支，同时也确定地球表面点的精确位置。从 1852 年到 1867 年，Peirce 担任美国海岸测量处 (U.S. Coast Survey) 的经度测量主任——这项工作在技术上涉及东西方向的测量，不过当然不限于此。当时，领导测量处的是 Alexander Dallas Bache，他是那个时代主导美国科学界的魅力人物。Peirce 和 Bache 成了亲密的朋友，当 Bache 在 1867 年去世后，Peirce 接替了他的职位，成为负责人。在 Peirce 任职期间，他们对刚从沙俄购买的阿拉斯加进行了一次测量，在此期间见证了科学方法的普遍进步。鉴于 Peirce 缺乏管理经验，他在主管测量处时取得的成功令很多人感到吃惊，他利用自己的科学声望从国会争取到比 Bache 更多的基础研究基金。Peirce 和 Bache 通过支持测量处内外的人员做研究，把美国海岸测量处确立为对美国科学最重要的联邦机构。

Benjamin 的儿子 Charles Sanders Peirce 从 1859 年到 1891 年断断续续地在美国海岸测量处工作，但他的成就远不止于此。作为一个才华横溢的博学者，Charles 在数学、天文学、化学和其他领域都做出了贡献，但他的主要成就是在逻辑学和哲学领域。事实上，哲学家 Paul Weiss 称 Charles 是“最具原创性和多才多艺的美国哲学家和美国最伟大的逻辑学家”。[48] 在某些领域，Benjamin Peirce 对学术思想的最大贡献就是把他的儿子 Charles 带到这个世界上，并帮助培养了他。不可否认，Charles 在他的领域里留下了深刻而持久的印记——可以说留下了比父亲更伟大、更持久的遗产——而同样不可否认的是，Benjamin Peirce 本人就是受人关注的传奇人物之一。在他的一生中，他确实极具影响。

作为一名知识分子，老 Peirce 对自己的认知能力没有假谦虚，他对科学、艺术、政治和文学等各学科从不吝啬分享自己的观点。因此，他觉得没有必要把自己的表态仅局限在数学上。1857 年，违背数学系和美国海岸测量处的传统职责，Peirce 在波士顿参加了一次降神会，以判断参与者能否与灵魂交流，他对此高度怀疑。Peirce 在那里以观察员的身份评判过程的有效性。三天的活动没有取得什么积极的结果，对此他并不惊讶。在另一个场合，Peirce 调查了一名女子的降神术，她说在强磁出现时，她会接触到一种称为 "Od" 的宇宙之力。在一次实验中，Peirce 证明了这些说法是骗人的：这名女子在真磁铁前表现出的反应，和在漆成磁铁模样的木头前时一样。[49]

对降神会和降神术的破坏行动是 Peirce 与他著名的朋友和科学家们更广泛努力的一部分，这些人包括 Bache、Louis Agassiz (哈佛杰出的动物学家和地质学家) 以及 Joseph Henry (美国的顶尖科学家之一、曾任史密森尼学会第一秘书)。这个团体自称为 Lazzaroni (乞丐)，兼具社交俱乐部和游说机构的功能。它的主要目的是消除美国科学界的江湖骗子和假行家，最终使美国成为科学领域的世界领袖。这个名字很幽默，是对意大利语 lazzaroni (街头乞丐) 的戏称，因为他们的美国同行认为自己是在不断乞讨，为国家羽翼未丰的科研机构获得财政资助。这个团体的集体努力促成了 1848 年美国科学促进会的成立，其中 Henry (1849 年)、Bache (1850 年)、Agassiz (1851 年) 和 Peirce (1852 年) 都在早期担任过主席。这个 Lazzaroni 还帮助建立了美国国家科学院，Peirce 是其最活跃的早期成员之一。

1867 年，在另一次偏离通常行径的活动中，Peirce 在一起著名的诉讼案件中作为专家证人提供了证词。争议的焦点是一份由死于 1865 年的 Sylvia Ann Howland 留给外甥女 Hetty Robinson 两百万美元的遗嘱。遗产执行人 Thomas Mandell 对 Robinson 的诉求提出

Charles Sanders Peirce

哈佛大学档案馆惠允

异议，坚称这份遗嘱是伪造的。Mandell 认为，遗嘱上的三个签名有两个曾被描摹过。Peirce 和他的儿子 Charles (当时和他父亲一同在美国海岸测量处工作) 代表 Mandell 作证，他们使用统计推理证明这些签名是如此接近——“向下的笔画”匹配得如此精确，以至于它们是真实的而不是被描摹出来的可能性只有 2666000000000000000000 分之一。Paul Meier 和 Sandy Zabell 在《美国统计学会会刊》(*Journal of the American Statistical Association*) 上写道：“Peirce 教授作为数学家的风度和名望，一定足以吓退任何严肃的数学上的反驳。他被要求承认自己缺乏判断笔迹的一般专业知识，但其证词的数字和数学部分根本没有受到盘问。”[50]

Agassiz 和 Olive Wendell Holmes 为 Robinson 作证，称他们没有发现任何铅笔痕迹可以作为描摹的证据。Mandell 最终胜诉，尽管 Peirce 父子的论据对最终裁决有多大影响尚不清楚。(如果别无其他，他们很可能已经动摇了人们对遗嘱签名有效性的信心。) Hogan 写道：“尽管 Peirce 的方法会受到现代数学家的批评，但它们是较早的、巧妙运用于实际问题的统计方法。Peirce 的证词很可能是美国法律中最早的概率和统计证据。”[51]

当 Peirce 在这个特殊场合与 Agassiz 较量时，他们在促进国家科学议程的总体愿望上是一致的。Hogan 认为，Peirce 主要在天文学和数学方面的科学成就，被“他将美国科学家组织成一个专业团体，并在哈佛进行教育改革的努力”所掩盖。“以大学为中心的机构基础的发展，以及专业科学团体的出现是 19 世纪美国科学最重要的进展。”[52]

尽管 Peirce 为这一事业倾注了无数时间，但他并没有完全忽视个人的兴趣。其中，他把纯数学当作自己的最爱，尽管他在上面花的时间没有他希望的那么多。事实上，他发表的论文中仅有一小部分属于纯数学领域，大部分则属于应用领域。然而，这可能仅仅反映了他事业的实际要求，而不是他真正的学术倾向。

人们常说，数学家最重要的贡献是在他/她年轻时做出的——通常在 30 岁左右。和他在其他许多领域所做的一样，Peirce 在这一领域挑战了传统智慧，直到 1870 年他 61 岁高龄的时候，才在数学上取得最伟大的成就。正是在这一年，他出版了专著《线性结合代数》(*Linear Associative Algebra*)。

显然，Peirce 把最好的留到了最后。这是历史的主流判断，Peirce 也有同感。1870 年，在连同手稿一起寄给美国驻德国大使、圆山中学 (Peirce 的第一个雇主) 联合创始人 George Bancroft 的信中，Peirce 谦虚地谈到随函附上的作品：“尽管拙作微不足道，但我未来的声誉很可能要主要依赖于它。”[53] 在《线性结合代数》的献词中，Peirce 把这本书描述为“一生中最愉快的数学成果。在我看来，我为新奇和广泛的结果所做的脑力劳动，还从未在其他地方获得过如此丰厚的回报。我认为，对于外行来说，这些公式会显得冷漠且乏味。但请记住，就像其他数学公式一样，它们源自所有几何学的神圣源头。至于我的解释是否令人满意，或者还需留待更深刻的阐释者来解释，未来会见分晓。”[54]

在某种程度上，《线性结合代数》似乎凭空而来，因为 Peirce 之前并没有在代数方面做过多少原创工作。不过，从另一种意义上说，Peirce 的成就并不完全出人意料，因为它们源于 William Rowan Hamilton 爵士于 1843 年发明的“四元数”。Hamilton 在 1848 年首次发表关于四元数的演说，Peirce 对此印象深刻。“我希望我能再年轻一次，”他说，尽管他还只有 30 多岁，“这样我就能获得只有年轻人才能得到的力量来使用它”。[55] 显然，这个主题多年来一直萦绕心头，他一有时间就会钻研它，甚至把他对代数学的原创贡献同他作为美国海岸测量处负责人的行政职责联系在一起。他告诉美国财政部长 Hugh McCulloch："我时不时地在一张纸上写满图表、公式或数字，我很高兴地说，这再一次让我从琐碎的烦恼中解脱，这些烦恼有时是因为我要接待朋友而打乱安排造成的。"[56]

在讨论 Hamilton 关于四元数的工作以及它对 Peirce 的影响之前，有必要先从总体上谈一谈代数学，以及它在 19 世纪早期的发展变化。那时，英国数学家开始把数学从"量的科学"转变为一种更加自由和抽象的思想体系。例如，在 1830 年代，剑桥大学的 George Peacock 提出，除了涉及基本算术运算和非负数的算术代数外，还有符号代数："这门科学通过确定但任意的法则，来处理任意符号和符号组合。" Peacock 断言，算术代数实际上只是更一般的符号代数的一个特例。[57]

Hamilton 在代数中引入复数，使之更进一步。假定复数形如 $a+bi$，其中 a 和 b 是实数，i 等于 -1 的平方根，是虚数。四元数是形如 $(abcd)$ 或 $a+bi+cj+dk$ 的四维表示，其中 a、b、c 和 d 是实数，i、j 和 k 是虚数。这些数遵循不同的规则，例如 $i^2=j^2=k^2=-1$，$ij=-ji$。尽管 Peacock 认为符号代数和算术代数适用同样的规则，但在 Hamilton 的系统中却并非如此：在算术代数中，$a\times b$ 总等于 $b\times a$，遵守乘法交换律，但交换律并不总适用于四元数，因为根据定义，$i\times j$ 不等于 $j\times i$。Hamilton 认为，代数学家并不一定要制定规则，而是应该在他们认为合适的时候自由地写下他们自己的规则。威斯康星大学密尔沃基分校的历史学家 Helena Pycior 写道："Hamilton 在四元数方面的工作揭示了后来被称为数学自由的东西，本质上这是数学家可以任意决定数学规则的权利。"[58]

Peirce 对四元数很着迷，他在 1848 年 (Hamilton 第一次对这个主题做演讲的那一年) 的一门课上讨论了四元数，他经常称其为自己最喜欢的科目。他的儿子 Charles 认为，如果说有什么不同的话，那就是 Peirce 太迷恋四元数了，Charles 曾抱怨他父亲是一个 "感情的动物"，对 "对负一的平方根有一种迷信般的崇敬"。[59] 但 Benjamin 的专注最终得到了回报。他确认并提供了 163 种不同代数直到 "六阶" (即包含 6 项或更少项) 的乘法表。这些代数系统满足结合律 $a(bc)=(ab)c$ 和分配律 $a(b+c)=ab+ac$，但不满足交换律。在这 163 种代数中，只有 3 种在当时被普遍使用：普通 (算术) 代数、Newton 和 Leibniz 的微积分以及 Hamilton 的四元数。

Peirce 坚持认为他的代数的系数 (如 a、b、c 和 d) 可以是复数，而不必限于实数，从而超越了 Hamilton。"Peirce 深受数学自由的影响。" Pycior 写道，以致他指责 Hamilton 是 "数学的保守主义者"。结果，他的代数 "比四元数更偏离算术"。[60]

Peirce 有一个伟大的洞见，证明 "在每一个线性结合代数中，至少存在一个幂等或幂零的表达式"。[61] 对于元素 a，若存在一个正整数 n (大于或等于 2)，使得 $a^n=0$，则 a 为幂零元。对于元素 b，若存在一个正整数 m (大于或等于 2)，使得 $b^m=b$，则 b 为幂等元。

幂零元在代数中是一个有争议的概念，因为根据定义，a 是零的因子，这在代数的标准算术版本中是被禁止的。零因子是非零的 a 和 b，使得 $a\times b=0$。Hamilton 的系统不允许出现零因子，而 Peirce 的代数允许，因此更为一般。(事实上，零因子的引入是 Peirce 使用复系数而不只是实系数的结果。) Peirce 似乎预见到这方面的批评，他在论文中写道：

> 尽管无法解释零因子 (nilfactorial) 和幂零表达式，但它们显然是线性代数演算的一个基本元素。如果不愿接受它们，就会阻

碍定量代数的发现和研究的进展。但是，幂等基对实际解释似乎同样重要。所以，纯幂零代数可以看作一种理想的抽象，它需要引入幂等基来赋予它在真实世界中的位置。[62]

通过以如此全面的方式引入新概念，Peirce 为未来研究开辟了一个广阔的新领域——许多以前从未考虑、更不用说探索的代数。根据 George David Birkhoff (许多人认为 Birkhoff 是 20 世纪上半叶哈佛最杰出的数学家，也有很多人认为他是他那个时代最伟大的美国数学家) 所说，通过这一成就，Peirce 确实 “可以声称自己是一位杰出的数学家”。[63] “与同时代人相比，Peirce 对四元数的本质看得更为深刻，因此他能采取一个更高、更抽象的观点看待问题，这个观点是代数的，而不是几何的。” Birkhoff 补充说，Peirce 因此 “成为我们国家的纯数学之父”。[64] 即便如此，需要强调的是，当时该领域最具开创性的工作绝大多数仍然发生在欧洲。

作为一名历史学家，Pycior 同意 Birkhoff 的评价，称《线性结合代数》是美国数学的 “开山之作”。她写道：“Peirce 不仅是美国数学的奠基人，也是现代抽象代数的奠基人。”[65]

Peirce 在代数方面的工作迟迟没有获得像 Birkhoff 和 Pycior 所给予的那种认可，部分原因在于他与数学界交流成果的方式。起初，Peirce 用口头方式讲述他的工作，1870 年他在美国国家科学院宣读他的 “研究报告”，在那之前的几次也是如此。这不是诠释这种深奥材料的理想方式。Agassiz 坐着听完这个问题的前期陈述，替其他困惑的听众说道：“我全神贯注地听我的朋友讲，但却一个字也听不懂。如果我不知道他是一个很有头脑的人 …… 我会想象自己是在听一个疯子胡言乱语。”[66]

Peirce 本有更好的机会通过发表论文来传播其观点，但在他的一生中，这几乎没有发生。美国国家科学院本打算发表这篇论文，但一直没有抽出时间。不过，在美国海岸测量处全体职员的帮助下，100 份石印本被印了出来。特别是，这项工作是由“一位没有经过数学训练，但有一双巧手的女士完成的……她既能辨认他可怕的笔迹，又能在石版上一次写下整整 12 页的内容”。[67] 大部分副本都寄给了 Peirce 的美国同事和朋友，遗憾的是，他们缺乏欣赏其成就的专业知识。这篇论文在英国反响不错，即将离任的伦敦数学会主席 William Spottiswoode 在 1872 年的一次学会报告中总结了 Peirce 的研究成果。但 Peirce 未能让当时处于世界领先地位的德国数学界评估他的工作。

1881 年，也就是 Peirce 去世一年后，《线性结合代数》最终完整出现在《美国数学杂志》(*American Journal of Mathematics*) 上，这是他儿子 Charles 动议的结果。在引言中，这部著作被描述为“几乎可以称得上是关于代数运算法则之哲学研究的《原理》*”，因此 (可能有些夸张地) 把 Peirce 的成就与 Isaac Newton 的名著相提并论，后者包含 Newton 的运动和万有引力定律。[68]

《线性结合代数》是 Peirce 对纯数学的第一个重要贡献，因为在此之前，他的大部分工作是在天文学、物理学和大地测量学领域。可以说，这也是美国人对数学的第一个重要贡献。Bowditch 对 Laplace 的翻译，虽然是一项巨大的成就，但本质上仍是解释别人的工作。而 Peirce 关于奇完全数的论文没有达到相同的高度，因为它只是对这个问题施加了一个限制 (尽管是第一个限制)，不像他后来的论文，后者为将来研究抽象代数奠定了基础。

---

*指 Newton 的杰作《自然哲学的数学原理》。——译者注

具有讽刺意味的是，正如 Sylvester 和 Servais 因为 Peirce 的工作并不广为人知，而重复了他在奇完全数上的工作，Peirce 的许多代数工作也在 20 年后被两位德国数学家 Eduard Study 和 George Scheffers 重复，他们要么未注意到 Peirce 的论文，要么没有把它当回事。在 1902 年发表的两篇论文中，哥伦比亚大学数学家 Herbert Hawkes 坚持认为，Peirce 提出的定理“在任何情形下都是正确的，尽管在某些情形下他的证明是无效的”。Hawkes 检查了所有证明，进行了必要的修改或说明，将整个工作置于“清晰且严谨的基础之上……”他争辩道，“以 Peirce 的原理为基础，我们可以推导出迄今为止最强大的方法，来枚举 Scheffers 考虑的所有类型的数系”。Hawkes 推测，Peirce 的研究工作之所以会受到“忽视或负面评价”，部分原因在于“其研究工作的出发点具有极端的普遍性，是‘对代数运算法则的哲学研究’”。[69]

1881 年，耶鲁数学家 Hubert Anson Newton 也在文章中表示，尽管这篇论文有了新的突破，但它无疑具有哲学色彩，让他的想法成为“思维法则之广泛延伸的坚实基础”。[70]

我们不能确定，Peirce 是否会因为把他的工作描述为“哲学的”感到不满，因为论文的第一句话以及前两页，提供了一个关于数学是什么的一般性讨论。他这样写道：

> 数学是得出必然结论的科学。数学的这一定义比通常的定义更加广泛，后者的范围仅限于定量研究……根据名字的由来，数学的范围在这里扩展到所有实证研究，以便包括能严格进行教条式教学的所有知识……在这一定义下，数学属于精神和物质的每一种探索。没有数学的帮助，即使是严格限定它的逻辑规则，也无法推导出来。[71]

因此，Peirce 摒弃了数学仅仅是量的科学的观念，而倾向于更广泛的概念，即数学是一种基于推理和演绎的科学。早些时候在美国科学促进会的一次演讲中，Peirce 称数学是“打开每一扇知识大门的伟大的万能钥匙，没有它，就不曾有或者永远不会有任何发现，配得上发现之名的是定律而不是孤立的事实”。[72]

Peirce 对数学的看法深受他狂热的宗教信仰的影响。他认为数学是人类表达的最高形式之一，因此，是上帝无限智慧的表现。和之前的 Plato 与 Aristotle 一样，Peirce 相信“上帝用数学的语言书写宇宙”。[73] 此外，Peirce 并没有试图掩饰他的宗教情感，反而持相当开放的态度。事实上，在他 1870 年论文的引言段落中，他指出其中包含的数学公式有着神圣的起源，他认为这在数学中普遍适用。虽然他希望在“阐述”和推进这些思想方面发挥作用，但他承认，他对这一努力的最终贡献仍有待观察。[74]

事实证明，Peirce 并没有过多参与 (他在论文中系统阐述的) 对代数的进一步研究，尽管他所说的“阐述”对现代抽象代数的发展至关重要。显然，Peirce 还有其他兴趣，虽然有些与他在代数系统方面的工作有关。他在晚年做了一系列讲座，《物理科学中的理想》(*Ideality in the Physical Sciences*) 在其去世后出版，他在书中主张，每个物理现象都可以用数学表示，而每一种数学思想在物理世界中都有某种表达。[75] 他断言：“每一种物理表现都有其数学的理想表示。”[76] 在 1879–1880 学年间，Peirce 致力于宇宙学 (他称之为宇宙物理学) 的研究。他计划在第二年开一门这方面的课程，但他的健康状况恶化。Peirce 于 1880 年 10 月 6 日去世，再也没有机会向能够听懂他恼人的讲话风格的哈佛学生解释宇宙，解释它的起源、形成和演化。

Peirce 带着毕生的信念，冷静地面对死亡。例如，1831 年，当他

53 岁的父亲去世时，他并未表现出巨大的悲痛。Peirce 在给父亲的医生的信中写道，假如他活得更久些，“他会更幸福吗？感谢上帝，没有。他在天堂里，没有人能抵挡住这致命的一击，对此我没有遗憾。”[77]

Peirce 对自己的死亡也同样听天由命。“他摆脱了对死亡惯常的厌恶，当死亡降临到别人头上时，他从不允许自己悲伤，也不允许自己恐惧，这让他的一生与众不同，他从始至终都保持着这种性格，”马里兰新温莎学院的数学和天文学教授 F. P. Matz 在 1895 年写道，“在他停止呼吸的前两天，他挣扎着用微弱的声音低声耳语了几句，反复表示欣然面对并完全接受上帝的旨意。”[78]

尽管 Peirce 可能并不害怕执行上帝的意志，但当它最终降临时，他却为自己死后可能得到的赞誉感到忧虑。15 年前，也就是 1864 年的春天，Peirce 以为自己已病入膏肓，他向朋友 Bache 请求道：“如果我被带走，最亲爱的头儿，请你尽全力把我从那些歌功颂德的传记作家手中拯救出来。”[79] 但当 1880 年他走到生命尽头时，Peirce 最担心的事情还是发生了，来自四面八方的悼词和纪念蜂拥而至。事实上，一年后为此出版了一整本书 (尽管篇幅不大) ——《Benjamin Peirce 纪念册》(*Benjamin Peirce: A Memorial Collection*)，以纪念这位在哈佛服务了近半个世纪的人。编者写道，这本书的内容“只是反映了这个人的生平，他的名字在本世纪的科学和宗教编年史上永垂不朽”。这本集子收录了各种报纸和杂志上的诗歌、布道辞、悼词和讣闻，其中《春田共和报》(*Springfield Republican*) 宣称：“美国对他的职业生涯毫无遗憾之情，但现在它必须结束了；美国人民可以从他漫长而荣耀的一生学到很多东西。”[80]

1880 年，《大西洋月刊》(*Atlantic Monthly*) 刊登了 Peirce 的哈佛同学 Oliver Wendell Holmes 写的一首诗：

Through voids unknown to worlds unseen
His clear vision rose unseen ...

How vast the workroom where he brought
The viewless implements of thought!

The wit, how subtle, how profound,
That Nature's tangled webs unwound.

从虚空无知到世所未见
他清晰的蓝图悄然浮现……

在如此宽敞的工作场地
他带来无形的思想利器!

何等精妙与深邃的思想,
解开大自然的缠结之网。[81]

《哈佛深红报》写道:“Benjamin Peirce 教授于上周去世,学校失去了它在科学领域最耀眼的光芒,或许也失去了它最杰出的教授。”[82] 根据 Coolidge 的看法,随着 Peirce 的去世,哈佛数学系进入了一个“衰退期”,科学活动……出现了大的滑坡,需要数年才能恢复。他写道,好消息是哈佛数学的“复兴”将在 10 多年后到来,由被他称为“伟大的孪生兄弟”的系里新任命的教职员工引领……正如 Coolidge 所说,“美国数学的一次重要复兴”即将开始。[83]

2

OSGOOD、BÔCHER 和美国数学的伟大觉醒

作为在学校引领重要数学研究的第一人, Benjamin Peirce 确实是哈佛的一位先驱者, 即使他实际上是唯一一个做这样工作的人, 而且还不得不忙于可实际负担生计的例行工作: 教学和撰写教科书。哈佛数学系的下一次飞跃出现在 20 世纪初, 由 William Fogg Osgood 和 Maxime Bôcher 实现, 他们把哈佛变成了分析学领域的一座动力房——分析学是纯数学的一个分支, 包含微积分, 以及函数和极限的研究。但从长远观点看, Osgood 和 Bôcher 的另外两项功绩可能更为显赫: 他们把数学研究变成系里的核心任务, 而不只是一位积习难改的不墨守成规者的嗜好, 就像 Peirce 那样。更重要的是, 在美国数学迎来巨大进步的时代, 面对激烈的竞争, 他们把哈佛数学系变成可以说是这个国家最强的数学系。[1]

然而, 这个变化来之不易。随着 Peirce 在 1880 年去世, 哈佛数学在研究前沿经历了一次重大衰退 (尽管可能不是在教学方面, 因为塑造年轻人的思想——尤其是普通年轻人的思想——从来不是 Peirce 的特长)。埃默里大学的数学家和数学史学家 Steven Batterson 解释说:

“在 1880 年代，哈佛数学的学术状况……又回到了本世纪初，没有人在证明新定理。”[2]

这些影响超出了数学系本身，因为大半个世纪以来，Peirce 一直是全国顶尖的数学研究者。即便那样，他最重要的数学工作也是直到他去世后才广为人知。Peirce 和同事们也没有培养出下一代数学研究者，部分原因在于，当时还不存在培养这些人的基础土壤。1875 年，在父亲去世前 5 年，Charles Sanders Peirce 就认为哈佛不“相信任何重大科学进展……有在那里做出的可能”。他补充说，当时流行的看法是“它最多就是一所学校”。[3]

1874 年，Peirce 以前的哈佛学生、数理天文学家 Simon Newcomb 说得更直白，“[美国] 数学的前景与回望一样令人沮丧”。Newcomb 说，诚实评价所发表原创性研究的质和量，会促使我们“以谦卑沉思过去，以绝望沉思未来”。在他看来，问题的根源在于“缺乏像其他国家那样的对科学家活动的足够激励，也没有足够的诱因促使最有才能的年轻人从事科学研究”。[4] Newcomb 的悲观评价是在《美国数学杂志》创刊前的几年做出的，这意味着在他发表声明时，这个国家的任何地方都还没有专注于数学研究的出版物——以前也未曾有过。历史学家 Karen Hunger Parshall 写道：“即使那时有地方发表，人们也不认为，知识的进步和通过出版来传播知识是希望达到的目标。”[5]

前哈佛数学和化学教授、1869 年成为校长的 Charles Eliot 非常清楚这个问题。随着两位杰出教师——动物学家 Louis Agassiz 和解剖学家 Jeffries Wyman——分别于 1873 年和 1874 年离世，正如 Samuel Eliot Morison 转述的，Eliot 写道：“需要有资格的美国人接替他们或者 Asa Gray 和 Benjamin Peirce 的位置，这是美国大学未能培养出学者的重要证据，也是设立研究生院最有力的论据。”[6] Eliot 创建了一个数学研究生部，有权授予硕士和博士学位。正如在第 1 章提到的，第一个博士学位在 1873 年授予数学家 William Elwood Byerly，他是在 Peirce 指导下唯一获得博士学位的学生。虽然 Eliot 的目标是把哈佛变成一所现代大学，但当时的研究生课程并不是为了培养学生为原创性研究做好准备。尽管 Eliot 使哈佛的很多系取得了进步，但数学系的变化却很缓慢。

一个重要的里程碑出现在美国建国一百周年的 1876 年，约翰·霍普金斯大学 (下称霍普金斯大学) 创建，这是美国第一所研究型大学。一年以后，杰出的英国数学家 James J. Sylvester——不变量理论的先驱，并在其他方面也享有盛名——被任命为该校数学系负责人，他将重点放在研究生工作上，但不会影响本科生学习。最终美国学生有了前所未有的攻读数学的途径。尽管霍普金斯大学是美国第一所这种类型的大学，但 Peirce 和他的“乞丐”朋友们在 1850 年前后就曾梦想创建这样一个机构。然而，在他们的梦想中，这所学校应建在纽约州的奥尔巴尼，而不是马里兰州的巴尔的摩，但这些计划从未实现。二十五年后，霍普金斯大学的建立被普遍看作美国数学进步的重要一步，尽管这所新大学开始吸引了许多最优秀的研究生，这令哈佛刚起步的研究生计划暂时受阻。

Peirce 写信给霍普金斯大学的第一任校长 Daniel Gilman 以支持 Sylvester，从而间接造成了哈佛研究生的短缺：

> 我冒昧写信给您，事关您在新学校的一项任命，我认为如果您能做出这项任命，对我们的国家以及美国的科学都会大有裨益。它关乎两个最伟大的英国数学家之一 J. J. Sylvester。如果您打听过他，您会听说他的天赋举世公认，但人们可能会说他的教

> 学能力相当欠缺。对于那些有能力理解 Sylvester 的人，只要听众处于清醒状态，现在世上没有人比 Sylvester 的语言更发人深省的了。但正如燕雀安知鸿鹄之志，只有青年才俊才会得益于他的指导……在您的学生中，迟早会出一个几何学天才。他将成为 Sylvester 的特别学生——一个从导师那里获得知识和热情的学生——而且这个学生给予贵校的荣誉将会比一万个学生还多，那些学生会抱怨 Sylvester 的讲课晦涩难懂，所以对于他们，您可以委任另一类老师……我希望您能下决心为 Sylvester 做一件他自己的国家都没能做的事——使他得其所哉，总有一天全世界都会为您的明智选择而喝彩。[7]

除了尊敬 Sylvester 的数学才能，Peirce 也可能因为其本人的教学风格和 Sylvester 相像而有些惺惺相惜，这种风格充其量被认为是有特质的——(说得好听点) 一种后天习得的品味，不受大众欢迎。

在商讨过薪酬后，Sylvester 接受了这份工作。要做的下一件事是教员的任命——问题是：谁有能力为一所以研究为导向的学校提供适当指导。当问及其意见时，Peirce 认为在这个国家也许仅有他和 Sylvester 有资格选择合适的候选者——这正是他和其他人希望通过创办一所像霍普金斯这样的大学来解决的问题。由于 Peirce 的推荐，哈佛导师 William Story 被选为几何学教师，并担任 Sylvester 的副手，他在哈佛获得学士学位，并在德国莱比锡大学获得博士学位。

霍普金斯大学的部分理念与欧洲模式保持一致，即教员和学生的研究应该尽量在有声望的期刊上发表。为了促进这一目标的实现，并在全国范围内促进数学的发展，Sylvester 在 Story、Newcomb 和 Peirce 等人的帮助下，于 1878 年创办了前面提到的《美国数学杂志》。

这份期刊宣称，不同于美国以往或现有的数学期刊，其目的是为了“发表原创性研究”。[8] 这是 Peirce 的《线性结合代数》最终出版的地方，如果以前有类似的出版途径，可能在他在世时，其代表作就已经有了一定的读者群。

为了获得牛津大学讲座教授的职位，Sylvester 在 1883 年离开霍普金斯。Simon Newcomb 接替了他在霍普金斯大学的职位。但由于 Newcomb 还担任华盛顿特区航海天文历编制处的负责人，他每周只能在巴尔的摩待两天，在那里他主要讲授天文学。“这不足以弥补 Sylvester 离开的损失，” Batterson 写道，他指出该系随后的衰落几乎和它的崛起一样迅速，“又一次，没有一所美国大学提供的数学训练能达到欧洲的水平。”[9]

随着 Sylvester 的离去，霍普金斯大学数学系失去了全国领先的非正式头衔，但这一尝试还是成功了。Parshall 和 David E. Rowe 写道：“霍普金斯大学建立了一所研究生院，承担适当的研究生教育，也就是培养未来的研究人员，这迫使其他视更先进教育为己任的机构也建立类似的学院。霍普金斯大学强调研究生培养和研究的指导思想传播到现有大学，如哈佛、普林斯顿和耶鲁，以及新成立的大学。”[10]

在上面提到的新大学中，就数学而言，当时最重要的是芝加哥大学，它的数学系由 E. H. (Eliakim Hastings) Moore 领导，Moore 是美国人，于 1885 年在耶鲁大学获得博士学位，之后又在德国学习了一年。尽管 Moore 对几何学和群论做出了重要贡献，但人们更记得的，是他成功建立了芝加哥大学的数学系，这对全国的数学产生了巨大影响。当该校在 1892 年秋天第一次打开大门时，Moore 的身旁有两位才华横溢的数学家：Oskar Bolza 和 Heinrich Maschke，两人都来自德国，都是 Felix Klein 的学生。芝加哥大学迅速起步，培养了一大批数学博士。Moore 培养的最杰出的博士包括 George David Birkhoff，他不久成为哈佛的重要人物；Leonard Eugene Dickson 是第一位博士学位获得者，他的大部分职业生涯在芝加哥大学数学系度过；还有 Oswald Veblen，一位天才几何学家，他在普林斯顿定居，并在那里成为美国的著名数学家。Parshall 写道，许多人认为 Moore 是“把美国从数学荒原变成该领域领导者的主要驱动力”。[11]

很少有人会否认 Moore 的影响，但当发生在芝加哥大学新校园的事件引起人们关注时，其他美国大学也在悄然发生变化——意义同样重大，其中就包括美国的第一所也是最古老的大学。简单地说，就是霍普金斯大学和芝加哥大学所树立的榜样——强调教授进行研究，并让学生做同样的准备——导致了美国数学在 20 世纪初的显著发展。最好院校的老师开始认识到，他们不仅能改变而且必须改变其行事方式。与芝加哥大学相比，这些受传统长期束缚的学校处于劣势，芝加哥大学从一开始就是为促进研究和研究生学习的。换言之，这些老牌学校为了跟上步伐，必须更加努力。

哈佛是成功做到这一点的学校之一，它克服了几个世纪以来数学研究的停滞不前。学校的数学系在这一时期走向成熟，提升了国际声誉，这很大程度上归功于早先介绍的两位年轻教员——Osgood 和 Bôcher，他们分别于 1890 年和 1891 年开始担任讲师，并逐步晋升为正教授。他们两人都是波士顿出生的哈佛学院毕业生，在德国获得博士学位后回到哈佛。从海外留学归来时，他们都有一种理所应当的自信，认为自己和欧洲地位相仿的人是平等的，其他美国学生也应该有一样的能力。作为研究型的数学家和教师，他们在系里留下了永久的印记，为自己、同事和学生树立了很高的科学标准。他们还在其数学专业的分析学领域留下了永久印记，使哈佛成为这类研究的中心。

哈佛数学家 Julian Coolidge 解释说:“一群主要在德国接受教育、有能力的年轻人,开始着手把这个国家追求的科学提升到和欧洲同一水平,这是美国数学伟大觉醒的时刻。” Osgood 和 Bôcher 被 Coolidge 称为“正处其中的……伟大的孪生兄弟”,他们把新的和先进的课程引入哈佛,让他们身边围绕着一群才华横溢、充满激情的学生。[12] 最重要的是,这些新讲师向其学生和同事灌输了一种新的态度——这也是 Benjamin Peirce 曾接受的态度:这个领域的实践者需要为数学知识的进步做出贡献。他们帮助哈佛建立了一个强大的数学系,并在美国及国外的刊物发表一流的研究成果,通过如此树立的榜样,他们在全国范围内促进了数学的发展。1903 年,在美国数学家前 80 名的排名中,Osgood 和 Bôcher 与 Moore 及 George William Hill 位列前 4 位 (后者曾在剑桥的《航海历》期刊办公室为 Benjamin Peirce 工作过)。

就像许多在数学上有所成就的人一样,Osgood 和 Bôcher 在刚进入哈佛读本科时,并不清楚自己将来想要做什么。事实上,两个人的兴趣都极为广泛。Bôcher 是哈佛大学一位法语教授的儿子,在最终决定做数学前,他在本科期间学习了罗马和中世纪的艺术、音乐、化学、地质学、地理学、气象学、哲学和动物学。他关于抛物线坐标系的论文获得了该领域的最高荣誉:在这样一个系统中 (二维情形),坐标线由两个“共焦”的正交抛物线构成,共焦即有相同的焦点。

Osgood 进入哈佛时本打算研究古典文学——尤其是希腊作家——在大学的头两年里,他一直致力于这个目标。“当时,哈佛的课程中几乎没有什么能激发一个年轻人投身于数学研究,” Coolidge、Birkhoff 和哈佛物理学家 Edwin C. Kemble 在 Osgood 的颂词中写道,“数学系中,唯一对科学进展有浓厚兴趣的是年轻的 Benjamin Osgood

(B. O.) Peirce，并且他主要对物理学感兴趣。但 Osgood 很早就接受了数学是最难研究的学科的观点，他打算为争取最大荣誉而努力。”[13]

B. O. Peirce——Benjamin Peirce 的一位远亲，1888 年至 1914 年担任 Hollis 讲席教授一职——是 Osgood 最喜欢的教师之一。他与代数学家 Frank Nelson Cole 一起激发了 Osgood 对数学的兴趣，后者在 Osgood 读高年级时开始在数学系讲课。Cole 扮演了一个特别重要的角色。在 1882 年从哈佛毕业后，Cole 到了德国，跟随 Felix Klein 学习，后者首创了 Klein 群的概念，并在几何学和对称性之间建立了新的、更强的联系。后来 Cole 回到哈佛，在 1886 年完成了他的博士工作。他能负担得起去德国的行程，得益于每年 1000 美元的 Parker 奖学金，奖学金以波士顿商人 John Parker Jr. 的名字命名，设立这个奖学金是为了让哈佛的尖子生能在大学毕业后继续学业。

研究生毕业后，Cole 在哈佛当了两年讲师，之后去了密歇根大学。在哈佛时，Cole 吸引到两个本科生 Osgood 和 Bôcher 的注意，他们都受到他在德国师从 Klein 留学经历的启发，那时 Klein 是美国人去海外接受高等教育最希望跟随的数学家。Klein 成功的一个标志就是他的 6 个学生 (包括 Osgood 和 Bôcher) 后来都担任过美国数学会主席。该学会成立于 1894 年，其前身是纽约数学会，负责在美国推进数学研究和学术发展。

在那个时候，Klein 被广泛认为是世界上最有领袖魅力的数学教师。他有沟通的天赋，有非常渊博的科学知识基础，以及发现有前景的新方向的诀窍。也许他最大的优点在于训练学生进行独立研究，而不是步他在几何学和其他数学领域的后尘。

作为哈佛讲师，Cole 热心与人分享他在 Riemann 曲面 (由著名德国数学家 Bernhard Riemann 首先研究的一维复曲面)、群论和其他课

William Fogg Osgood

哈佛大学档案馆惠允

题中学到的“新数学”。他“洋溢着由 Felix Klein 在学生身上激发的那种热情”，Osgood 说，这种热情具有感染力。正如 Osgood 看到的，普通教师——James Mills Peirce、William Byerly 和 B. O. Peirce——“代表了旧派，与新派相对，而 Cole 则是后者的信徒。学生们都觉得他曾见过伟大真光 (a great light)。几乎系里所有的成员……都参加他的讲座。这是哈佛数学研究生教育新纪元的开端，从那时起，这里就一直本着这种精神讲授数学”。[14]

显然，Osgood 对 Cole 的演讲很感兴趣，Cole 也敦促他去哥廷根大学跟 Klein 学习。由于无法获得 Parker 奖学金，Osgood 转而申请了 Harris 奖学金并获得支持。一年后，Bôcher 也效仿了他的做法，获得 Harris 奖学金的资助。Bôcher 也去了哥廷根，在那里，他跟 Klein 学习了六个学期。

在德国的第一年，Osgood 结识了 Klein 的另一个学生 Harry Tyler，他当时正从麻省理工学院的教员岗位上休假两年。Tyler 决定在埃尔朗根度过他的第二年，在两位强大的数学家 Paul Gordan 和 Max Noether (后者是第 4 章和第 7 章讨论的领袖代数学家 Emmy Noether 的父亲) 的指导下工作。Tyler 建议 Osgood 在跟 Klein 学习两年后也这样做。虽然 Tyler 对 Klein 的评价极高，但他说：“一个如此繁忙的人不能也不会给学生太多的时间和关注；因此他也不会研究细节或有兴趣对细节精雕细琢，他更喜欢不断抛撒各种种子，让别人跟在后面用锄头耕作。”相比之下，Tyler 说，Noether“可能除我本人之外还有一个学生，而且可能会给我们任何想要的东西……至于你的计划，如果你想在纯数学上做具体的工作，我建议你毫不犹豫地到这儿来”。[15]

Osgood 采纳了 Tyler 的建议，第三年在埃尔朗根度过，在 Noether 的指导下获得博士学位。他的论文是关于 Abel 积分的——Abel 积分是在复平面上沿特定曲线的积分，以挪威数学家 Niels Abel 的名字命名，是数论和代数几何学中的重要工具。Osgood 的论文要点建立在 Klein 和 Noether 先前的工作上，属于函数论的范畴——函数论是 Osgood 从 Klein 那里学到的科目，他后来的职业生涯大多致力于此。

例如，Osgood 在他对 Riemann 映射定理 (本章后面讨论) 的证明中利用了函数论。前哈佛数学教授 Joseph Walsh 认为这篇论文是 Osgood 最伟大的成就。[16] Osgood 还在 1907 年出版了一本关于函数论的教科书，这本书几十年来一直是该领域的经典之作。Coolidge、Birkhoff 和 Kemble 写道："在德国度过的岁月完全决定了他未来的整个人生。在德国，他获得了对将来想做工作的广阔视野，其成就和自然延伸足以支撑他高产的一生。"[17]

Osgood 搬到埃尔朗根可能有另一个原因。根据 Walsh 听说的故事，"Osgood 对哥廷根的一位女士非常迷恋，以致影响到他的工作，为了他的博士学位，Klein 把他送到埃尔朗根"。Walsh 补充说，无论故事的哪个版本是正确的，Osgood 在 1890 年从埃尔朗根获得学位，"一两天后，他在哥廷根与这位女士结婚，又过了一两天，他们乘船去了美国"。[18]

他带着新得的学位和新婚的德国妻子返回哈佛，并作为数学讲师就任新职。像许多在德国学习数学后回国的美国同行一样，Osgood 渴望提高国内的数学水平。他观察到，那时的哈佛除他之外几乎没有人进行数学研究，但他发现了志同道合的 Bôcher，后者是一年后加入数学系的。

他们在旅居德国后回到的这所大学"更像一所地方性院校"，在哈佛受 Birkhoff 指导获得博士学位的数学家 Bernard Osgood Koopman (Osgood 的亲戚) 写道，"它曾出过一些杰出人物，但它几乎无法提供关于高等现代数学的真正训练。”[19] Osgood 和 Bôcher 一起，为树立数学系的新风气和彻底改变当前文化提供了关键要素。也许最显著的变化是研究活动迅速增加。两位年轻教授把时间优先用于发表高质量的科学论文，并且动作迅速：到 1900 年，Osgood 发表了 21 篇科学论文，而 Bôcher 发表了 30 篇，外加一篇综述文章和一本教科书《论位势理论的级数展开》(*On the Series Expansions of Potential Theory*)。[20]

Osgood 的第一篇受到关注的文章，是 1897 年的一篇关于实变连续函数序列收敛性的论文。一个“连续”函数 f 是没有急剧跃变的函数——对于这个函数，输入的微小变化导致输出的微小变化。表述它的另一种方式是，假设 f 是连续的，如果选取靠得很近的两个点 x 和 y，那么 $f(x)$ 和 $f(y)$ 也应靠得很近。下一步是考虑连续函数的一个序列 $f_1, f_2, f_3, \ldots, f_n$，当 n 趋向无穷大时，这个序列收敛于一个连续函数 f。那么人们可能会问，曲线 $f_1, f_2, f_3, \ldots$ 下的面积是否收敛于 f 下的面积。这实际是一个关于积分 (一种描述和量化曲线下面积的数学方法) 的问题：f_n 在区间 a 到 b 上的积分是否收敛于 f 在同一区间的积分？一般来说，答案是否定的：f_n 下的面积并不收敛于 f 下的面积。

然而 Osgood 证明了，只要序列 $f_1, f_2, f_3, \ldots$ 是有界的，f_n 下的面积确实收敛于 f 下的面积。一个序列有界意味着对 n 和 x 的所有值，$f_n(x)$ 的绝对值不超过一个固定的正数 (不过是任意的) M：对所有的 n 和 x，$|f_n(x)| \leq M$。

Osgood 的结果，当推广到间断或不连续函数时，可以用作 1907 年由法国数学家 Henri Lebesgue 提出的新积分方法的一个模型。[21] 数学家、昔日神童 Norbert Wiener 认为 (Wiener 在 1912 年他 18 岁时获得哈佛的博士学位)，如果 Osgood 接受了“自己构想的惊人结果”，他本人可能会走到这一步。(Wiener 后来在哈佛大学讲授哲学，之后他接受了麻省理工学院的一个数学长期教职。) Wiener 说，Osgood“一定对他错失良机有着某种深深的懊悔，因为在后来的日子里，他从不允许他的任何学生使用 Lebesgue 方法”。[22]

据一位曾在芝加哥伊利诺伊大学的数学学者 Diann Renee Porter 说，尽管 Osgood 可能对没有注意不连续函数的情形感到失望，但他在 1897 年的成果仍属于“第一批由美国人撰写，作为欧洲主流数学所讨论的内容，而获得国际关注的论文”。[23]

Osgood 的下一篇重要论文出现在 1900 年，这篇论文可以说让他声名鹊起。在这项工作中，他证明了 Riemann 映射定理——由 Riemann 在 1851 年提出的一个知名度很高的问题。顾名思义，该定理涉及映射的概念——函数是一种映射。映射是数学的一个核心概念，其本质是对数学对象 (如 X) 定义一组规则，将 X 中的每个点分配给另一个数学对象 Y 的一个点。

在这种特殊情形下，Riemann 提出平面上的单连通区域，例如由一条简单闭曲线围成的区域，可以一一、共形地映到由圆围成的一个圆盘上。这个映射是“一一”的，因为任意曲线所围区域中的每个点都对应圆盘上的一个点，而且反之亦然。因为角度保持不变，所以这个映射被称为“共形的”。为了说明这意味着什么，我们假设曲线所围区域中有两条直线以特定角度相交。当这个区域共形映射到圆盘上，这两条直线将对应于圆盘上以相同角度相交的两条曲线。

Osgood 常常被这类性质的问题所吸引，Walsh 解释说：“这些问题本质上很重要，而且起源也很经典——属于他过去常说的‘有渊源的问题’。”[24] 他对 Riemann 定理的证明是一项巨大成就。Walsh 说，包括 Henri Poincaré 在内的几位欧洲最伟大的数学家，都曾试图给出一个证明，但均没有成功。“这个定理一直是 Osgood 的重要杰出成果。"[25] 将 Riemann 映射定理推广到三维而不是二维，就会引出 Poincaré 猜想，这一猜想作为数学中最难处理的问题之一原地踏步了一个世纪，直到俄罗斯数学家 Grigori Perelman 基于哥伦比亚大学 Richard Hamilton 的工作，于 2002 年和 2003 年在网上贴出了一系列论文后才得以解决。

由 Riemann 和 Poincaré 提出的这两个著名问题是相关的，因为 Riemann 映射定理 (由 Osgood 证明) 在 (不自相交) 曲线所围的单连通平面二维区域和圆盘之间建立了拓扑等价性。大约 50 年后发表的 Poincaré 猜想提出了单连通三维空间 (即"封闭的"或大小有限) 和球体之间的等价性。(一个关键差别是 Riemann 定理与保角的共形映射有关。另一方面，Poincaré 猜想关注的是"同胚"——连续的一一映射，原空间的每个点都对应像空间中单独的一个点。)

Osgood 在 1903 年的论文《正面积的 Jordan 曲线》(*A Jordan Curve of Positive Area*) 中得到了另一个有趣结果。如上所述，Jordan 曲线是平面上不自相交的连续闭曲线，以法国数学家 Camille Jordan 的名字命名。一条 Jordan 曲线 (基于由 Jordan 和 Oswald Veblen 分别独立证明的艰深定理) 把平面分为两个区域：一个由曲线围成的紧的内部区域，以及一个位于曲线外的非紧 (无穷大) 的外部区域。(刚刚讨论的 Riemann 映射定理涉及由 Jordan 曲线所围区域到圆盘的共形映射。) Jordan 以前曾证明，一条"可求长曲线" (一种有限长度) 的面积总是零。但是在 Osgood 做出进展之前，(包括那些无限长度的) 一般 Jordan 曲线的面积是否必须为零的问题一直没有答案。他的论文通过一个面积为正的 Jordan 曲线的例子否定地回答了这个问题。[26] 这里的想法是沿着一条可以填满空间区域的曲线 (如 1890 年由意大利数学家 Giuseppe Peano 发现的自相交曲线，它可通过单位正方形的每一个点)。

Osgood 构造的特殊曲线不仅新奇，而且帮助数学家重新思考什么是面积这一问题。该曲线也是分形的一个例子，数学家 Benoit Mandelbrot 在发展其有影响的分形几何理论的过程中，曾考虑过这个例子——以及随后构造的其他正面积曲线。

在 1907 年，Osgood 出版了函数论三卷本专著的第一卷，第二、三卷分别于 1924 年和 1932 年出版。该书用德文出版，因为 Osgood 相信这会比在美国出版英文版被更广泛地阅读和理解。这三卷书纵贯 Osgood 的大部分职业生涯，在某种意义上可被视为他一生的工作。布朗大学数学家 Raymond C. Archibald 在 1938 年宣称："总的来说，这一工作是美国对数学发展的最伟大贡献之一。"[27] Birkhoff 说，Osgood 的书"几十年来一直都是该主题的一部无与伦比的专著"，[28] 提供了"当今数学界在该领域大部分的基础训练"。[29]

Osgood 有一次告诉 Koopman，他本质上是一位物理学家，"如果在学生时代，物理学在形式上包含更深刻的数学和更少的实验，他很有可能选择物理学。而且他心里一直认为，数学可被人类用作洞察大自然奥秘的工具，这为数学找到了自身存在最深刻的依据"。为了把这个思想传递给学生，Koopman 补充说："Osgood 耐心地、不遗余力地让学生了解数学到底是什么：它是揭示物理世界的有力武器，是人类理性的瑰宝。"[30]

Bôcher 对数学物理也有着长期的兴趣，在哥廷根大学跟 Klein 学习的三年期间，他研究了一个类似性质的问题，内容涉及位势函数，在整个职业生涯，他一直研究这种性质的问题。顾名思义，位势函数可以用精确的数学语言描述带电粒子分布所产生的静电势能，以及质量分布所产生的重力势能等。因此，位势函数的研究对物理学有明显且重要的意义。但它也是纯数学特别是分析学的重要组成部分，分析学后来成为 Bôcher 和 Osgood 的主要研究领域。

Klein 最初把 Bôcher 引向一个涉及位势函数的问题，然而 Bôcher 把这项工作独立推进得更远，他用级数方法求解偏微分方程，即把位势函数表示为无穷级数 (也称幂级数) 的和。Bôcher 因此而获了奖，该奖项由 Klein 设立，以奖励在这一前沿方向取得的进展，同时他也获得了博士学位 (博士论文的标题是“位势函数展开成级数”, Development of Potential Function into Series)。1891 年秋，和 Osgood 一年前一样，Bôcher 返回哈佛成为数学讲师。Bôcher 也像 Osgood 一样，带了一位德国新娘回到剑桥。

令 Bôcher 感到沮丧的是，尽管他尝试在假期和能找到的其他空余时间工作，但由于沉重的教学负担 (包括每周 12 个小时的讲课)，直到第一学期的圣诞节，他几乎没有时间继续自己的研究工作。他决定把自己的论文扩展为一本关于位势函数的书，在春季假期期间他开始认真着手此事。他为此持续工作了两年，获得了一些远超其博士论文的新成果。Klein 对这一努力的成果印象深刻，该书于 1894 年在德国出版。为何 Bôcher 和 Osgood 一样，选择在德国而不是美国出版? Willie Sutton 曾说，他抢劫银行是因为“那里有钱”。Bôcher 和 Osgood 因为相似的原因选择在德国出版他们的早期著作：那里有数学家——更大的潜在读者群体，因为在 1890 年代，在美国确实没有很多人会读这本书，更不用说理解它了。但是，Bôcher 希望通过他的努力，给除 Felix Klein 之外更多的人留下印象。通过及时出版高质量的出版物，正如他和 Osgood 做的，他希望向欧洲数学家展示美国同行的能力。

尽管用于研究的时间不多，Bôcher 还是设法以惊人的速度写出了重要的论文。例如，他在 1892 年的一年中就发表了 5 篇论文，而在其

Maxime Bôcher

哈佛大学档案馆惠允

短暂的职业生涯中，他在微分方程、代数学和其他主题上合计发表了大约 100 篇论文，此外还出版了关于代数学、积分方程、解析几何学和三角学的一些教科书。他的许多研究都是围绕位势理论和 Laplace 方程展开的，Laplace 方程是一个二阶偏微分方程，处于函数论的核心。关于 Bôcher 的贡献，Birkhoff 写道："在这里，人们自然接触到数学物理、线性全微分和线性偏微分方程的理论、单复变函数论，因此也直接或间接地接触到数学的大部分内容。"[31] 就像 Bôcher 开始研究位势理论一样——起初在 Klein 指导下写学位论文，后来撰写他的第一本书——"Bôcher 后来几乎所有的工作 [也] 都围绕位势方程展开，对于大部分实分析或复分析的研究而言，位势方程确实是个焦点。" Birkhoff 写道。[32]

1900 年，Bôcher 写了一篇关于线性微分方程的著名论文，这恰好是他的专长之一。在这篇论文中，他展示了一种处理具有不连续点或"奇异"点的函数的新方法。与连续函数不同，不连续函数可以有间断或跳跃。奇点是函数"表现不好"或者不好定义的地方。例如，$f(x) = 1/x$ 在 $x = 0$ 有一个奇点，在这里该函数趋向无穷。当时，像微分这样的标准方法，不能处理这种情形。但 Bôcher 找到了其他办法。他发展了通过逼近级数来找出奇点附近解的技巧。

Bôcher 的论文出现在新刊《美国数学会汇刊》(*Transactions of the American Mathematical Society*) 的第一期上，他和其他美国数学家都希望把他们做得最好的工作发表在这个期刊上。(例如，Osgood 也在 1900 年的《汇刊》上发表了他对 Riemann 映射定理的证明。) Bôcher 是该刊的创始人之一，是继 E. H. Moore 之后该刊的第二任主编，他在这一职位上做了 5 年。

Bôcher 在 1903 年证明了一个定理，后来它被称为 Bôcher 定理，属于调和分析领域，对理解波动至关重要。这个定理涉及求解一个函数的 Laplace 方程，该函数在原点——或坐标系的中心——没有被很好地定义，使得它特别难以处理。Bôcher 证明，这个难以处理的函数可以被一个和式取代，而变得易于处理，该和式等于一个在原点有良好定义的函数加上一个常数与著名的 Green 函数的乘积。一年后，Bôcher 证明了另一个重要定理，使人们更加困惑的是，这个定理也被称为 Bôcher 定理。第二个 Bôcher 定理属于复分析领域，它是一种涉及复 (非实) 变量的函数论。

在 1906 年关于 Fourier 级数的一篇论文中，Bôcher 回到了不连续函数这一主题——Fourier 级数是法国数学家 Joseph Fourier 发展的一种方法，目的是把周期函数表示为简单的正弦和余弦函数的无穷和。耶鲁物理学家 J. Willard Gibbs 曾经谈到过一个奇怪的现象，涉及连续曲线在不连续点附近逼近不连续函数。特别地，Gibbs 发现，通过 Fourier 级数逼近，在不连续点的邻域表现出大的振荡，而 Fourier 和总是比函数本身的极大值更大。Bôcher 把这称为 "Gibbs 现象"，同时提供了该效应的第一个严格的数学描述。Birkhoff 注意到："Bôcher 异常谦逊，不止一次在解释性文章中隐藏了新的结果。例如，他对 Fourier 级数基本理论的优美阐述就是如此，对 Gibbs 现象的首次详细研究是在正文中进行的，却几乎没有任何评论。"[33]

曾在新墨西哥州立大学工作的数学家 Joseph D. Zund 注意到，这一倾向确实是 Bôcher 的风格。"很难恰当评价 Bôcher 对他那个时代的影响，因为他的很多工作都致力于完善和修正材料，而不是做出会冠有他名字的引人注目的新结果，" Zund 写道，"然而，对什么是重要的，他的本能和直觉令人印象深刻，而且他的许多工作已成为知识中的常见内容，尽管他的原创身份大都已被遗忘了。"[34]

根据 Osgood 的说法，Bôcher 的工作是“基础的”而不是“惊人的”，他意指最好意义上的基础。“Bôcher 不相信仅仅为创造而创造…… 对他来说，卓有成效的研究理念 (productive scholarship) 比发现一个新的事实更为宏大…… 是对数学有更深入的了解。” Bôcher 敏锐地意识到，大多数新定理即使有价值也很微不足道，不能用可用性来做衡量标准。他利用其卓有成效的研究理念来指导学术活动，并据此划分需要优先完成的任务。Osgood 说：“在 Bôcher 的一生中，他总是在有希望取得进展的最重要的问题上工作。” 正因为如此，他不断地致力于“数学中最高和最纯的美”。[35]

正如 Archibald 所说，尽管 Bôcher “本人从来不做不重要的问题”，但他仍然极为多产。[36] 关于 Bôcher，Birkhoff 在 1919 年写道：“在纯数学领域，他的成果在数量和质量上超过早期的任何一位美国数学家。”[37]

和 Peirce 一样，Bôcher 对关于数学本质的哲学问题很感兴趣，他研究数学的一般方法与 Osgood 大相径庭。Osgood 的方法是系统和综合的，而且过分讲究细节；而 Bôcher 认为直觉、灵感和自发性与数学的严格性都发挥着重要作用。1904 年，在圣路易斯举行的国际艺术和科学大会上，他探讨了这些观点以及究竟什么是数学这样的一般性问题。他谈道，认为数学是量或者数的科学的旧观念，“已经在那些考虑 [这一问题] 的数学家中完全消失了”。人们可以尝试用现有方法来刻画这一学科，就像 Peirce 称数学是“得出必然结论的科学”。根据这个定义，Bôcher 说：“在每一项使用精确推理的研究中，都有一个数学元素。” 他补充说，这种处理有两个缺点，首先是“得出必然结论的想法有些含糊，并且会发生变化。其次是它只强调数学中严谨的逻辑元素，却忽视了直觉”。[38]

另一种描述数学的方式——这是英国数学家 Alfred Kempe 所青睐的方式——不是关注数学研究的方法，而是关注研究的对象，看这些不同对象可能有什么共同之处。Kempe 之定义的缺点是它太宽泛了，认为数学不是严格意义上的演绎，Bôcher 坚持认为："例如，这将包括用实验方法确定，在给定条件下，已知元素的哪些化合物在混合时会彼此发生反应。"[39]

Bôcher 看到了将 Peirce 和 Kempe 的定义结合起来的优点，这与英国哲学家 Bertrand Russell (1914 年，他在哈佛做了几个月的讲师) 的观点一致。Bôcher 认为，只专注于数学的演绎方面仅代表了"科学的干枯骨架……如同没有邀请你去赴宴，而只是让你看看空盘子，并告诉你如果这些盘子盛满了，宴席会提供怎样的服务"。他把数学视为艺术甚于科学。"数学家严格的演绎推理在这里可以被比作画家的技巧……尽管这些品质是基本的，但它们并不会使一个画家或者一个数学家名副其实，它们实际上不是最重要的因素。"对 Bôcher 而言，其他品质，如想象力、直觉和非实验室类型的实验，对整个事业是必不可少的，对他自己的工作也是不可或缺的。[40]

Osgood 则是强调一丝不苟，不怎么相信艺术的灵感。George Birkhoff 的儿子、哈佛数学家 Garrett Birkhoff 评论道："Osgood 的定理……以其清晰和……严格著称；而 Bôcher 则是直觉敏锐、才华横溢和优美流畅的。"[41]

与数学研究方法和个性不同相伴的是，他们在教学和讲课风格上的明显差异。Walsh 回忆说，Osgood 的阐释"尽管不总是彻底明了，却是精确、严谨和令人振奋的"。[42] Bôcher 的雄辩风格与此形成鲜明对比。Archibald 写道："他的课讲得很清晰，学生们可能无法像在较差教师的课上那样，深刻体会课程的难度。"[43] 在《科学》(*Science*) 期刊上，Bôcher 被称为美国数学家中“出类拔萃的”演讲者。[44]

可惜，Osgood 就不是这样了，他有时被哈佛学生称为“模糊的法案”(Foggy Bill)*。数学家 Joseph Doob 在 1930 年从哈佛获得学士学位，1932 年获得博士学位，多年后他回忆起大学二年级 Osgood 用他自己的教科书讲授的微积分课程。

> 我当然不怀疑他是一位国际著名的数学家，我当时对数学研究，在研究期刊上发表文章，或者怎样成为一位大学教授一无所知。Osgood 是一位大个头、留着胡子的威严绅士，他严肃地对待生活和数学，在黑板前走来走去，慢条斯理地讲述。上了几星期他的课之后，我恳求导师 Marshall Stone 把我调到另一个讲微积分的班，那边的老师讲得更生动。当然，Stone 对我这名抱怨授课教师的学生给予了同情，而且他建议，如果我觉得二年级的微积分讲得太慢，我应该同时修三年级的微积分！[45]

Norbert Wiener 发现 Osgood 的德国做派是极为烦人的。对于他经常定期参加的哈佛数学协会的会议，Wiener 曾这样说：

> 教授们坐在前排，以一种优雅而威严的态度对学生们屈尊俯就。也许最引人注目的人物是 W. F. Osgood，他有着谢顶的蛋形脑袋，留着浓密的络腮胡须，模仿 Felix Klein 的做派用小刀戳着雪茄，用一种刻意的姿势拿着它。
>
> 在我心目中，Osgood 是哈佛数学的典型代表。与本世纪初访

*与 Fogg 谐音。——译者注

> 问过德国的许多美国学者一样，他带着一位德国妻子和德国习惯回家。(对于娶一位德国妻子，我还有话要说——我很高兴自己也这么做了……) 他对德国的一切都很钦佩，以至于他用几乎无误的德语写了关于函数论的书。[46]

对 Wiener 而言，Bôcher 是“美国数学教育中另一位德意志时期的代表”，但是与其同事 Osgood 不同，他“没有容易看出的习性”。[47]

甚至在《科学》期刊上向 Osgood 致敬的同事们——Julian Coolidge、George Birkhoff 和 Edwin Kemble——都承认他对德国的痴迷有时太过分了。“他接受德国的世界观 (Weltanschauung) 到了这样一种程度，以致在第一次世界大战期间他显得有些尴尬，”他们写道，但幸运的是，在二战期间“他看问题的角度已经不同了”。[48]

作为教师，Bôcher 和 Osgood “同样出色，但截然不同”，Coolidge 写道，“Osgood 获得教学技能的过程与他取得科学上的卓越成就相同：刻苦的努力和远大的理想。他通过实验发现讲授什么是最重要的，什么是最好的教学方法。没有什么是偶然或源于一时的灵感。当他结束时没有悬而未决的问题。”相形之下，Bôcher “从来没有在清晰性和趣味性上做过明显的努力。他的教学很清晰，因为他的思维过程像水晶般通透；他的教学很有趣，因为他留意有趣的事情”。[49]

由于多种原因，有些大家已经知道，Bôcher 比 Osgood 吸引了更多的研究生。Bôcher 在 24 年间指导了 17 篇博士论文，Osgood 在 43 年间仅指导了 4 篇。Osgood 指出，作为论文指导教师，Bôcher “在辨别有广度和深度的重要课题上极为成功，而这些课题也在那些学生的能力范围之内”。“他的指导很有技巧，给予学生的帮助不会阻碍其进取心或才智，即使他参加会议讨论时也不会忽略学生。”[50]

然而，在这些方面，Osgood 既无技巧也不成功。正如 Coolidge 所说，他是通过相当的努力获得了清晰性，虽然他坚持认为这种清晰被高估了。根据数学家 Angus E. Taylor 的回忆，Osgood 告诉他的学生们："老师弄得越清楚，对你们越糟糕。你们一定要自己把事情弄清楚，把想法变成自己的。"至于怎样掌握一个难懂的概念，Osgood 建议了如下策略："反复读它几遍，然后再仔细考虑它。再然后，当你认为自己已经掌握了，就用自己的话把整件事情讲给自己，也许是在去波士顿的地铁里把它写在一张小纸片上。"[51]

简而言之，没有多少学生在他们的研究工作中受到 Osgood 的启发。根据 Birkhoff 的说法，其原因不难发现："他解决问题的方法是对细节进行极其仔细和系统的研究；正是这样，经过艰苦的努力，他才有了自己的创新想法。所以，Osgood 很自然会建议希望与他一起工作的学生，首先要对这一领域进行一次仔细的初步例行调查。但是，一般的学生从一开始就会对这项不同寻常、没有明显回报的任务感到灰心丧气。"[52]

哈佛数学博士、后来在系里任教的 David Widder 也发现 Osgood 的风格不那么令人振奋。"我记得，在如何准备论文的问题上，他给了我们很好的建议，但大多数人都忽视了这一点。你要把一张纸从中间折一下，把初稿写在右边，把更正写在左边。"[53] Widder 选择在 Osgood 的年轻同事 George David Birkhoff 手下攻读博士学位。

假若 Osgood 不是那么热衷于在开始研究之前掌握每一个事实的话，他可能会指导另一名博士生。Joseph Walsh 曾问他是否能指导一篇关于解析函数展开的论文。Walsh 说，Osgood 举起他的手，坚称自己"对此一无所知"。[54] Walsh 转而让 Birkhoff 指导他的博士论文，正如 Widder 曾做过的那样。

教员同事指出了 Bôcher 成功指导研究生做研究的原因。“在科学中，发现不能解决的重要问题或者能解决的无足轻重的问题并不难。”他的哈佛同事写道。

> Bôcher 成功发现了一些课题，在这些课题上，绩优生可以获得有价值的结果。他没有用过分赞扬来鼓励研究，他的学生有时会觉得 Bôcher 没有鉴赏能力。但他从未错过关心真正有价值的科学贡献，他有无限的耐心帮助学生发展其想法，了解这些工作本质上新在哪里，并把结果用清晰和准确的语言表达出来。[55]

作为《数学年刊》(*Annals of Mathematics*) 的主编——从 1908 年到 1914 年 (不包括 1910 年)——Bôcher 把同样的特质带到这份职责中，根据《美国数学会汇刊》(Bôcher 经常为该期刊投稿) 的一篇向他致敬的文章，他在此期间保持了很高的工作水准。“没有任何稿件只是因为作者的声誉得到他的认可，如果他在一位没有经验的作者的工作中看到了真正的价值，他会慷慨地给予鼓励和建议。”[56]

Bôcher 和 Osgood 这两个人，虽然性格截然不同，但他们的职业生涯多年来一直沿着类似的轨迹发展。Osgood 被同事描述为“温和且亲切的”——这些词语很少用于 Bôcher。对学生们来说，正如 Koopman 描述的那样，“Osgood 是睿智大师和诚挚朋友的完美结合。”[57] 或者像系里同事说的那样，“他对每个学生都很亲切，对所有同事都彬彬有礼，这源自他对他们深切的爱。”[58]

据说，Osgood 最喜爱的娱乐方式是开着他的汽车周游各地，尽管他也喜欢偶尔打打高尔夫球和网球，以及抽雪茄。“对于后者，他会把抽到只剩下很短的雪茄留下来，然后插入小折刀的刀片，以便继续抽下去。” Walsh 说起这种消遣时充满了热情，与之相反，Wiener 觉得这非常令人讨厌。[59]

与自认为内向的 Osgood 相比，Bôcher 更加沉默寡言。《科学》期刊的一篇讣闻报道：“[Bôcher] 从文学 [莎士比亚、法德古典文学和传记]、哲学和音乐而不是社交聚会中，寻求科学工作后的放松。”[60] Archibald 写道：“他从不向热情让步。他是清教徒，有清教徒的优点和缺点。他的世界容不下人类的弱点；他只看重结果。他用同样严苛的标准来要求自己。”[61]

“在许多和他因工作而建立私人关系的人看来，他似乎有些冷酷无情，” Osgood 解释说，“然而，陌生人往往没有注意到，Bôcher 用同样严苛的标准要求自己。为何其他人希望有更好的待遇呢?” 在与别人的交往中，Bôcher 从未表现出 “做数学的热情——也可以说是生活的乐趣——这种热情会给脑力劳动带来动力，使其克服失望和沮丧的障碍”。在任何时候，他的性格都显得很孤僻。“他不愿谈有关个人的问题，这种不情愿甚至延伸到他的科学工作中。”[62]

Bôcher 晚年的健康状况一直不佳，不幸的是，疾病缩短了他的寿命。他在 1918 年去世，享年 51 岁，那时他仍处于事业的全盛期。1923 年，美国数学会设立了 Bôcher 纪念奖，以表彰他在分析学领域做出的杰出贡献。

Osgood 在哈佛的任期也被缩短，尽管原因完全不同。1932 年，他与 Celeste Phelps Morse——哈佛数学教授 Marston Morse 的前妻——结婚，这一事件导致他于 1933 年退休。Morse 比 Osgood 年轻 28 岁，他震惊于他的前妻居然会接受一位白发老人。Celeste Morse 曾与 Osgood 谈过她的婚姻碰到了困难，这可能导致了事态的发展。正如 Celeste 与 Morse 离了婚，Osgood 最终与他的德国妻子离婚，这为他们最终的结合扫清了障碍。

1932 年 8 月，在这一事件发生一段时间后，哈佛大学校长 Abbott Lawrence Lowell 收到来自 Roger Lee 医生的一封信，信中说：“在 Osgood 教授的事件中，我非常赞同以年龄原因不失体面地尽快要求他退休。”[63] 两个月后，Lowell 写信给 Osgood，要求他在这一学年结束时卸任。Lowell 引用了大学校规的一项条款，“如有要求，任何教授应在 66 岁时退休”。在写这封信时，Osgood 是 68 岁，而在 1933 年退休时，他 69 岁。Lowell 写道：“给一位工作这么久、做事认真的同事写这样的信，真令人难过。”[64]

Osgood 和新婚妻子来到中国；他在北京大学讲了两年课。根据他在北大的讲义，后来出版了两本教科书：《实变函数》(*Functions of Real Variables*) (1936 年) 和《复变函数》(*Functions of a Complex Variable*) (1936 年)。在中国生活了两年之后，Osgood 和他的妻子返回剑桥区，在毗邻的麻省贝尔蒙特镇安顿下来，据说 Osgood 在这里安享他的退休生活。他于 1943 年去世，享年 79 岁。

Bôcher 和 Osgood 有许多值得骄傲的地方：他们帮助在美国建立了分析学这一数学学科的坚实基础。他们留下了一个数学系，它不仅是美国最好的数学系之一，而且堪与大西洋彼岸最强的数学系相提并论。他们在哈佛的领导职位被他们以前的学生 George David Birkhoff 接替，Birkhoff 在本科时曾跟他们学习过。Birkhoff 在芝加哥大学跟随 Moore 获得了博士学位，但 Bôcher 一直和他这位以前的学生保持联系，当 Birkhoff 在威斯康星大学和普林斯顿大学教学期间也一直保持通信。1910 年，哈佛为 Birkhoff 提供了一个职位，但当普林斯顿为他提供晋升和加薪时，他拒绝了哈佛。差不多一年之后，Birkhoff 再次考虑此事，询问 Bôcher 是否还能为他提供一个职位。双方很快达成协议，1912 年 Birkhoff 来到哈佛——同一年，在英国剑桥举行的国际数学家大会上，Bôcher 应邀做大会报告。也是在同一年，哈佛做出了“从以数学教育为中心……转变为以数学研究为中心”[65] 的决定，这并非巧合。

Birkhoff 在哈佛度过他的余生。由于这一任命，他与他的两位老师 Bôcher 和 Osgood 共事，Batterson 写道：“在美国，哈佛大学数学系是最强的。”他补充说，这也是有史以来美国最强的数学系，即将成为世界舞台上的一股力量。“就 1890 年代美国数学的状况而言，哈佛的崛起是引人注目的。”[66]

Birkhoff 代表了完全在这个国家接受教育的下一代美国学者。当他还在 20 多岁时，他就以其数学才华闻名于世，这表明，虽然还需要进一步的证明，人们不需要再到欧洲才能确保获得世界一流的教育。他和其他顶尖的数学家从美国的大学毕业，完全有能力在不久的将来领导他们的领域和所属院系。于是，美国国内的数学基础土壤就这样形成了，由此圆了 Benjamin Peirce 长久以来的一个梦想，这个梦想在他的有生之年没有实现。

Birkhoff 在哈佛数学乃至整个美国数学领域的地位提升，在某种程度上是一种信号，说明始于 19 世纪末的变革已经取得成效。“大学数学不再仅仅意味着算术、三角、代数和几何的基础知识以及少量的微积分，”Parshall 写道，“如果美国学生希望认真学习数学的现代进展，他们基本不必再被迫去欧洲的著名大学了。”[67] 就美国数学家而言，你可以回家了——尽管 Thomas Wolfe 的说法与此相反。更重要的是——也许会令某些父母感到惋惜——你本来就不必离开家。Birkhoff 与其他新一代的数学领军人物将继续证明重要的定理，并做出许多卓越的贡献，这个故事将在下一章讲述。

3

GEORGE DAVID BIRKHOFF 强势登场

George David Birkhoff 在 1912 年入职哈佛后的一年中，解决了由 Henri Poincaré 提出的一个著名问题，这为他赢得了国际声誉。Birkhoff 解决了一个版本的三体问题，该问题涉及描述由三个受引力作用的物体 (如太阳、地球和月球) 所组成的系统的运动。杰出的数学家 Poincaré 曾用一种新的方式提出这个经典问题。由于当时他的健康状况已不佳，他提出这个问题，希望有人能找到解决办法。那个人就是 Birkhoff，对他来说，这是他所获得的第一个巨大成功。

一名新任助理教授通常不会引起这么大的轰动，但 Birkhoff 不是典型的助理教授。对于许多认识他的人来说，他在来哈佛的第一年就取得这些成绩，并不令人惊讶。很可能 Birkhoff 本人对此也不感到意外，因为他从小就被要求要出类拔萃，大家公认他最终可能取得的成就几乎无可限量。他的儿子、同为哈佛教员的数学家 Garrett 说："他总是把自己与古往今来最伟大的数学家相比。"[1]

George Birkhoff 是一名医生的儿子，1884 年生于密歇根的一个荷兰裔家庭。他小时候主要在芝加哥生活，接受了良好的教育。

Birkhoff 从前辈和诸多同龄人中脱颖而出，但他并未出国读书，而是在美国接受了严格的数学训练。高中时，他就读于芝加哥的路易斯学院 (后来成为伊利诺伊理工大学的一部分)，在那里他爱上了数学。15 岁时，他就着手解决《美国数学月刊》(*American Mathematical Monthly*) 上提出的问题。他解决的一个问题看上去相当初等："如果一个三角形的两条角平分线 [有相同的长度]，求证该三角形是等腰三角形。" 然而，根据 Harry Vandiver 所说，这个练习实际上 "给许多法国、英国和美国的数学家，包括几位杰出的数学家 …… 造成了很大困扰"。Vandiver 与 Birkhoff 同时代，他在 1973 年去世之前，曾在得克萨斯大学数学系工作了 42 年。[2]

Vandiver 是一位自学成才的数学家，他在高中时就辍学，而且从未上过大学。两人都是青少年时，他就开始与 Birkhoff 通信，解决《月刊》上提出的问题。最终，两人合作完成了数十篇论文，其中一篇关于数论的论文发表在《数学年刊》上，当时 Birkhoff 还是一名大学生。

Birkhoff 十几岁就在一个重要的数论问题和更重要的 Fermat 大定理之间，建立了一个以前不为人所知的联系。Birkhoff 告诉 Vandiver 他对 Pierre de Fermat 的经典问题很感兴趣，该问题断言：不存在正整数 a、b 和 c 使得 $a^n + b^n = c^n$，这里 n 是大于 2 的正整数。尽管这个问题可以简单明了地表述出来，但在 Pierre de Fermat 于 1637 年首次提出后的近 360 年中，它仍未被解决。Vandiver 也对这个问题产生了兴趣，并最终在他的整个职业生涯中都致力于研究 Fermat 大定理。1931 年，他因为在求解这一问题上付出的努力，第一次获得数论方向的 Cole 奖。该奖以哈佛博士 Frank Nelson Cole 的名字命名，在加入密歇根大学和哥伦比亚大学之前，他曾担任哈佛教员，是 Maxime Bôcher 和 William Fogg Osgood 的本科启蒙老师。

George David Birkhoff

哈佛新闻办公室惠允

在几十年前写给 Vandiver 的信中，年轻的 Birkhoff 向他的朋友发誓："我们会解决 Fermat 的问题，然后是其他一些问题！"[3]Birkhoff 并没有兑现他的第一个承诺，但在第二个承诺上，他做了很多弥补。

1902 年，当 Birkhoff 作为新生进入芝加哥大学时，Garrett 写道："他已经开启了他的数学研究生涯。"[4] Birkhoff 转过学，他先在芝加哥大学读了两年本科，然后又在哈佛读了两年，并在那里获得学士和硕士学位。这次转学的部分原因可能是因为他的舅舅 Garrett Droppers，在成为一名杰出经济学家之前，Droppers 曾就读于哈佛。更有可能的是，这一变动符合 Birkhoff 的目标，即让自己接触到最好的老师，并置身于最激励人进步的环境中。尽管他在芝加哥大学有优秀的导师，包括 E. H. Moore、Oskar Bolza 和 Henrich Maschke，但两年之后，他可能觉得有必要拓宽视野，并在这个过程中激发一些新的灵感。Bôcher 成为 Birkhoff 在哈佛的良师，对此 Birkhoff 始终心存感激，和 Moore 相比，Bôcher 的研究兴趣与 Birkhoff 更为接近。他后来对 Bôcher 表达谢意，"感谢他提出的建议，感谢他卓越而深具批判性的洞察力，也感谢他对我提出的通常很粗糙的数学想法始终抱有兴趣"。[5]

不过，Birkhoff 与 Bôcher 的同事 Osgood 却相处得不那么好。Garrett 解释说："他觉得 Osgood 是个或多或少一板一眼的人，他采取的是德国式的由教师主导学生的教学方式。而 Bôcher 则灵活得多，不那么拘泥于形式，尽管欠缺一些系统性，但仍被普遍认为是一名更有启发性的教师。"[6]

在整个本科阶段，数学研究对 Birkhoff 很重要，尽管他在上大学之前就已经对此产生了兴趣。从一开始，他就在解决问题 (愈难愈好) 并把结果发表在各种期刊上。当他在芝加哥大学跟 Morre 读研究生时，他不出所料地保持了这种做法，并在其整个职业生涯中持续发表或出版了有关动力系统、图论、遍历理论、广义相对论、“美学度量(aesthetic measure)”和其他主题的上百篇期刊论文和大量教科书。数学家 Marston Morse 说:“Birkhoff 在用原创性和关联性评价数学方面一丝不苟。”Morse 是 Birkhoff 的博士生,后来在哈佛大学和新泽西的普林斯顿高等研究院取得了成功。Birkhoff 对自己的工作采取同样的标准。Morse 补充说,对他而言,“系统地组织或阐述数学理论,与发现理论相比,总是次要的”。[7]

Birkhoff 从来就不满足于仅仅精通数学,他一心一意要在数学上取得最高成就。这种渴望可以从他准备博士答辩的过程中观察到,他当时的目标是“掌握当时已知的所有数学知识”,Garrett 回忆道,“而且 [他] 为实现这一抱负做了很好的尝试”![8]

尽管 Moore 和 Bôcher 对 Birkhoff 的影响不可否认,但另一位学者 Poincaré 的影响可能更大,即使他们两人从未谋面。“Poincaré 是 Birkhoff 真正的老师,”Moore 坚称,“在分析学领域,”这涉及微积分高级形式的应用,“Birkhoff 全心全意接管了 Poincaré 的技巧和问题,并继续了下去。”[9]

特别是,Birkhoff 和 Poincaré 都对天体力学感兴趣,通过研读 Poincaré 广受赞誉的著作《天体力学的新方法》(*New Methods of Celestial Mechanics*)* 向大师学习,这本书传承了 Laplace 在同一领域的杰出工作。Oswald Veblen 说:“毫不夸张地说,Birkhoff 在 Poincaré 停下的地方接过了该领域的领袖衣钵。”Veblen 是 Birkhoff 的终生挚友,两人曾在芝加哥大学和普林斯顿大学共事。[10]

Birkhoff 的博士工作也在“动力学”这一相同领域:用微分方程描

*原名为 *Les Méthods Nouvelles De La Mécanique Céleste*。——译者注

述复杂系统中物体的运动，其中一个物体的运动会影响其他物体的运动。通过这样的方式，Birkhoff 继承了哈佛其他杰出人物的传统，包括 Nathaniel Bowditch、Benjamin Peirce、Simon Newcomb 和 George William Hill，这些人要么在哈佛大学正式工作过，要么在他们职业生涯的某个阶段与 Perice 一起工作或学习过。当然，Birkhoff 不仅仅延续了这一传统，而是做得更多。在受到 Poincaré 影响的同时，Birkhoff 开发出新的工具，这些工具超越了这位法国大师和其他先驱者，由此导致了全新的、以前不可企及的结果。就这样，他帮助引入了动力系统的现代理论。并且和 Poincaré 一样，他把时间分别花在纯数学和应用数学上。

Birkhoff 的大量工作都源于一个重要目标：把最一般的动力系统约化为一个"规范形式"，从这个规范形式可以得出该系统完整且详细的特征描述。在某种意义上，这种手法是建构问题的最佳方式：一个适当的坐标系可以使我们完成原本不可能完成的计算。例如，椭圆通常被描述为一个相当复杂且难以处理的方程：

$$x^2/a^2 + xy/b + y^2/c^2 + ex + fy + g = 0,$$

其中 a、b、c、e、f 和 g 都是常数。不过，通过选择适当的坐标并令椭圆的中心位于 x-y 平面的原点，椭圆就可化为其规范形式，$x^2/a^2 + y^2/b^2 = 1$，这更易于观察和处理。Birkhoff 使用同样的研究方法来处理动力系统，即用好的坐标来建构问题，由此对它进行"规范化"以便完成原本无法处理的计算。

正如前面提到的，他在 Poincaré 提出的"限制性"三体问题上取得了第一次引人注目的成功。这类问题的挑战在于，已知三个相互作用的独立物体的初始状态（位置、速度和质量），预测它们未来的运动，目标之一是找到稳定的周期解。三体问题一直被认为是“最著名的动力学问题”。[11] 它还有待彻底地解决，由于混沌现象的存在以及描述运动的微分方程不可积的事实，这样的解还不太可能求得。

相比较而言，二体问题 (仅涉及两个相互作用物体的运动) 可以用完全可积的初等函数直接求解。这一情形要简单得多，部分原因是两个物体 (在所讨论的情形) 不可避免地位于同一平面上。大约 300 年前，Isaac Newton 解决了一个二体问题，即两个物体通过引力相互作用，而引力大小与两物体间距离的平方成反比。Newton 的计算是一次伟大胜利，它为 Johannes Kepler 在一个世纪之前 (基于 Tycho Brahe 的观测) 发现的行星运动定律提供了数学证明，该定律描述了两个天体在彼此轨道上的运动轨迹。

但在三个物体的系统中，运动不必限制于一个平面上，这就导致了一个更加复杂、极难求解的非线性问题。Newton 又一次跻身于首先研究这个问题的行列，他研究了由地球、太阳和月球构成的系统。他首先计算了月球环绕地球的轨道，但在计算太阳对月球运动的影响时遇到了极大困难，他告诉一个天文学家朋友“他从不头疼，但研究月球除外”。[12]

在这个问题上取得进展的一个途径是考虑一种更简单、更特殊的情形，即所谓的限制情形。在这一情形下，由于万有引力的作用，两个物体相互运动，但还存在第三个物体，它的质量可以忽略不计。尽管对考虑的其他物体而言，第三个物体的质量被认为可以忽略，但这仍是一个三体问题，因为这个练习的整个要点是：弄清楚两个巨大物体的运动如何影响本质上“无质量的”第三个物体的运动。

Poincaré 思考三体问题长达数十年，他指出，这个问题“在天文学中如此重要，同时又如此困难，以至于所有的几何学家都长期致力于此”。[13] 他在这方面的思考受到美国人 George William Hill 的巨大影响，Hill 在 1877 年发表了一篇有关太阳和月球相互作用的论文，在一个多世纪里首次提出了三体问题的新的周期解。在一次访美期间，Poincaré 对 Hill 说：“我到美国来最想见的那个人就是你。”[14]

Poincaré 在这个领域也取得了成功，他为《数学学报》(*Acta Mathematica*) 写了一篇关于三体问题的论文*，并因此在 1890 年赢得国际奖项 (为纪念瑞典与挪威的国王 Oscar 二世 60 岁生日而设)。几年后，Birkhoff 说，这份期刊曾发表了许多重要文章，“但也许没有比这篇文章更具有科学重要性的了”。[15]

尽管 Poincaré 是公认的天才，并在这方面付出了努力，但他还是被三体问题难住了——自从 Newton 首次提供工具，让人们至少可以考虑处理这一问题以来，所有设法解决它的人都一样。Poincaré 在 1911 年病倒了。他感到自己可能不久于人世，在获得《巴勒莫数学学会会刊》(*Circolo Matematico di Palermo*)† 编辑的许可后，他发表了一篇关于该主题并不完整的论文，“其中阐述了我曾追求的目标，我为自己设定的问题，以及我为解决这个问题付出努力得到的结果”。尽管 Poincaré 认识到发表一篇尚未完成且在某种意义上并不成功的论文“并无先例”，但他认为这篇论文可能仍然是有用的，它“把研究者置于一条全新、未被探索过的道路上”，这条道路“充满希望，尽管它们曾令我失望”。[16] 这篇论文出现在 1912 年，给出了解决限制性三体问题的新思路，提供了一种很有希望的解决办法。论文面世仅仅几个

---

*Poincaré 最初提交的论文有误，他发现错误后加以改正，并回收已印好的《数学学报》，改正后的论文在该期刊的第 13 卷上占了 270 页。——译者注

†全称为 Rendiconti del Circolo Matematico di Palermo。——译者注

星期后，Poincaré 于 1912 年 7 月 17 日去世。他希望在 (后来被称为)“最后的几何定理” 被证明之前发表他的想法，这样其他数学家可以沿着他所描绘的成功之路走下去。

Birkhoff 正是这样做的，在 Poincaré 去世后 3 个月内，他完成了这项任务，从而奠定了自己在数学领域的声誉。尽管 Birkhoff 很快就解决了这个问题，但这十分消耗他的精力，后来他告诉一个学生 (Marshall Stone)，为了做出这个证明，他瘦了 30 磅。[17]

Birkhoff 于 1913 年发表的论文《Poincaré 几何问题的证明》(*Proof of Poincaré's Geometric Problem*) 非常简洁 (只有 9 页长)，但不失优雅。它叙述的问题如下：“假设一个连续的一一变换 T，把环 R 映为自身，其中 R 由半径分别为 a 和 b ($a \geq b \geq 0$) 的同心圆 C_a 和 C_b 构成，方式是让 C_a 的点沿正向前进，C_b 的点沿负向前进，同时保持面积不变。那么，环 R 上至少存在两个不动点。”[18]

曾在哈佛工作的数学家 Daniel Goroff 写道，由 Poincaré 提出的这个问题，“代表了把分析学中的存在性定理简化为拓扑学中不动点问题的最早实例”。[19] 为了用更简单的术语表达这个想法，让我们从环 (一个包含两个同心圆和它们之间面积的几何图形) 或它的拓扑等价物开圆柱 (像一个去掉顶和底的罐子) 开始。现在 “变换” 这个形状，把围成环 (或开圆柱) 的一个圆按顺时针方向扭转，把另一个围成环的圆按逆时针方向扭转，但不改变环的面积。就目前而言，我们没有谈及中间发生了什么，而只谈论边缘发生的事情。然而，Poincaré 断言，对于一个保持面积的变换 (即沿一个方向移动一个圆，沿另一个方向移动另一个圆)，在两个圆之间的曲面上至少有两个点从未移动。

Poincaré 进一步强调，基于他引入的 “指标定理”，如果经过保面积变换的环有一个不动点，那么一定还有第二个不动点。Birkhoff 利

用反证法或归谬法 (reductio ad absurdum)，在他的证明中使用了这一论点，即假定没有不动点会导致谬误。因此，这个假设一定不正确，这意味着至少有一个不动点。如果有一个这样的点，正如 Poincaré 定理所指明的，就必定有两个。

Birkhoff 1913 年的论文对最简单的二维情形证明了最后的几何定理。在 1931 年的一篇论文中，他把这一定理推广到更高维。20 年后，俄罗斯数学家 Andrey Kolmogorov、Vladimir Arnold 和德国数学家 Jurgen Moser 做了进一步的激动人心的推广，这就是著名的 KAM 理论。[20]

不过，在环上的不动点与天体力学中著名的三体问题有什么关系并不明显。西北大学的数学家 John Franks 解释说，可以这样理解："环像三维空间中的一个二维切片。" 物体 (诸如行星) 在这个三维空间中移动，这意味着它们有时会穿过二维的环。如果在通过这个更大的空间后，它们刚好回到环上的同一个点，这就是一个不动点。屡次回到这样一个不动点，换言之，就意味着一定程度的稳定性、可预测性和周期性：物体从环上一个特定位置出发，在进入一个大的空间后，会定期返回到同一位置。

但是，环上的一个不动点不能转化为三体系统中的单一物体。Franks 补充说，这种情形足够抽象，一个单一不动点对应于三体系统中的所有三个物体。当然，Poincaré 定理说，不仅有一个而是有两个不动点。其中一个点与三体问题有关；第二个点可以简单理解为第一个点的拓扑结果。[21]

最后的几何定理一旦被证明，就提供了寻找限制性三体问题无数个周期解的技巧：通过改变环的大小，可以得到不同的不动点，每个点对应系统中各物体的不同轨道周期。

通过解决一个版本的三体问题，事实上，还展示了如何得到无数个解，Birkhoff 几乎立刻赢得了世界范围的赞誉。论及 Birkhoff 的成就，麻省理工学院的著名数学家 Norbert Wiener 宣称："一颗一等星已经出现在哈佛数学系的天空……更值得注意的是，Birkhoff 是在美国完成他的工作的，没有受益于任何国外的教育。在 1912 年之前，任何一位有前途的年轻美国数学家，都要必不可少地在国外完成训练。Birkhoff 标志着美国数学自主成熟的开始。"[22] Birkhoff 不仅从未到欧洲学习过，并且直到 1926 年，也就是在证明 Poincaré 几何定理的 14 年后，他才踏上欧洲大陆。

根据 Garrett Birkhoff 的说法，1912 年成为转折点有另一个原因，他称之为"标志着哈佛从侧重数学教育转向侧重研究的一个里程碑"。一年之内，William Elwood Byerly (Benjamin Peirce 的第一个博士研究生) 从数学系退休，而 B. O. Peirce 去世，正如 Garrett 所说，这标志着"Benjamin Peirce 对哈佛数学影响的终结"，同时也标志着 Birkhoff 影响未来几十年的开始。[23]

Birkhoff 没有满足于已得荣誉，依然保持着轻快步伐，1913 年，除了对 Poincaré 几何定理的证明，他还发表了其他 8 篇论文。Morse 指出："他研究的问题不一定从他能解决的问题中挑选。"[24] Garrett Birkhoff 也认为父亲从不回避困难问题，而是不遗余力地去做那些最困难的问题，只要有可能，就"用全新的思路和方法"攻克它们。[25] 毫无疑问，正是这种习性把他引向四色问题，并在 1913 年发表了关于这个主题的论文《地图的可约性》(*The Reducibility of Maps*)。[26]

一个多世纪以来，四色问题一直是拓扑学中最著名的未解决问题之一，也是许多杰出数学家尝试解决的问题之一。这个问题尽管易于理解，但却出奇地难以证明。它关乎一个简单的问题：在平面上绘制地图，使其任意两个相邻区域没有相同颜色，共需要多少种颜色？（正如这个问题所定义的，科罗拉多州和新墨西哥州"相邻"，因此应被分配不同颜色。另一方面，科罗拉多州和亚利桑那州，或者新墨西哥州和犹他州，它们仅共有一角，不被认为是相邻的，所以可以有相同颜色。）

顾名思义，四色猜想认为任意地图无论多大、多盘绕复杂或者弯弯曲曲，都仅需要四种颜色，就可以确保任何边界重叠的两个邻域拥有不同颜色。这个问题适用于平面或球面（即亏格为 0 的曲面）上的地图，这意味着该曲面（不像多纳圈）没有洞。

这个猜想归功于 Francis Guthrie，他是伦敦大学学院的一名数学研究生，曾是 Augustus De Morgan 的学生，他在 1852 年提出这个猜想。听说这个问题之后，De Morgan 把它告诉了 William Rowan Hamilton——因四元数闻名的爱尔兰数学家（在第一章讨论过）。几天后，Hamilton 回信说："我最近不太会尝试你的四色问题。"[27]

英国著名数学家 Arthur Cayley 在 1879 年的一篇论文中，概括了这个定理的困难之处。同一年，英国律师兼数学家 Alfred Kempe 发表了该定理的一个证明，这使得他在两年后被伦敦皇家学会接纳。然而在 1890 年，Percy John Heawood 在 Kempe 宣称的证明中发现了一个致命缺陷；Heawood 最终证明了，五种颜色足以保证地图的相邻区域有不同颜色，但他未能证明四种颜色这一要求更高的情形。其他研究这个问题但未能找到证明的人包括：Benjamin Peirce、他的儿子 Charles Sanders Peirce 以及 Oswald Veblen。德国著名数学家 Hermann Minkowski 曾对相对论有重大贡献，他认为自己可以在一堂拓扑学课上解决这个问题。尽管他的学生们可能觉得很有趣，但当 Minkowski 的证明误入歧途时，他十分沮丧，原本计划的课堂胜利也以失败告终。

Garrett Birkhoff

哈佛大学档案馆惠允

总是乐于接受挑战的 Birkhoff 无法抗拒四色问题的诱惑，这一问题即使没让他着魔，也成了他的一项长期爱好。据说，在一个可能是杜撰的故事中，Birkhoff 的妻子在另一位数学家新婚不久后问他的妻子："你丈夫有没有在蜜月期间让你画地图供他染色，就像我丈夫那样?"[28]

不过，Vandiver 可以证明 Birkhoff 在四色问题上的痴迷："我记得他在 1915 年左右告诉我，这是到那时为止，唯一能让他研究到夜不能寐的数学问题。" 他对这个问题的兴趣持续一生，Vandiver 说，尽管对朋友的全神贯注感到困惑，尤其是 Birkhoff 曾告知，他在数论方面没做更多工作，是因为其主要的未解决问题非常之难，以至于要对它们取得进展会耗费大量的时间，他可以更好地利用这些时间，在其他领域获得实质性成果。"不过，随着时间的推移，在这一点上他没有言行一致，" Vandiver 补充道，"因为他肯定在四色地图问题上花了大量的时间。"[29]

当 1942 年拓扑学家 Solomon Lefschetz 访问哈佛时，Birkhoff 没有忘记这个问题。Birkhoff 问他普林斯顿有什么新鲜事。Lefschetz 说，最近他们数学系的一位访问学者刚刚解决了四色问题。Birkhoff 发誓说："我对此表示怀疑，但如果这是真的，我将从火车站爬到范氏大楼 (Fall Hall)。" 他从未这样做，因为这个所谓的证明一直没有实现。因为大量提出的证明都有错，Birkhoff 可能对他的保证很有信心。[30]

不过，如果认为 Birkhoff 在这个方向上的努力没有价值，那就错了。尽管他 1913 年的论文没有包含证明，也没有尝试证明，但它确实概述了一种策略，其中涉及"可约性"的概念，这成为此后大多数尝试解决这个问题的核心。这个问题的主要困难源于这样一个事实：该定理涉及所有形状和大小的所有可能的地图；所以，论证必须适用于所有可能的情形。这种可能性是无穷的，Birkhoff 提供了一种方法，可以将地图上的区域数目从无穷减少为有限，并且希望是可处理的。如果有一种可行的数学方法，能把含无穷多区域的地图变换为含有限多区域的地图，并且能进一步证明四色对较小地图足够用，那么你就可能证明四色对所有情形都足够用——要不然对此也无定论。

在哈佛等机构任教的 Philip Franklin 是 Veblen 的博士生，他曾发表了一篇论文，其中包含了 Birkhoff 的可约性概念，证明任何包含 25 个或更少区域的地图只需要四种颜色。区域的数目逐年稳步增长；1976 年，以文学为主要学术任职的数学家 Jean Mayer 把 "Birkhoff 数" (四色可满足的区域数) 提高到 96。可能没有人会超过 96 了，但这并不是因为 96 代表上限，而是因为在 Mayer 的贡献后不久，四色定理被彻底证明了。[31] 本章后面会谈到，这一证明遵循了 Birkhoff 几十年前开辟的道路。

在研究这个问题的过程中，Birkhoff 发展了另一个值得一提的工具，即所谓的色多项式，它是一个函数 $p(x)$，等于用 x 种颜色给一张地图染色的方法数。色多项式不仅在处理四色问题时有用，而且在图论这个数学分支中也很重要，在 Birkhoff 引入这一概念一个世纪后的今天，它仍然在图论中被用到。

Birkhoff 在这一领域的工作，让人想起德国数学家 Ernst Eduard Kummer 在 19 世纪中期为解决 Fermat 大定理所做的努力。尽管 Kummer 的证明失败了，但他的方法影响了随后多年的研究工作。Kummer 在研究 Fermat 问题时发展的思想在数论的许多分支中变得十分重要。同样是这些思想促进了抽象代数的新发展，同时导致环论这一新领域的建立。鉴于 Kummer 的努力所带来的结果，人们很难为其贴上失败的标签，Birkhoff 在四色问题上所做的努力也是如此。

尽管 Birkhoff 从未完全放弃这个问题，但他也从未让它妨碍其他的研究工作，许多工作都产生了更直接和具体的结果。1917 年，他发表了论文《带有两个自由度的动力系统》(*Dynamical System with Two Degrees of Freedom*)，[32] 据 Morse 说，Birkhoff 认为这篇论文是“他可能做得最好的一项研究”。[33] 显然不止 Birkhoff 一个人有这样的看法，因为这篇论文的工作，他赢得了 1923 年的 Bôcher 奖 (以他导师的名字命名)。Birkhoff 是该奖项的第一位得主，该奖本身又是美国数学会颁发的各类奖项中的第一个，Bôcher 在 1909 年到 1910 年期间曾担任学会主席。

在这篇论文中，Birkhoff 的关注焦点是允许有两个独立方向或维度运动的动力系统。他能够把问题显著简化，为这一主题带来一些凝聚力，他通过找到一个标准模板或“规范形”，把无数可能的运动约化为有限个一般类型。或者，正如英国数学家 E. T. Whittaker 所说：“他将与这类系统有关的所有问题简化为……确定光滑曲面上运动粒子的轨道问题，该曲面以均匀角速度绕定轴转动。”[34] Morse 解释说，通过这种方式探索所有的可能性，Birkhoff 对这类系统“几乎实现了一种完整的定性描述”。[35]

这篇论文很值得关注，因为 Birkhoff 引入了全新的“极小极大原理”。为了对原理有个大概的了解，我们从简单的二维曲面 (即球面) 开始，然后用闭曲线覆盖这个曲面。有无穷多种覆盖球面的方式，尤其是考虑到曲线可以多次相交和覆盖曲面。Birkhoff 证明，存在一个函数 f，将其最大化可以得到覆盖该曲面的闭曲线族中最长的那条曲线。有极大长度的曲线有时被称为“广义测地线”。f 的值告诉我们这条广义测地线的长度。此外，Birkhoff 还证明，在无穷多个曲线族中，f 在其中一族上达到最小值。这个特殊族的广义测地线长度，将小于通过变形原始族得到的曲线族的广义测地线长度。事实上，以这种方式选出的广义测地线，可以被证明就是古典几何学中定义的测地线 (如球的 "大圆")。要证明无穷维空间中的一个函数有极小值，即 Birkhoff 证明中的 "极小" 部分，并不容易，因为一般来说，在这样的空间中，函数可能根本没有极小值。但 Birkhoff 展示了如何获得所谓的极小极大测地线：首先在曲线族中取最大值，然后通过变形原始族找出最小值。

由于这个原因，Birkhoff 的证明是一个突破，代表了变分法在几何学中的早期应用。其中的原理被用作 Morse 理论 (由 Marston Morse 提出) 的起点，该理论将变分法应用于拓扑学。Morse 理论 (在第 4 章讨论) 极具影响力，对微分拓扑学的深远影响长达半个多世纪之久。

1923 年，Birkhoff 证明了广义相对论中的一个重要定理。这个定理被称为 "Birkhoff 定理"，证明了所谓 Schwarzschild 黑洞的度规或几何结构，是真空中球对称物体引力场的 Einstein 方程的唯一解，该物体周围没有其他质量。Schwarzschild 黑洞是一个假想的实体：一个理想的、"静态的"、没有电荷或自旋的黑洞，这让理论家更容易处理。它以德国物理学家 Karl Schwarzschild 的名字命名，他于 1915 年，仅在 Einstein 发表广义相对论的一个月后，就发现了这个解。这种类型的黑洞有一个标准的几何结构，仅能通过质量来区分彼此。

许多研究者曾试图构建 Einstein 方程其他球对称的真空解，但他们总是回到 Schwarzschild 解。Birkhoff 证明了原因所在。他是第一个证明 Schwarzschild 解是唯一解的人，除此之外不可能得到其他任何解。此外，Birkhoff 唯一性定理比大多数定理都强得多。唯一性论证通常基于许多假设，而 Birkhoff 的证明仅假设了黑洞的球对称性。

1927 年，Birkhoff 出版了一部里程碑式的著作《动力系统》(*Dynamical Systems*)，这部书建立在 Poincaré 的思想基础上，并将其加以推广。Birkhoff 引入了新的拓扑方法，同时将动力学的范围扩展至天体力学之外，这样可以考虑所有物体的运动，而不仅仅是行星和恒星的轨道。数学史家 David Aubin 宣称，这部书“从其天体力学的根基中，创造出一个新的数学分支，并广泛应用了拓扑学”。[36]

Aubin 认为《动力系统》是 Poincaré 的三卷本天体力学著作的出色的续篇，George Darwin (Charles Darwin 的儿子) 认为三卷本是“未来的半个世纪里……普通研究者从中挖掘材料的宝藏”。然而，Aubin 还说：“Poincaré 的巨著包含许多不便于使用的东西，有时晦涩难懂，(对于对一般动力学感兴趣的人来说) 有时过分关注天体力学的细节。另一方面，对 Birkhoff 而言，动力学不应当只解决单一的问题，而是应该处理最一般类别的动力系统。”[37]

Birkhoff 是新一代的美国数学家，他们重视纯数学而不是历史上曾主导这个领域的应用形式。不过，Birkhoff 是纯粹和应用学派奇特的混合体；据 Aubin 说，虽然他花了很多时间研究天体力学的应用，但他从未真正计算过一条轨道。[38]

在 1927 年出版的这部书中，Birkhoff 概括了他 15 年来在一般动力系统、三体问题以及他特别关注的两个自由度的特殊情形方面的工作。然而，书中并未包括几年后才出现的、很多人认为是他在这个领域最伟大的工作——“遍历”理论。1931 年，当 Birkhoff 发表这一主题的证明时，他有理由感到自豪，他宣称这一证明体现了“一个强有力和精确的结果，据我所知，这是人们从未期望过的”。[39]

其他人当然也有同样的评价。例如，John Franks 称 Birkhoff 关于遍历的工作是“20 世纪最伟大定理的竞争者”。[40] Norbert Wiener 断言，这项工作是“非凡的杰作”，[41]“无论在美国还是其他地方，这是近来数学最伟大的成就之一，遍历假设的正确表达以及它所依赖定理的证明，都被哈佛的老 Birkhoff 发现了。”[42]

尽管 Birkhoff 可能“发现了”这个证明，但正如 Wiener 所说，该证明背后的思路可回溯到 19 世纪中后期。当时，物理学家 James Clerk Maxwell 和 Ludwig Boltzmann 正试图建立气体的动力学理论，该理论描述由大量 (典型的数量级为 10^{23}) 不断运动的粒子所构成系统的行为。两人都相信，如果该系统保持恒定的能量，并且允许在很长一段时间内演变，则每种可能的组态和运动状态最终都会实现，这意味着，或早或晚，“相空间” (即包含系统所有可能的条件或“微观状态”的抽象空间) 中的每个点都将被访问到。这个假设后来被称为“遍历假设”。

这个假设后来在各种情形下得到修正，以使它更为精确。例如，数学家已确定，相空间中一个小的点集永远不会被访问到，所以必须从一开始就将其排除在外。更进一步的改进是，承认永远不能重现一个精确的组态或返回到一个精确的起点。取而代之的是，可以在一个给定点的周围画一个“邻域”，你可以任意接近该点而不需要精确到达它。此外，在给定邻域上所用的时间与其面积或体积成正比。

这些修正尽管至关重要，但并没有彻底改变 Boltzmann 在几十年前引入统计力学的基本概念，实际上，这使它成为 1870 年 Boltzmann 所创立物理学新分支之基石。然而，这一前提在数学上的正确性直到 1930 年代早期才被牢固建立起来，这是在 John von Neumann (当时在普林斯顿) 和 Birkhoff 通过动力学论证证明遍历定理的不同形态后，尽管他们的研究方法相当不同。Von Neumann 和 Birkhoff 的成功，在一定程度上取决于找到一种精确的数学方法来表述这个问题。

Birkhoff 对这个主题的兴趣无疑由 Poincaré 的复现定理所激发，该定理发表于 1890 年。这个定理关注的系统，经过足够长的时间后，会回到或接近其初始状态。例如，假设两个相连腔体被一个不透气的阀门隔开。左边的腔体充满气体，而右边的腔体是真空的。如果阀门被打开，气体会从充满的腔体扩散到先前的空腔体。用不了多久，系统就会平衡，且两边的气体浓度大致相等。

但情形不会总是保持这样，因为 Poincaré 定理告诉我们，如果等待足够长的时间，所有的气体将在某个时间点返回到左边的腔体，而另一个腔体完全没有气体。这是一个完全经典的结果，尽管它似乎违背直觉，而且与我们观察到的完全不一致。问题是，我们要等多长时间？结果表明，Poincaré 复现时间是如此之长，以至于从实际角度来看，我们永远也不能期望看到这样的事情发生。不过，从长远来看，复现依然不可避免。

在证明遍历定理的过程中，Birkhoff 证明了复现定理的一个更一般的形式。(顺便说一下，这两个定理都适用于"有限测度"系统，即假定事件发生的全部区域在面积上是有限的。) 一个遍历系统，最终会无数次通过或接近几乎每一个初始条件和相空间中的每个点，前面提到的被排除的集合除外。但概率也一定会起作用。如果一个微小的气体微粒在腔体中自由移动，它不仅会无限频繁地访问每个点，而且访问的频率取决于一个概率分布。因此，这个定理告诉你的，不仅是你将要去的地方，还有你在任意时刻、在特定地点被找到的概率。[43]

人们对遍历定理感兴趣 (现在依然如此) 的一个主要原因，源于它提出了一个简单而有力的命题，远远超越了复现定理："时间平均"等于"空间平均"。在详述这些术语之前，让我们注意，对此成立的系统现在被称为遍历的。因此 Birkhoff 和 von Neumann 的工作，为这个术语带来一个全新、更简单的定义。

为了理解这两个平均一致意味着什么，让我们首先解释这两个平均分别指的是什么。我们从一个简单的一维例子开始，即一个温度随机分布的圆，点和点之间的温度急剧变化。(这个想法的微妙之处也许可以用二维的例子更好地描述，比如多纳圈的表面，但此种情形更难掌握。) 在圆的情形，温度是我们考虑的唯一参数，即此处关心的唯一条件或状态。(当然，在更复杂的系统中，可能会有大量的可观测量，为描述一种特定状态需要用到所有这些观测量。) 为了得到空间平均，你需要在无限接近的间隔上放置观测者，每个观测者同时测量圆上的温度。通过把所有这些数字加起来并除以点的数量，我们可以很容易得出一个平均温度或空间平均。数学上的精确方法是定义一个函数 $f(x)$，它等于给定点 x 的温度，然后对圆上的所有点求此函数的积分。

空间平均是在一个冻结或“静态”的情形下得到的，测量在特定时间点同时进行。确定时间平均更为复杂，因为时间不再是固定的。条件可以变化，圆上的点可以自由移动。为了得到时间平均，我们从圆上的任意一点开始，测量它的温度。因为这个系统的每个点都在移动，根据定义，我们测量圆上的一个新位置在很短时间后的温度——一个新的状态，并在很长一段时间内一次又一次地重复这个过程。如果我们有耐心，并等待足够长的时间，对圆上不同点的所有温度取平均得到的数值，最终会达到或收敛到一个极限：一个单一的数值，这个数值恰好是通过空间平均得到的温度。

这些数值之所以相同是因为遍历性，这是系统的一个特性，它最终把你带到圆上的各个地方，基于时间演变测量的点与基于空间平均测量选择的点最终是相同的。系统的能量守恒这一事实确保平均温度也守恒。最终，你是对相同的点做相同的测量。在空间平均的情形下，你是同时做这些测量。而在时间平均的[illegible]到达所有这些点需要花很长一段时间。但无[illegible]，你将得到相同的常数值。

正如 Birkhoff 和 von Neumann 所做的那样，在空间和时间平均之间建立等价关系会产生巨大的实际效益。根据手中的问题，有时计算一个平均值会比另一个更容易。但是，一旦你知道了一个，你马上就会知道另一个。例如，在统计力学中，物理学家往往想知道时间平均，它提供了关于单个分子的轨道、它们在不同时间的位置以及它们的速度这些信息。但是，如果所讨论的系统是由比如 10^{23} 个分子构成的气体，那么就不可能对所有的初始条件取样，并对每个分子求解 Newton 运动定律。因此，你可以应用遍历定理并计算空间平均，这可以用纸和笔利用简单的概率分布算出来。这是一个富有成效的研究方法，尤其是它被用于理解 Bose-Einstein 凝聚态的动力学，凝聚态是当稀薄气体被冷却到极低温度时物质出现的状态。[44]

Birkhoff 的定理有时被称为点态遍历定理，这意味着你几乎能选择任意的起点，即在抽象相空间中取几乎任意的初始条件，随着时间的推移，你能到达几乎所有可能的点，因此所计算的平均值将收敛于所谓的空间平均。注意“几乎”这个词的使用。Birkhoff 证明，除了“薄集”上的那些点之外，你可以从任意初始条件或点出发，这个薄集被限制于二维空间中的一个零面积区域和三维空间中的一个零体积区域。随着时间的推移，你永远也不会到达这些孤立点。尽管为了精确起见，需要承认这个薄集 (有时称为“测度为 0 的集合”) 的存在，但其存在性对这里的结果没有实际影响。

要使这种方法有效，即从几乎任意的初始条件出发，时间平均要等于空间平均，必须满足几个条件。与温度相关的系统总能量必须保持恒定；它不随时间变化。如前所述，这个系统还必须是遍历的，它对在这个相空间或状态空间中物体的移动方式施加限制。回到前面例子中的圆，如果从一个点出发围绕该圆以 180 度的增量移动，将只访问两个点，这根本不足以得到一个好的估值。满足遍历性的条件意味着大块的空间不会被分割开来，并且，在以看似随意的方式从一个点移动到另一个点之后，你最终将经过几乎所有可能的位置，除了一个基本上可以忽略不计的薄集外。

Von Neumann 的 “平均遍历定理” 没有 Birkhoff 的详细。它没有告诉你任何关于一个特定起点或者沿着一条特殊轨道的收敛性的事情；它只讨论了平均的收敛性，证明时间平均一般来说收敛于空间平均。不过，这两个定理都是重大进展。二者都充分证明像 Maxwell 和 Boltzmann 这样的物理学家的直觉是正确的，由此为统计力学的诸多原理提供了一个严格的数学基础，尽管不是这些思想最初被提出时的确切形式。这两个定理都为数学的全新领域 “遍历理论” 的建立做出了贡献。

John Franks 认为，由于 Birkhoff 定理具有更大的特殊性，它支撑了大多数后续的数学工作。[45] 加州大学洛杉矶分校的菲尔兹奖得主陶哲轩说：“这两个定理及其推广对这门学科都至关重要。” 菲尔兹奖有时被称为数学的诺贝尔奖，颁发给年龄不超过 40 岁的数学家。[46]

陶哲轩还说：“严格地说，平均遍历定理弱于点态遍历定理，它更容易被证明，因此，前者较后者有更多的推广。” 例如，陶哲轩与剑桥大学数学家 Ben Joseph Green 共同完成的备受推崇的工作 (他们在其中解决了与素数等差数列有关的问题) “使用了平均遍历定理的一个深刻推广，即著名的 Furstenberg 复现定理”，陶哲轩说。[47]

尽管 Birkhoff 和 von Neumann 都通过他们各自的遍历定理对数学和物理学做出了重要的贡献，获得的荣誉足够分享，但关于谁先证明了遍历定理却引起了争议，这两篇论文发表的顺序使情况变得复杂。在这两位数学家着手他们的证明之前，Birkhoff 以前的博士生、当时在哥伦比亚大学的 Bernard Osgood Koopman (William Fogg Osgood 的亲戚) 在 1931 年 5 月发表了一篇论文，其中提供了一些至关重要的数学知识。在看到《美国国家科学院会报》(*Proceedings of the National Academy of Sciences*, *PNAS*) 上 Koopman 的注记之后，von Neumann 找到了继续做下去的办法，并在 9 月之前完成了平均遍历定理的证明。一个月后，Birkhoff 参加普林斯顿的一个活动，在那里 von Neumann 和 Koopman 同他谈起 von Neumann 的定理，它整合了 Koopman 的方法，称为“准遍历假设的证明”。1931 年 12 月，von Neumann 在剑桥提出他的证明，von Neumann 说：“在讨论中，Birkhoff 告诉我们，他已有了另一个证明，他证明的甚至比我的还要多些：不是平均收敛性，他能证明除了一个测度为零的集合之外处处收敛。(在一篇论文中……，我证明了准遍历假设的物理陈述只需要平均收敛。)”[48]

据 von Neumann 说，在哈佛俱乐部的晚宴上，他问 Birkhoff 论文何时发表，因为 von Neumann 的论文预计发表在 1932 年 1 月出版的《美国国家科学院会报》上。(von Neumann 在提交论文前花了额外的时间，等待 Koopman 和 Marshall Stone 评审他的手稿，Stone 是 Birkhoff 以前的另一个学生，当时在哈佛大学任教。) Birkhoff 告诉 von Neumann，他的证明可能在 12 月发表，不过他还不敢肯定。Von Neumann 说，Birkhoff 拒绝压下他的论文直到 von Neumann 的论文发表，而是承诺“他将以适当的方式承认我的优先权”。[49]

事实上，Birkhoff 的遍历定理证明发表在 1931 年 12 月出版的《美国国家科学院会报》上，而 von Neumann 的证明直到 1932 年 1 月才发表。Birkhoff 对 von Neumann 的承认出现在论文首页上，但只是说：“Von Neumann 最近的重要工作 (尚未发表) 只证明了均值的收敛性。”[50]

Von Neumann 对 Birkhoff 的“引用我的结果”的说法并不满意，他指出 Koopman、Stone 和 Lefschetz 等人都认为这是“绝对不适当的…… 他们给出的真实理由是，这种说法没有向任何不了解这些事情真正由来的人说明，Birkhoff 和我到底是谁使另一个人开始做这件事的，我们中的哪一位解决了尚未解决的准遍历假设，又是哪一位在知道这个假设被解决后独立地发现了一个新的证明”。[51]

Birkhoff 在《美国国家科学院会报》1932 年 3 月刊与 Koopman 合著的一篇论文中做了补救，它更清楚地阐明了这段历史，指出：“关于准遍历假设，第一个真正从根本上创立一般性定理的人是 J. v. Neumann。”这篇论文解释说，Birkhoff 在 1931 年 10 月看到这一结果，“此后不久 …… 用全新的方法”得到他自己的结果。[52] 这篇论文澄清了相关问题，据新墨西哥州立大学退休数学教授 Joseph D. Zund 所说：“这显然让 von Neumann 满意。”不久，von Neumann 又发表了几篇关于遍历理论的论文，奇怪的是，Birkhoff 并没有在这方面做进一步的研究。不过，Birkhoff 确实讨论过遍历理论在物理学中的应用，并感叹道“从事统计力学工作的物理学家们，还没有注意到遍历理论对他们工作的重要性”。[53]

很明显，两位数学家平息了争论，让问题得以解决。Birkhoff 的儿子 Garrett 很快成为 von Neumann 的合作者和朋友。同时，在老 Birkhoff 证明遍历定理后，人们对其数学才能的评价达到前所未有的高度。事实上，当普林斯顿高等研究院 (1930 年成立) 的院长 Abraham Flexner 开始物色新的数学部主任时，他把 Birkhoff 放在名单首位，并积极劝说他。对 Birkhoff 而言，他差点接受这个职位。事实上，他两次接受 Flexner 的邀请，又两次收回承诺，最后在 1932 年决定留在哈佛。

尽管人们并不完全清楚 Birkhoff 留下的原因，但他在 1933 年的毕业典礼上被授予荣誉学位，还被任命为 Perkins 数学教授。数学史家 Steve Batterson 推测，Birkhoff 可能“不愿加入一个由犹太人资助和领导的机构”，这是本章后面要探讨的一个问题。(Flexner 是犹太人，普林斯顿高等研究院的创建者也是犹太人：新泽西商人 Louis Bamberger 和他的妹妹 Caroline Bamberger Fuld。) Birkhoff 留下的另一个原因可能是为了他的儿子 Garrett，一个很有前途的数学家，他不久要在哈佛开始为期三年的研究员职位。Batterson 写道：“这位父亲也许对儿子的成长轨迹有先见之明，并希望它能在哈佛展开。”[54]

在 1933 年，Birkhoff 转向了一个全新的方向，一个他的许多同事没有完全接受的方向。它与动力系统或遍历理论无关，而是涉及“美学理论”。在一系列讲座和一本名为《美学度量》(*Aesthetic Measure*) 的书中，Birkhoff 试图找出一种客观和定量的方法来评估一件艺术品的吸引力。他的理论可以归结为一个简单的方程：$M = O/C$，这里 M 是一件艺术或音乐作品的美学度量，O 是该作品的“序”(这涉及它的各个部分如何和谐地组合在一起)，C 是其复杂性。

据 Morse 说，Birkhoff 对分析艺术和音乐的兴趣由来已久，当一位音乐家向他询问学习数学的意义时，Birkhoff 暗示了这种兴趣来自哪里。Birkhoff 答道：“一个人应该学习数学，因为只有通过数学，才能把大自然以和谐的形式构想出来。”[55] 除写了一本美学的书外，他还曾从哈佛休了半年假，去欧洲和亚洲收集素材。

Birkhoff 绝不是第一个转向全新研究方向的数学家，这个新方向和他之前的工作看似没有什么联系。“在那个年代，科学家研究其他学科很常见，” Garrett 评论道，“Simon Newcomb 写了 500 篇数学论文，几乎和他在其他学科的论文一样多。科学家对知识本质的思考极为普遍。”[56] 更早以前，Pythagoras 就提出关于音乐的科学理论 (他可能是第一个这样做的人)，他指出，在悦耳的旋律中，音符之间有简单的数字比例。Birkhoff 试图做类似的事情，但是范围更广，他为一般的艺术设计一套数学理论。

正如 1934 年的一篇期刊文章所述，Birkhoff 把他的美学标准用于评价多边形 (对正方形给予了最高评价)、绘画和诗歌。[57] 他提出了一个评价诗歌的公式，该公式用头韵、半谐音、韵脚、乐音、头韵过剩以及辅音过剩，来表示诗歌的“序”。基于这些准则，Alfred Lord Tennyson 的诗《走进花园，莫德》(*Come into the Garden*, *Maud*) 是依据 Birkhoff 的尺度得分最高的诗歌之一，得到 0.77 分。Birkhoff 对他写的一首诗使用同一公式，得到 0.62 分：

Wind and wind the wisps of fire,
Bits of knowledge, heart's desire;
Soon within the central ball
Fiery vision will enthrall.

Wind too long or strip the sphere,
See the vision disappear!

那风中的火焰，
燃起心中求知的欲念；
在火球的中央
炽热的幻象令人向往。

长风刮过火焰，
幻象消失于眼前！[58]

有的人对此并不感冒。例如 Joseph Doob，当他还是哈佛数学研究生时 (在 Birkhoff 以前的学生 Joseph Walsh 的指导下获得博士学位)，曾旁听了“美学度量”的课。Doob 经常质疑 Birkhoff 为艺术作品赋值的公式，并询问他是否真的喜欢依据他的尺度获得高分的艺术作品。“在我年少轻狂时，我一直质问他缺少定义，终于有一天，他来到教室，小心地把目光聚集在天花板上，并且说道：那些没有注册的学生其实没有权利听课。我接受了这一暗示，就没有再继续听课了。” Doob 乐于说这位教授对他并无怨恨，并声称正是因为 Birkhoff 的影响，他后来获得国家研究委员会的一份为期两年的奖学金。[59]

英国数学家 G. H. Hardy 也不喜欢 Birkhoff 最新的研究尝试。1932 年，当 Garrett Birkhoff 到英国剑桥时，Hardy 问他：“你父亲的美学度量进展如何?” Garrett 告诉他，一本书已经完成。Hardy 答道：“不错，现在你父亲可以回到真正的数学上了。” [60]

但 Birkhoff 不久就担负了更多的行政职责，并于 1935 年成为哈佛大学的教务长，这自然减少了他的研究时间，尽管他在十年间持续发表关于动力系统、四色定理和其他专题的论文。1943 年，Birkhoff 发表了一篇论文，提出一个新奇的引力理论。与 Einstein 描述引力的弯曲时空不同，他的模型假设了一个平坦的四维时空。在 Birkhoff 的模型中，引力势由线性微分方程决定，这与充斥广义相对论中的非线性微分方程截然相反。事后看来，Birkhoff 被误导了；Einstein 的公式几乎在每个方面都与观测结果相吻合。

尽管 Birkhoff 对数学有巨大的贡献，但一些研究者发现他重写引力理论的尝试是没有价值的。不过，Morse 对这一努力提出了更宽容的看法。他评论说：“曾有人说 …… 这一理论没有像 Einstein 的理论那样毫不费力地提供了引力和惯性质量的同一性，这似乎是线性理论必定遭遇的缺陷。[但是] Birkhoff 继承了 Poincaré 的观点，即任何现象的单一数学理论都不值得物理学家关注。”[61] 在这件事情上，Birkhoff 可能也赞同数学家 David Hilbert 提出的格言：物理学太难了，不能让物理学家独自解决。

尽管没有赢得很多支持者，Birkhoff 继续研究他的另一种引力理论，随着健康状况恶化，他在这一领域的进展最终停滞不前。1944 年 11 月 11 日，这一天是星期天，在他和妻子本该去 Garrett 家之前，他小睡了一会儿。尽管他可能并没有感到疲倦，但因为 6 个月前春天的一次事故，医生曾建议他注意休息，当时他步行上山，在去 David Widder (他以前的学生，当时是哈佛的数学教授) 家的途中昏倒了。Birkhoff 再也没有从这次小睡中醒来。

对于 Birkhoff 的离世，许多人都在回忆他所取得的非凡且多样的成就，以及他未竟的事业。数学家 E. T. Bell 回忆道：“Birkhoff 在去世前不久说，尽管他为彻底解决四色问题付出了所有努力 (我曾在 1911 年目睹了其中之一)，但他甚至还没有撕开一个缺口。” Birkhoff 的朋友 Vandiver 认为“这种情形在数学家晚年并不罕见。许多把大半辈子时间花在数学研究上的人，往往为没有解决他们花了大量时间研究的某些问题，而感到深深遗憾”。[62]

假如 Birkhoff 再多活几十年，他可能会为四色定理的证明是基于他开创的约化方法，而感到如释重负。Kenneth Appel 和 Wolfgang Haken 使用了这一策略和计算机。1976 年，经过 4 年的计算以及 1200 小时的计算机时间，Appel 和 Haken 成功地实施了 Birkhoff 的计划，在这一过程中证明了四色定理。一个重要的数学定理被计算机证实，这是第一次，而且这样的证明并非没有争议。但在随后的几十年，人们对这一结果的信心在增强，在 Birkhoff 铺平这条道路的大约

60 年后，大多数数学家现在认为四色定理确实已被证明。

不过，在 Birkhoff 去世时，没有人因为他从未完全解决这个问题而指责他。相反，赞誉声来自四面八方："美国最杰出的数学家过世了，他在国内外的认可度比美国迄今为止任何其他数学家都要高，" 他的同事、哈佛数学家 Edwin B. Wilson 在 1945 年的《科学》上写道。[63]

Birkhoff 以前的学生、后来到威斯康星大学任教的 Rudolph Langer 写道："他把手放在犁上，只要犁沟的方向没有很快发生重大的改变，犁沟一定会被加深。他的天分让他预知了许多方法，来获得重要且以前无法取得的成果，在这些方法上，其他人都乐于追随他。" [64]

Morse 说："在 Birkhoff 一生的大部分时间里，他是美国数学界公认的领袖，" Birkhoff 被提名为 1940 年 (由于战争而被推迟) 国际数学家大会的主席，这证明了他的崇高威望。[65] 他对哈佛数学和整个美国数学的奉献是绝对的、始终如一的、甚至可能是过度的。据 Veblen 说，这种 "把美国数学作为 '事业' 的虔诚奉献精神" 是 Birkhoff 的许多前辈 (如 Benjamin Peirce) 和同时代人的特征。Veblen 补充道："这无疑促进了这一时期科学的发展。" [66] 但是，许多人觉得 Birkhoff 在这个方向上走得太远，有时表现出极端的民族主义以及反犹主义。

由 Veblen (Birkhoff 的挚友) 以及其他许多人提出的后一个问题很重要，值得仔细考虑。1938 年，在美国数学会成立五十周年庆典的一次演讲中，Birkhoff 透露了他对难民涌入美国的一些态度。一方面，Birkhoff 赞扬了 "高素质" 的欧洲杰出数学家，这些人来到美国 "主要是由于各种不利的条件"。他列出的名单包括 Emil Artin、Richard Courant、John von Neumann、Hermann Weyl 和 Oscar Zariski。但 Birkhoff 没有到此为止，他继续说，

> 身边有这么一群杰出的人，我们对年轻有为的美国数学家的责任感必然会增加。事实上，大多数新来的人会占据研究职位，有时薪俸不高，但他们有足够的机会做自己的研究，不用承担通常繁重的教学任务。这样一来，能提供给美国年轻数学家的位置肯定会减少，随之而来的是，他们中的一些人会被迫成为“苦力”*。我认为我们已经达到饱和点，必须要避免这种危险。[67]

Birkhoff 的话是有争议的，因为许多人认为他所说的“新来的人”实际是指犹太人。他警告说，如果外国数学家占据了所有重要的研究职位，年轻的美国人就会沦落到教授入门课程，做枯燥乏味的普通工作，这大概就是他所说的做苦力。数学作家 Constance Reid 解释道：“在 Birkhoff 的辩解中，应当说，1938 年有才能的青年美国数学博士的状况是令人绝望的。”其中一些研究人员不得不依靠每年 1000 美元或更少的俸禄来养家糊口。[68]

在哈佛和芝加哥大学工作过的数学家 Saunders Mac Lane，在其职业生涯早期曾受益于 Birkhoff 的政策，即年轻的美国数学家优先于难民。1938 年，Mac Lane 获得 (并接受) 了为期两年的 Benjamin Peirce 讲师职位，他说，这一职位同样可能给“六个完全符合条件的流亡者中的任何一个”。Mac Lane 一直在哈佛任教直到 1947 年，他不记得那时 Birkhoff 对犹太人有过任何特别言论。然而他声称，有“可靠的证据表明，[Birkhoff] 认为犹太数学家很早就停止研究了……”他说：“看起来 Birkhoff 和他同时代的许多 (大多数?) 人一样，都某种

*原文为“hewers of wood and drawers of water”，出自 *The Old Testament*，译为“劈柴挑水的人”。——译者注

程度表现出各式各样的反犹主义。" Mac Lane 公正地指出，这些态度"并不限于数学界或大学，而是存在于更大的社会范围中"。[69]

那个年代的一个可悲事实是，哈佛、耶鲁、普林斯顿以及其他学校已将歧视犹太人制度化，限制犹太学生和教员的数量。尽管 Birkhoff 没有首创这一做法，但他显然拥护了它。1926 年，当被 Oscar Zariski 询问犹太人成为哈佛学生是否有困难时，Birkhoff 答道："不，一点也不，尽管我们要自然地保持一定比例。犹太人口大约占 3%、4%、5%，所以我们容许的入学比例自然只能是 3%、4%、5%。"[70]

人们经常提到，Birkhoff 曾非常积极地替哈佛数学博士、复分析学家 Wladimir Seidel 说话，他催促罗契斯特大学的数学系主任雇用 Seidel。当这位系主任犹豫不决时，Birkhoff 反驳道："我知道你对任命我推荐的人犹豫不决，因为他是犹太人。你认为你是谁，哈佛？任命 Seidel，否则你的教员里不会再有哈佛的博士了。"[71]

可能有人会指出，Birkhoff 没有为这位博士提供一份哈佛的终身职位。不过，Birkhoff 确实批准了一些犹太数学家获得研究员以及临时职位，其中包括 Stanislaw Ulam，他于 1936 年至 1939 年期间，在 Birkhoff 的建议下，以哈佛学会会员的身份来到哈佛，并以讲师的身份又待了一年。才华横溢的 Ulam (在第 6 章有更详细的讨论) 是 Birkhoff 的门生，他对这位年轻数学家的职业生涯很感兴趣。当 Birkhoff 听说哥伦比亚大学有一个数学方向的空缺职位时，他力劝 Ulam 去申请，并说他会极力推荐。Ulam 回应道，他在哈佛过得很开心，但 Birkhoff 说："你不知道这里的游戏规则。当出现这样的空缺职位时，你必须去申请。" 在 Birkhoff 写给哥伦比亚大学数学系主任的推荐信中，他称 Ulam 是一位"杰出的、有创造力的数学家"。在同一封信中，Birkhoff 还告诉哥伦比亚大学的这位学者，他已读过后者最新的论文,“你的结果是微不足道的。这里有关于它的一个三行的证明。”不出所料,Ulam 没有得到这份工作,而是在威斯康星大学谋得一个职位,后来他搬到了洛斯阿拉莫斯。[72]

尽管 Birkhoff 用自己的方式帮助了一些像 Ulam 这样的犹太学者,但他在哈佛大学 30 多年 (从 1912 年到 1944 年) 的时间里,没有一位犹太学者被聘为数学终身教职。事实上,在 Birkhoff 去世 3 年后的 1947 年,哈佛聘用了 Zariski,他成为第一个获得该系终身职位的犹太人。(平心而论,应该说 Birkhoff 早先曾想雇用 Zariski,但由于战争期间招聘冻结而未能如愿。)

哈佛数学博士 Norbert Wiener 称 Birkhoff“对可能的对手不太宽容,对犹太对手则更不宽容。他认为犹太人所谓的早熟使得年轻数学家在找工作的阶段拥有不公平的优势;当认定犹太人缺乏耐力时,他更加认为这种优势尤其不公平”。[73] (在其他地方,Birkhoff 把犹太数学家描述为“早熟者”,他们很早达到顶峰,而一旦获得终身职位就会无所作为。)[74]

一开始,Wiener 认为自己微不足道,不会引起 Birkhoff 的关注,“但是后来,随着我的能力和成就的增加,我成了他特别厌烦的人,既作为犹太人,最终又作为可能的对手。”Wiener 承认“他不是一个和蔼可亲的年轻人”,实际上是“一个好斗的小伙子”,这可能也会对他不利。[75]

在这种情况下,Wiener ——不久就公认为美国最有能力的数学家之一——并非仅仅因为他是犹太人而没有得到哈佛的职位,这一点并不明显。其他因素,包括他冒犯了许多人,可能也影响了聘用决定。但是不可否认的是,1934 年,Birkhoff 反对 Solomon Lefschetz 当选美国数学会主席,至少部分原因在于他是犹太人。在给他的朋友、当时担任学会秘书的 Roland Richardson 的信中，Birkhoff 写道："我有种感觉，Lefschetz 可能会比以前更不讨人喜欢，因为从现在起，他会更加积极努力地为自己的种族工作。他们对自身的能力和对美国的影响力非常有信心…… 他将会非常自以为是，非常种族化，并会利用《年刊》(Lefschetz 从 1928 年到 1958 年担任主编) 谋求种族特权。Einstein 和他们所有人所谋求的种族利益会越来越大。"[76]

尽管 Birkhoff 并不是没有同盟者，但这种言论表明，他对犹太同事的看法要比同时代的大多数人偏颇得多。前面他间接提及的 Albert Einstein 称 Birkhoff 为 "世上最大的反犹分子之一"。[77] Mac Lane 认为这句话 "毫无价值"，因为 "Einstein 当时并未仔细观察美国学术界的状况"，而且 "Birkhoff 有一个 (当时知名的) 与之竞争的相对论"。[78] 不过，Mac Lane 认为 Birkhoff 的态度仅仅反映了整个社会的普遍看法，这一观点可能过于宽容。1936 年，当哈佛大学校长 James Bryant Conant 委派一名哈佛代表参加海德堡大学 550 周年庆典时——当时的 "雅利安物理学" 中心，几乎完全在纳粹的控制之下——他可以任选一人或者直接拒绝邀请。但他选择让当时还是教务长的 Birkhoff 代表哈佛去海德堡。历史学家 Stephen Norwood 写道："在庆典上，[Birkhoff] 与纳粹的宣传部长约瑟夫 · 戈培尔 (Josef Goebbels)…… 以及党卫军头目海因里希 · 希姆莱 (Heinrich Himmler) 在一起。"[79]

尽管这一不幸的关联未必说明 Birkhoff 的个人信仰，但仍有充足的证据表明，他的反犹倾向已超出那个时代的常态，也远远超出当时美国数学界的常态。如果是这样的话，在评价 Birkhoff 时，我们应该通盘考虑，在他杰出的数学成就和性格中不那么值得称道的某些方面进行权衡。

正如纽约大学库朗数学科学研究所的创始人、德国犹太移民 Richard Courant 谈到 Birkhoff 时所说:“我不认为他比麻省剑桥的良善群体更加反犹。他的态度在当时的美国非常普遍。我认为 Birkhoff 是狭隘的,他无疑犯了错,但他确实是一位非常好的数学家。”[80] 美国数学会前主席、耶鲁大学数学家、曾上过 Birkhoof 课的哈佛数学博士 George Daniel Mostow 说得更加直白:“头脑出众并不意味着心胸宽广。”[81]

令人欣慰的是,Birkhoff 最为担心的不断上升的难民潮对美国数学家造成的危害从未发生过。Veblen 注意到,美国数学界能够吸收“大量的欧洲数学家,而没有引起严重的消化不良”,这表明美国数学足够强大,可以不那么民族主义。[82]

假想的“美国年轻数学家与欧洲难民间的利益冲突,从未让我看到更深的嫉妒或敌意,因为在大多数决策中,占主导的是一种公平竞争和相互同情的氛围”,Garrett Birkhoff 写道,他似乎具有比父亲更现代和更具同情心的观点。这种情绪与一种信念相结合,即美国提供了进行科学和数学研究的最佳场所,小 Birkhoff 补充道:“那么谁还会抱怨呢?”[83]

事实上,大量犹太学者从国外来到美国,他们非但没有削弱,反而毫无疑问地加强了美国的数学。确切数字很难获得,但有人估计大约有 150 位欧洲数学家为了躲避纳粹而移民,其中大多数是犹太人。[84] 其中一些人在他们的研究领域已有建树,而另一些人刚刚开始其职业生涯。然而,他们的存在产生了巨大而又积极的综合影响,新墨西哥州立大学的数学家 Reuben Hersh 认为:“希特勒 (Adolf Hitler) 把犹太数学家和物理学家从欧洲赶到美国,从而给美国送了一份超乎想象的珍贵礼物”。[85]

拉脱维亚裔犹太人 Lipman Bers (曾被建议改名为 “Lesley”, 他的工作将在第 5 章讨论) 于 1940 年移民美国, 之后在雪城大学、普林斯顿高等研究院、纽约大学、哥伦比亚大学教书, 他曾写道: “Birkhoff 曾担忧这些年轻人 (几乎都是男性) 的未来, 但他们非但没有成为 ‘苦力’, 反而成了美国数学的领袖, 而且在他们的领导下, 所有仇外和反犹主义的踪迹都从数学生活中消失了。” [86]

具有讽刺意味的是, 作为 Birkhoff 的间接遗产, 他决心要保护的在美国出生的数学家青年群体, 似乎证明了他的努力是值得的。这些人代表了美国数学的下一代, 通过大家的集体智慧和宽容, 他们帮助提升了自身的领域, 同时也改善了他们的国家。

4

当分析和代数遇到拓扑: MARSTON MORSE、HASSLER WHITNEY 和 SAUNDERS MAC LANE

在美国数学界, George David Birkhoff 被 (公允地) 称为一位 "伟大的人物", [1] 第 3 章描述了他的智力成就以及人格缺点, 我们在深思他的遗产时, 应当考虑的不止这些。我们还应当考虑他在数学领域的领导作用以及在哈佛培养的出色研究生群体。在本书的序言里, 我们用河流来比喻数学思想的流动。但人们也可以引用家谱的概念, 从 Leonhard Euler 和 Carl Friedrich Gauss 这样的人杰开始, 看哪些数学家是他们本人培养的, 哪些是他们的学生培养的, 并且画出家谱是如何分岔的。这个项目被称为数学谱系项目, 现在正在进行之中。该项目依托于北达科他州立大学, 美国数学会参与合作, 项目显示 Birkhoff 有 46 个博士研究生 (除了少数几个在哈佛和附属的拉德克利夫学院) 和超过 7100 个 "后代", 这个数目还在增长, 包括他的学生、他的学生的学生, 等等。

对于 Birkhoff, 值得关注的不仅是他培养学生的数量, 还有那些学生的才能，以及通过他们集体努力培育和发展起来的一些重要数学分支，其中包括本章重点讨论的拓扑学，它在最一般的 (通常是抽象的) 意义上研究形状。Birkhoff 的 4 位学生担任过美国数学会主席：Marshall Stone、Joseph Walsh、Charles B. Morrey (Jr.) 和 Marston Morse。3 位学生获得数学的美国国家科学奖章：Morse、Hassler Whitney 和 Stone，他们和其他学生在其出色的职业生涯中获得了无数奖项。

例如，Stone 从古典分析开始，研究微分方程理论，这与他的研究生导师 Birkhoff 的兴趣一致。但 Stone 很快转向更抽象的代数学和拓扑学领域。1927 年至 1931 年，1933 年至 1946 年，除去二战中为国家效力的时间，Stone 都在哈佛任教。1930 年，Stone 和 John von Neumann 发表了著名的唯一性定理，这个定理为物理学中的量子理论提供了关键的数学基础。战后，Stone 转到芝加哥大学。除了在纯数学方面的杰出贡献外，他还是一位享有盛名的管理者，因在 1940 年代和 1950 年代建立芝加哥大学数学系而闻名，并使之成为当时美国最好的数学系之一，他的任期后来被称为“石器时代” (Stone Age)。

追随 Birkhoff 的足迹，Morrey 在分析学上留下自己的印记，开创了求解线性和非线性微分方程的新技术。在美国数学会于纽约召开的一次会议上，德裔美国数学家 Kurt Friedrichs 第一次见到年轻的 Morrey，当时“这位不太起眼的男孩走过来谦虚地对我说…… 他一直研究偏微分方程，并解决了某某问题”。当 Friedrichs 意识到这是一个“我们许多人多年来一直在努力解决的”问题时，他目瞪口呆，“我简直不敢相信。噢，是的，Morrey 很强大。”[2] 事实上，Morrey 引入的工具提供了解决以前无法解决的问题的途径，为数学打开一扇新的大门。他在加州大学伯克利分校工作了 40 年，这几乎是他的整个职业生涯。

相比之下，Walsh 是个彻头彻尾的哈佛人。他在这所大学获得学士和博士学位，从 1921 年开始任教，一直到 1966 年退休，除了二战期间在美国海军服役的 4 年，他一直在哈佛。他也遵循了 Birkhoff 和 William Fogg Osgood 的传统，专攻实分析和复分析。在其漫长的学术生涯中，Walsh 发表了近 300 篇研究论文，并在哈佛指导了 31 位博士生，其中有名的是 Lynn Loomis (后来成为哈佛教员) 和 Joseph Doob。作为一位杰出且不知疲倦的教师，Walsh 全身心地投入到学生身上，他的讲课以论题广泛和准备精心而为人所知。当被一位刚开始其教学生涯的前学生讨问教学建议时，Walsh 给出了如下建议：总是从黑板的左上角开始板书。[3]

本章重点介绍 Morse、Whitney 和 Saunders Mac Lane，前两位是 Birkhoff 的学生，Mac Lane 虽未曾跟随 Birkhoff 学习，但受益于他的用人政策，作为一名初级教员向他学习。这三人彻底改变了拓扑学的实践，后两位使这个领域更接近代数学，从而取得一系列进展。

Marston Morse

Morse 于 1917 年在哈佛获得博士学位，他选择了一个将分析学和拓扑学结合的问题作为论文题目——寻求这两个领域的联系贯穿了他的整个职业生涯。事实上，差不多 50 年后，他仍致力于此，他的“数学目标是在整体上将拓扑学与局部的分析学和几何学关联起来。这一研究将继续下去”，他断言。[4]

1917 年，Morse 离开哈佛参加第一次世界大战，并于 1919 年回到学校担任 Benjamin Peirce 讲师。之后他在康奈尔大学和布朗大学任教了几年，并于 1926 年重返哈佛任教。在回哈佛大学的前一年，Morse 在 1925 年的论文《*n* 个自变量之实函数的临界点之间的关系》(Relations between the Critical Points of a Real Function of *n* Independent Variables) 中，提出了一种全新数学理论的第一部分，这成为他毕生的工作。[5]

在哈佛期间，他写了《大范围变分法》(*The Calculus of Variations in the Large*)[6] 一书，详尽阐述了这一主题，为现在的 Morse 理论奠定了基础。变分法是数学的一个领域，简单地说，它涉及寻找函数的“平衡点”，包括极小点和极大点。例如，在一个曲线空间中，比如能画在球面上的所有曲线，数学家往往关注长度函数达到极小的曲线，从而引出“测地线”的概念。虽然很容易识别平面上两点间的最短距离是直线，但在复杂曲面上该问题并不显然，这时可能存在很多解。类似地，在一个曲面空间中，数学家可以用面积函数来确定极小曲面。“大范围”是指曲面的全局性质；相比之下，“小范围”则是指曲面上一点邻域的局部性质。在这样的背景下，“变分”有相当直观的意义，因为它涉及取一条曲线 (一个曲面)，然后逐渐改变它的长度 (面积)，直到确认出有极大或极小长度的曲线 (极大或极小面积的曲面)。

Morse 理论大胆综合了分析学和拓扑学。当时，许多数学家认为拓扑学主要是解决分析学问题的一种方法，换言之，是求解微分方程的一种方法。例如，球面上大圆 (赤道) 的“闭测地线”是二阶微分方程的解。所以，寻找闭测地线类似于解微分方程。在承认这一策略价值的同时，Morse 还把这种研究方法翻转过来，表明他基于分析学的理论也可以解决拓扑学中的问题。

菲尔兹奖得主、数学家 Stephen Smale 在 1977 年写道，Morse 理论是“美国数学中最伟大的贡献 (可能不包括最近的贡献，因为时间太短而无法充分评估)”。[7] Raoul Bott (在去哈佛之前曾在密歇根大学

Marston Morse

Ulli Steltzer 摄，来自美国新泽西州普林斯顿高等
研究院的 Shelby White 和 Leon Levy 档案中心

指导了 Smale 的学位论文) 于 1980 年写道，Morse 理论那时非常有名，它是如此的“自然且不可避免”，以至于很难想象“在 1920 年代”Morse 首次提出时，“它是一项多么了不起的杰作”。[8]

在评价 Morse 理论时，数学史家 Joseph D. Zund 有类似的感慨：“对数学家而言，基于先前已知结果的抽象或改进提出新理论，这并不罕见，但很少有人能在以前什么都没有的地方开创新理论。Morse 理论就是这样一种理论，而且在创立它时，Morse 遵循了 Henri Poincaré 和 Morse 的导师 George D. Birkhoff 的英雄传统。”[9]

用最简单的术语来说，Morse 理论提供了一种对拓扑对象或“空间”分类的新方法，尤其是对不容易刻画的高维空间。拓扑学本身是一种极为普遍但仍然非常强大的描述形状的方法。在普通的 Euclid 几何学中，平行线永不相交，三角形内角和总等于 180 度，这种几何学通常在高中介绍。此外，如果两个三角形的边长相同，所有的角相等，它们被认为是全等的，因此一个三角形与另一个完全重合。“另一方面，”Morse 解释道：“在拓扑学中，每个三角形与每个其他的三角形被认为是等价的。人们忽略了 Euclid 几何学中非常基本的刚性概念，并且注意到任意给定三角形都可以被移动和变形，从而与其他三角形重合。”[10] 这种等价性并不限于三角形。三角形拓扑等价于正方形、六边形和圆，正如四面体 (由四个三角形构成的二维曲面) 拓扑等价于立方体和球体。两个形状在如下意义下被认为是等价的：如果一个形状通过弯曲、拉伸或缩小而不是切割，可以变换为另一个形状。

根据相同理由，多纳圈 (或“圆环”) 在拓扑上不同于球体，因为它有一个洞而球体没有。你不可能从一个球体开始，不挖一个洞就得到多纳圈。

事实证明，一个多纳圈——尤其是竖直立起 (像一个直立的内胎)

的多纳圈，为 Morse 理论提供了一种相对简单的描述。Morse 把他的想法称为“临界点理论”，因为它关注函数的临界点，把这些点与“流形”的全局拓扑联系起来——流形是一种拓扑空间，对几何学和物理学极为重要，第 6 章会更详细地描述。前面提到的直立多纳圈是由“高度函数”定义的流形的一个简单例子，其中高度函数对水平面上的每个点指定一个数字 (对应于高度)。这类多纳圈有四个临界点，大致来说，它们位于从一个对象 (或更一般的曲面或空间) 的一端移动到另一端的过程中，形状突然改变的地方。在这些过渡点，曲面是平的，这意味着曲面的切平面平行于多纳圈站立的桌面。

从顶上开始，第一个临界点位于多纳圈的最高处，用数学的说法，是极大值点。第二个临界点位于多纳圈内环的顶端，在所谓的鞍点上，我们一会儿给出鞍点的定义。第三个临界点位于多纳圈内环的底部，在此曲面的另一个鞍点上。第四个临界点位于多纳圈的底部：一个单独的点，或极小值点，它正好落在我们想象的桌面上。

这里重要的不仅是临界点的数目，还有它们的特性。临界点可以由指标来分类，指标表示下降的独立方向的个数。由于这个原因，Morse 称它为“不稳定性的指标”，因为如果你在临界点上放一个小球，然后轻推一下，指标会告诉你小球有多少种不同的下落方式。[11]

回到直立多纳圈的例子，最上面的临界点 (极大值点)，因为有两个独立 (且垂直) 的下降方向，指标是 2：一个指向外环的中间，另一个朝向洞的中心。第二个临界点，即上鞍点，指标是 1，因为从这个点，你可以下降到环的中间，或者沿垂直方向向上移动到顶端。一个方向向下，另一个方向向上，这就是为何指标为 1。第三个临界点，即下鞍点，情况类似，只是相反：沿内环移动会向上，而沿垂直方向移动会向下。仅有一个方向向下，指标还是 1。最后，在底部的第四个临界点指标为

0；没有向下的方向，因为已经位于底部。相反，两个方向均向上。

存在这样一个事实：在每个临界点，向上和向下的独立方向数加在一起等于该曲面的维数。在多纳圈的例子中，这个数是 2。指标告诉我们在曲面的关键接合点处，能向上或向下移动的方向，它提供了临界点如何连接的指示，从而告诉我们整个曲面怎样被放置在一起。因此只要写出临界点指标的序列，就可以简单描述这个曲面：2，1，1，0。从拓扑学的观点来看，这就是将此对象唯一定义为多纳圈 (或二维环面) 所需要的全部信息。利用 Morse 理论，同样的方法也适用于其他任意维光滑曲面，甚至不那么光滑的曲面。当沿着曲面移动时，你只要追踪所有的临界点，以及每个临界点的指标。依据这个序列，你可以确定它的拓扑结构——环面、球体或其他形状。

当在曲面上游走时，你看到的其他一切都是无关紧要的。可以把这种方法想象成一场电影，除了几个关键时刻外，绝无有趣的事情发生。这些极其短暂的瞬间恰好在经过临界点时发生。[12]

如果 Morse 理论仅能用于像多纳圈这样的简单曲面，那么其价值是有限的，我们可以画出或建造一个多纳圈，然后通过观察选出临界点。如果此方法只适用于这种曲面，它仍然需要 Morse 的深刻洞察力来认识到：一个对象的拓扑可以从其临界点推测出来。但他的方法要强大得多，因为它也适用于复杂曲面和任意维度的空间，我们很难把它们画出来，更不用说用肉眼观察，从而找出临界点。对于这种情形，数学家倾向于从函数的角度来考虑问题，而非依赖图像。

这里我们选一个很容易画出来的例子，来让大家更直观地理解其中的过程，尽管使用函数的目的就是：你可以不仅仅限于能画出的东西。对于坐标平面上任意 x 和 y 的值，我们取一个函数 $f(x, y)$，它给出对应的高度 z。

正如 Morse 在讲座中建议的，你可以把它想象成一座岛屿。有一个假想的 x-y 平面位于海平面，对于平面上处于岛屿轮廓内的每一点，函数 f 会给出一个点 z，对应岛屿在这个点的高度。当在 x-y 平面上移动时，所有的 z (高程点) 放在一起就会生成岛屿的实际表面。这个曲面一定有若干临界点：峰 (极大值点) 、谷 (极小值点) 和位于峰或谷之间的隘 (或鞍点)。寻找这些临界点的一种方法是对函数求导，函数在峰、谷和隘的导数为零。

导数在水平的地方为零，即曲面在该处的切平面是水平的。这意味着，如果你走到一个临界点 (峰、谷或隘)，然后向任意方向移动一点点，高度不会显著变化。直立多纳圈的情形并非如此，在那里一个小的水平移动会产生更显著的垂直变化。如果取高度函数的一阶导数，在临界点处它恰好为零。由于一些难以解释的原因，我们这里就不再深入了，高度函数的二阶导数会告诉我们不同临界点的指标。

对于更复杂、更高维数的 “岛屿”，相同的微分方法可以确定临界点。当然，可以有比 x 和 y 更多的变量，随着变量数目的增加，临界点种类的数目也随之增加。对于有 n 个 (实) 变量的函数，根据 Morse 理论，存在 “$n+1$ 种可能类型的临界点”。[13] 临界点的指标可以取从 0 到 n 之间的任意值。

由于他的理论，Morse 把经过精心磨炼的分析学和微分学的技巧带到更新、更不成熟的拓扑学领域。他用分析学解决拓扑学问题的愿望很快得以实现。事实上，一种称为几何分析的分析学高级形式，近来被用于解决可能是拓扑学中最著名的问题——Poincaré 猜想，一个世纪前，Henri Poincaré 突然提出了这个猜想。

为了帮助我们从数学上考虑他想象的岛屿，Morse 引入了三个数 (非负整数)：M_2 表示峰的数目，M_1 表示隘 (鞍点) 的数目，而 M_0 表示谷的数目。你将注意到，本例的下标 0、1 和 2 对应于指标。于是 M_0、M_1 和 M_2 也分别是指标为 0、1 和 2 的临界点数目。

这些数不能假定为任意可能的值，它们必须满足一定的关系——所谓的 Morse 关系，包括著名的 Morse 等式和不等式，Morse 证明它们都是正确的。这种关系的一个早期例子来自第 3 章讨论过的 Birkhoff 极小极大原理，与覆盖曲面之曲线的长度函数的极小值和极大值的存在性有关。Morse 关系则更进一步，它表明极大值点、极小值点和鞍点的数目如何彼此相关。这些关系为拓扑空间 (以及构建这类空间的规则) 的研究提供了前所未有的新思路。例如，如果我们要求峰的数目 M_2 必须大于或等于 1，那么正如 Morse 所说，"峰和谷的数目减去隘的数目等于 1"。更正式地可表示为：

$$M_2 + M_0 - M_1 = 1, \quad M_2 \geq 1.$$

这意味着一个岛屿可能会有 1 个峰、1 个隘和 1 个谷，也可能有 3 个峰、4 个隘和 2 个谷，但构造不出有 2 个峰、2 个隘和 2 个谷的岛屿。

如果考虑的不仅是一座岛屿而是整个地球 (使其光滑，以便临界点个数有限，并除去所有的水)，Morse 说，"我们可以证明……谷的数目加上峰的数目减去隘的数目等于 2"，或者用数学语言：$M_0 + M_2 - M_1 = 2$。Morse 还说，这个关系可以推广到"任意亏格的曲面" (亏格是曲面上洞的数目) 以及"更高维的空间"上。[14] 除了这些等式，Morse 还建立了一系列不等式，为拓扑学提供了重要工具。其中一个不等式由 Birkhoff 极小极大原理推出，但 Morse 找到了一种将其推广到更高维和更大范围空间的方法。

效法 Morse，Bott 和 Smale 等人使用 Morse 理论来解决拓扑学问题，分析临界点分布，以理解并约束流形的拓扑。例如，Bott 根据

Morse 理论证明了他著名的周期定理，这将在第 7 章讨论。Smale 使用 Morse 理论证明了高维 Poincaré 猜想 (对 5 维或更高维成立)。特别地，Smale 构造了一个仅有两个临界点的函数，并证明这个函数对应的流形必定是球体。

许多其他数学家从事这项工作，至今已有数十年，它仍在发展壮大。Morse 理论现已成为拓扑学中基础和不可或缺的研究方法。哈佛数学家 Barry Mazur 指出："这个理论浑然天成，以至于今天每一个从事拓扑学研究的人都会自然而然地想到它。"[15]

Morse 理论在现代物理学中也有广泛应用。例如，1983 年，物理学家 Edward Witten 提出了 Morse 不等式的一个解析解释和新的证明，该不等式特别适用于量子场论。

大概可以肯定地说，Morse 最初并不知道他的工作会导致什么结果，但他一开始就坚信分析学能被用于拓扑问题——这里的答案被证明是意义深远的。尽管遵循 Poincaré (因获得巴黎大学荣誉学位，Morse 被称为 Poincaré 的"数学徒孙") 和导师 Birkhoff (其本人可能被称为 Poincaré 的数学儿子) 的传统，Morse 还是将自己与前辈区别开来，走上了自己创新的道路。

Morse 写道："每一位真正的数学家都能感受到整个数学图景中的一些缺憾，" 一个缺口或"其他人没有意识到的重大需要。否则他们会为此做点事情。他必须证明这种需要能够被满足，或者至少能够部分被满足"。Morse 的起点是 1912 年的一篇论文，在文中 Birkhoff 发现了他和 Poincaré 都不能解决的一些问题。Morse 说："从这些问题开始，我感受到数学的另一种完全不同的缺憾。" 经过几十年富有成效的努力，他成功地把这种"缺憾"转化为一个充满活力的数学研究领域。[16]

1935 年，Morse 为改换门庭而付出卓绝努力，他离开哈佛成为新成立的普林斯顿高等研究院的数学教员，在那里他可以和 Albert Einstein、John von Neumann、Oswald Veblen 和 Hermann Weyl一起工作。1962 年，在法定退休年龄 70 岁之际，Morse 从该研究院正式退休，但他以荣休身份继续工作，直到 1977 年去世，享年 85 岁。

Morse 的精力极为充沛，当他 57 岁时，在一次聚会上，他向比他小 30 多岁的数学家同僚 Roual Bott 挑战百码赛跑。结果，Morse 轻松赢得了比赛，Bott 惭愧地承认："Marston 散发出的巨大能量，至今仍让我印象极为深刻。"[17]

这种热情延续到了学术殿堂。Bott 在普林斯顿高等研究院工作的第一天，在见 Morse 之前曾有所担心，但当他意识到"我真的不必说太多话"时，他的不安消失了。Bott 猜测 Morse 主导了所有会面："我认为一个公平的说法是，在所有与 Marston 的谈话中，一般人只能说百分之二十。他的精力非凡，自然而然地占据上风。"[18]

Mac Lane 评论道："Morse 对自己的想法有特别的热情。无疑他喜欢听自己讲话，但是根据我的经验，Morse 对所有听众都是一种真正的刺激。"[19]

根据 Everett Pitcher (Morse 以前的哈佛博士生) 的说法，为 Morse 工作或和他一起工作的人，一项主要任务就是当"一名听众……他物色合作者和助手，这些人的主要作用之一，就是在他完善对数学情境的理解时，倾听他的解释。"[20]

1930 年代，还是哈佛研究生的 Maurice Heins，把他与 Morse 的合作描述为"一次非常紧张的经历。[他有] 旺盛的精力和体能，可以连续工作几个小时"，Heins 说，"一天工作 20 个小时很常见。"[21]

对于 Morse 来说，数学是一个竞争非常激烈的行业，Pitcher 说：

“我…… 听他反复说‘他们’没理解问题。应当这样做时，‘他们’却在那样做。只有他明白问题。必须承认，他的立场常常是正确的。”[22]

Pitcher 补充说，Morse 敏锐地意识到发表优先权的问题。有一次，他告诉 Morse，他正在做 Morse 建议的某项研究。Morse 告诉他，某个人也正在做这个问题，他们应该尽快行动。Pitcher 说：“那天是星期五，我非常重视他的建议，在星期一之前，我就把一篇合作论文的草稿交到他手中，他投给了《美国国家科学院会报》。”[23]

对于 Morse 而言，这是一场与时间的赛跑，只要有机会，他就尽可能多地与人交流他的想法。Morse 的另一位哈佛博士生 Stewart Cairns 回忆起，在 Morse 1962 年退休几年后与他见过面。“Morse 向我概述了如果能多活 20 年并继续做研究，他希望解决的问题。”Morse 一直工作到生命的最后，直到退休大约 15 年后，用 Cairns 的话说，他看到“他的大部分愿望都实现了”。[24]

Morse 的儿子 William 也注意到，直到父亲逝世，“他尽可能快速、努力地写下自己的想法 …… 在他最后的 10 年，这是一场与时间的赛跑。[在] 大约 83 岁时，他告诉我，他头脑中有太多的想法，他担心不能把它们写下来，它们会和他一同消失。”[25] 这种不知疲倦的动力贯穿 Morse 的整个职业生涯。虽然 Morse 在职业生涯中涉猎范围很广，共写了约 180 篇论文和 8 本书，但 Morse 理论一直是他工作的中心。

Smale 认为，Morse 执着专注于 Morse 理论——以他习惯的方式解决问题，而不考虑该领域其他人使用的技巧——是一件有利有弊的事。1978 年，Smale 写道：“Morse 的独特之处在于，他对 Morse 理论 (或大范围变分学) 这一主题一心一意的坚持。”正是由于这种坚持，他补充道：“ [Morse] 才做出具有如此深度和影响的工作。”他提出的理论构成了整体分析学领域的一个重要分支，后者涉及用整体或拓扑的观点研究微分方程。Smale 总结道：“只要数学存在，Morse 的 Morse 理论就会被人们铭记。”[26] 或者，正如 Cairns 所说，“他的声望将永垂不朽”。[27]

另一方面，根据 Smale 的说法，Morse 一根筋的弱点“最终限制了 [他的] 智力发展…… 他没有真正努力地去看别人在做什么”。随着时间的推移，他的工作“变得越来越无关紧要”。[28]

除了固守自己行之有效的方法 (Morse 认为这些方法可以使其雄心勃勃的计划取得更大进步)，Morse 积极抵制代数方法对拓扑学的渗透，或者至少表现出合理的质疑。当 Bott 于 1949 年见到 Morse 时，Morse “对当时拓扑学中代数学的无处不在感到厌烦”，Bott 写道，“他对拓扑学中代数工具的发展没有什么兴趣…… 因为 Marston 总是从分析、力学和微分几何的角度看待拓扑学”，这与他导师 Birkhoff 的态度一致。[29]

Morse 意识到数学正变得愈加抽象，他接受而不是反对这种变化。“数学家进行抽象是为了统一、简化、理解和推广，”他写道，现代数学的巨大复杂性和广阔范围，使得这种抽象化成为必然。[30] 也就是说，Morse 不相信为了抽象而抽象，即使在某些情况下他认为这是必要的。1971 年，在写给数学家 Arnaud Denjoy 的信中，Morse 抱怨道：“许多年轻数学家提出一些代数的抽象概念，事实上那些抽象并没有意义，花费更多的篇幅解释抽象概念，还不如直接建立所需的定理。”[31]

正如 Morse 所见，“代数与几何之争从古代一直持续至今”。Morse 站在几何学的一边，抵制代数方法的影响，这些方法由那些他认为想要“使几何学从属于代数学”的人提出。[32]

公允地说，从其成就的绝对重要性和广度来看，Morse 最终被证明是正确的。在 Morse (1925 年) 发表最初论文的 75 年后，Zaud 写道："尽管 Morse 理论后来被重塑为更现代、更抽象的形式，但其主要结果几乎都是由 Morse 独自一人完成的。"[33]

即便如此，在 Morse 发展自身理论的大部分时间里，代数拓扑学沿着一条平行的轨迹发展——尽管 Morse 对其缺乏热忱，这一新兴领域也产生了一些出色的成果。代数拓扑学的基本理念是把拓扑问题转化为代数问题，这有一些益处，因为代数概念普遍比拓扑概念易于处理。空间可以用代数来描述，通过代数计算来变换，这些运算甚至包含简单的加法和乘法。

Hassler Whitney

Hassler Whitney 为代数拓扑学的成功做出巨大贡献，他在哈佛数学系 (后来在普林斯顿高等研究院) 的时间与 Morse 有重叠，也是在 Birkhoff 指导下获得博士学位。虽然这两位数学家都才华横溢，但相比 Morse，Whitney 的研究方法更加兼收并蓄。Garrett Birkhoff 称 Whitney 是 "G. D. Birkhoff 1930 年以后的学生中最独立且最上进的"。[34] 这个评价无疑正确，但显然有些保守——Whitney 是他那一代中最独立、最有创造力的数学家之一。

在回顾 Whitney 工作的广度时，布朗大学数学家 Thomas Banchoff 谈道："有两件事是显而易见的：他的兴趣和创新范围很广，他有独自研究的天性。他几乎完全是独自一人工作，尽管在他创立新思想的领域里，他一直紧跟发展。"[35]

Whitney 在数学研究中的 "独处" 倾向可能也影响了他对业余爱好的选择：他是一名著名登山家，曾攀登过瑞士的许多高峰。1929 年，Whitney 在一条路线上首次完成了对新罕布什尔州坎农山的攀登，这条路线随后被取名为 Whitney-Gilman 山脊 (以他和他的登山搭档及表亲 Bradley Gilman 的名字命名) 。

Whitney 是 Simon Newcomb 的外孙，年少时并未表现出对数学的强烈爱好；他在高中学过的数学课程寥寥无几，上大学时更是一门也没学。但是，他在大学时学习物理，毕业后一段时间，在复习笔记时，他发现大部分所学内容都已被遗忘。“在物理学中，你似乎必须记住事实，因此我放弃了物理并转向数学，” Whitney 写道，[36] 而他从未后悔这一决定。[37]

尽管 Whitney 的工作大多属于代数拓扑学，但他喜欢在不同主题中切换。他这样描述其工作方式：“我的数学生涯基本上就是寻找各种各样有趣的问题；然后我会全身心投入…… 我开始得到一些结果；其他数学家也会加入进来，而领域也会扩展。” 一旦一个领域开始 “变得太大、太复杂，我就会离开并寻找新的事物”。[38] 或者正如 Whitney 所说：“当别人投入进来，开始建立更复杂的结构时，我就会离开。” [39]

Whitney 常被一些一开始看似无关紧要的 “小事” 引向特定方向。例如，在 1930 年代早期，当他在哈佛和普林斯顿担任美国国家研究委员会 (NRC) 研究员时，他碰到了 Birkhoff 的另一位学生 Charles Morrey，后者当时也是 NRC 的研究员。Morrey 开始滔滔不绝地谈论 “道路空间”，而 Whitney 有点跟不上。Whitney 回忆说：“我不能理解这些东西是什么——流形上的某种东西，我不确定是何种流形。”

> 我有点不知所措，我真的有想去做的事情，于是我想，“快，问他几个问题。” 我说：“Chuck，假设在空间中有某种曲线，可能非常弯弯曲曲…… 你怎样找出它的中点？你又怎样找出每一半的中点？如此等等。让我们把它参数化。” 于是他开始思考这个问

Hassler Whitney

Herman Landshoff 摄，来自美国新泽西州普林斯顿高等研究院的 Shelby White 和 Leon Levy 档案中心

题。这使我得以溜走。然后我自己也开始思考这个问题。它让我忙了两天。最终我得到了一个答案，这也成就了我的一篇不错的论文。[Deane] Montgomery 和 [Leo] Zippin 在后来写的书中引用了这篇论文。[40]

正如 Whitney 所说，有时他抓住重要问题，仅仅是因为某个奇怪的细节引起了他的兴趣。“我一般不会处于一个领域的中心。当我发现自己在某个领域的中心时，我根本不知道足够的背景材料。” 这时他喜欢继续往前走，继续 “睁大眼睛，寻找一些简单、基本但难以捉摸的东西，以便深入研究。”[41]

1932 年，他在哈佛获得博士学位；他的论文是关于四色问题的，这恰好是 Birkhoff 钟爱的课题之一。Whitney 用图论的语言重述了这个问题，这使他产生了一个重要的线性代数的想法 (与 “线性相关” 的概念有关)。这个想法又引发了组合学领域的大量研究——组合学有时被称为计数的科学，涉及研究集合元素可能的组合或排列。

在研究四色问题时，Whitney 从 Birkhoff 那里听说，“每一位伟大的数学家都研究过这个问题，并在某个时候认为自己已经证明了这个定理。(我认为 Birkhoff 把自己也包括在内。)” 当 Whitney 被问到此问题何时会被解决时，他通常回答道：“不会在接下来的 50 年内。” 这个预测结果相当准确，因为在第 3 章提到的 Kenneth Appel 和 Wolfgang Haken 的证明发表于 1977 年，是在 Whitney 完成论文的 45 年后。[42]

尽管 Whitney 对四色问题和图论的贡献启发了数学其他领域的重要工作，他说：“我觉得这并不是我想继续研究的主题，因此当时我更多转向了拓扑学。”[43]

这被证明是一个明智之举，根据几何学家陈省身的说法，“Whitney 是一位极具独创性的拓扑学家，他的贡献是广泛的”。[44] 通过发展球丛、纤维丛和示性类这样的概念 (所有这些概念在本章都要加以讨论)，Whitney 为代数拓扑学做了许多奠基性工作。他的时机选择也很有利，因为拓扑学还是相对新的领域，在这里美国数学家有施展拳脚的空间。历史学家 Karen Hunger Parshall 写道：“作为一个领域，拓扑学直到 19 世纪末才出现，并在此后经历了重大发展。因此，这是一个胸怀大志的数学家能从基础做起的课题，美国人正是这样做的。”[45]

1935 年，Whitney 证明了每个 n 维光滑 (可微) 的空间或“流形”都能嵌入到 $2n+1$ 维 Euclid 空间中。嵌入 (embedding) 是一种把较小空间放入较大空间的数学方法，但是怎样放入有严格的限制。例如，嵌入较大空间的闭曲线不能自相交。

在同一年，Whitney 证明了一个相关定理，即每个光滑的 n 维空间或流形能浸入到 $2n$ 维 Euclid 空间中。浸入 (immersion) 的技巧与嵌入类似，但限制较少。如果取一个圆并把它浸入到一个平面中，这个圆的小片段不会有交叉。从“局部”看，正如数学家所说，浸入与嵌入非常相似。但如果从“整体”看整个圆，在它被浸入到平面后，可以有交叉。该曲线可以与自身交叉一次 (形如 8)，或者与自身交叉二次、三次、四次或任意次。

当 Morrey 向 Whitney 询问：以闭曲线为边界的曲面有多少种不同方式被浸入到一个熟悉的 (2 维) 平面中？Whitney 开始研究这个问题。Whitney 在回答这个问题的过程中提出了他的浸入理论，这是拓扑学和几何学的一次重大进展。后来，Stephen Smale 把流形浸入到 Euclid 空间的问题推广至高维情形。在法国高等科学研究所 (Institut des Hautes Études Scientifiques) 和纽约大学工作的 Mikhail Gromov 随后创立了名为同伦原理或“h 原理”的完整领域，他认为这是一种强大的求解微分方程的新方法。这一切都源于 Whitney 在回应同事 Morrey 所提问题时，提出的一个简单 (但有力) 的想法。

1935 年，Whitney 还引入了“球空间”的概念，后来称为球丛，作为更一般的纤维丛概念的先声，二者现在都是拓扑学的基本概念。纤维丛最简单的例子是曲面的切丛，它由光滑曲面上所有点的所有切平面构成。通过把球面 (不是纤维丛例子中的平面) 附着在一个曲面的每个点上，Whitney 也对球丛做了开创性工作。这个想法的一个优点是它的普遍性，因为构成这些丛的球体可以是任意维的。根据标准术语，S^n 是 $n+1$ 维 Euclid 空间中的 n 维球面。0-球面由直线上的两个点构成，1-球面是平面上的一个圆，2-球面是 3 维空间中常见的球面，等等。

例如，我们考虑一个 2-球面上的圆丛。在此情形下，该丛 (一个附着在普通球面的每个点上的圆) 是一个 3 维对象，事实上，它可能是一个 3-球面。

1-球面 (或圆) 上的 0-球丛 (或两个点) 更为简单，但对我们仍有指导意义。任意空间或流形 X 上的丛，对 X 的每个点赋予某种东西，而这种东西称为纤维。此外，我们要求当沿着 X 连续移动时，这个纤维必须连续移动 (不改变其拓扑结构)。因此，该丛包括“基”或 X (此例中为一个圆) 和纤维 (圆上每个点对应的两个点)。当沿着基移动时，通过清除纤维，我们会得到合并的或“整个”空间，在这里，该空间要么是一个圆，要么是两个圆的并。一般来说，按照这种方式生成的整个空间，可被用来了解原始空间的拓扑结构。

在这里，我们的主要兴趣不在 1-球面或 2-球面本身，而是起初引入纤维丛的价值，根据陈省身的说法，纤维丛“自此成为拓扑学中的一个基本概念”。[46]

一个好处如下：如果你想证明一个空间不是单连通的，可在该空

间中取一个闭路 (loop)，并在附着的丛中取对应的闭路。绕这个闭路走一周，如果你从丛上的一个点出发，最终到达另一个点，你会发现该空间不是单连通的，正如我们在圆的 0-球丛上所做的。这个纤维丛的存在告诉你，圆不是单连通的。此外，这种方法的优点 (以及丛在拓扑学中变得如此重要的原因) 在于，相同方法对不能轻易分类为 1-球面 (圆) 或 2-球面 (普通球面) 的复杂空间依然有效。

但是，Whitney 把这个想法做得更深入，发展出一个与纤维丛有关的基本概念——示性类。反过来，示性类取一个丛，并将 “不变量” 赋给它。不变量是空间的拓扑特征或性质，如此命名，是因为即使空间本身发生收缩、拉伸、弯曲等变化，它也不会改变。

在前面 0-球丛的例子中，不变量实际上是一个数字——0 或 1。其想法是从给定空间 X 上的一个 0-球丛开始，在 X 中画出一个闭路。如果丛中的闭路 (对应 X 中的闭路) 将你带回出发点，就得到 0；否则，得到 1。同样，这被称为不变量，因为如果不彻底切开闭路，赋予的数 (0 或 1) 不会改变。

这个特殊的不变量被称为第一 Stiefel-Whitney 类，如此命名，是因为 Whitney 和瑞士数学家 Eduard Stiefel 在 1935 年独立并同时提出这一想法。不过，陈省身说，Stiefel “把自己限制在切丛上”，而 “Whitney 看到了在任意空间上的球丛这个一般概念的价值”。[47]

这是一个巨大的差别，因为切丛仅有一个，但向量丛有许多。对任意向量丛你都可以赋予 Stiefel-Whitney 类。你还可以对任意向量丛赋予一个球丛。举一个简单的例子，圆柱是圆的一个向量丛，这意味着圆柱由附着于圆上每个点的向量 (或线段) 构成。如果我们说的是开圆柱 (像去掉顶和底的罐子)，在这种情况下，球丛形成圆柱的边界——可以说，边界就是罐子在顶部和底部的两个圆。球丛的概念比切丛更为一般，其本身可以有多种不同的形式，这就是为何球丛对拓扑学具有根本的重要性。

Whitney 发现，每个丛都可以与称为示性类的不变量相关联。简单地说，Stiefel-Whitney 类赋予形状数值。对于每一个非负整数 n，存在第 n 个 Stiefel-Whitney 类；对该丛所附流形内的每个 n 维形状，第 n 个 Stiefel-Whitney 类赋值 0 或者 1。

Stiefel-Whitney 类是代数拓扑学的基本工具。如果有一个流形，Stiefel-Whitney 类是有助于刻画这个流形的重要不变量。第一 Stiefel-Whitney 类有具体的几何意义。它可以告诉你问题中的空间是否“可定向”。一个如地球表面的 2-球面是可定向的，这意味着如果两个人从地面上的某一点出发，四处游荡后回到同一个地点，他们通常会在例如顺时针或逆时针方向上达成一致。圆柱面是另一个可定向的二维流形。另一方面，Möbius 带是不可定向的二维流形。如果人们在 Möbius 带上行走，他们很容易转过身后对顺时针或逆时针方向有不同的意见。

第二 Stiefel-Whitney 类也有具体的几何意义，但解释更为复杂。更高次的 Stiefel-Whitney 类更加抽象，但在代数拓扑学中仍然非常有用。

Whitney 导出了一个“乘积公式”，并且证明了一个伴随定理，表明怎样组合两个丛，用原丛来表示组合丛的示性类。他还被认为引入了另一个极其重要的拓扑学概念，称为上同调 (尽管这个想法也被认为是由 James Alexander 和 Andrey Kolmology 分别同时提出的)。[48] Stiefel-Whitney 类其实是上同调类 (第一 Stiefel-Whitney 类是一维上同调类，如此等等)。事实上，数学家 John Milnor 指出，Whitney 为建立示性类的概念，才发明了上同调论语言。[49]

本质上，上同调为研究拓扑空间及其相关丛，提供了一种全新的定量也是定性的方法。它与同调的概念密切相关——同调是一个可追溯到 Poincaré 的拓扑概念，大致与一个空间有多少个“洞”有关。普通的多纳圈或单孔环面仅有一个洞，这很容易看出并且常常被谈论。但拓扑学家会说，多纳圈有两个独立的“闭链”(cycle) 或两个独立的闭路：即环绕一个形状的两种独立方式，其中该形状不会收缩到一个点。一条闭路或闭链，跨越多纳圈的外周 (或“赤道”)，而第二条闭链则穿过环面的洞，并环绕其外边缘。

所谓环面的同调由这两个闭链构成，任何其他元素仅是它们的线性组合。反过来，此群的每个元素构成一个同调类，它由所有彼此等价的闭链组成。例如，如果将一个橡皮筋在特定点穿过多纳圈的洞，把橡皮筋侧向移动到一个不同的点，你会得到一个等价的闭链。类似地，如果橡皮筋不是恰好绕着多纳圈的赤道，你可以把它推离中心，甚至移到多纳圈的内圈，它们仍然是等价的闭链。

如果同调与不同维度的洞 (或闭链) 的数量有关，那么上同调本质上是同一事物的代数度量。上同调编码了空间 (无论是环面还是其他形状) 的相同信息，但包装方式不同。上同调基本上是取一个闭链，并赋予它一个数。这种赋值必须满足某些条件，条件之一是如果两个闭链等价，能彼此变为对方，则赋予每个闭链的数一定相同。你可以说，上同调取一个 n 维闭链作为输入，生成一个数作为输出。

这个由 Whitney 引入数学的概念有一个实用的优点，即上同调具有乘法的自然形式，比在同调中做乘法方便得多。事实上，Whitney 正是用上同调乘法来表示前述的 Stiefel-Whitney 类的乘积公式。这个“乘法结构”是代数拓扑学的核心，也是该领域取得如此巨大进步的原因之一——许多的进步都要归功于 Whitney 的创新。

在 1941 年的一篇论文中，关于球丛研究，Whitney 给出了他认为的“一个相当完整的论述”。他本打算在自己的书中更全面地论述这个主题，但他首先写了另一本书《几何积分论》(*Geometric Integration Theory*)，于 1957 年出版，他认为这本书将为球丛那本书奠定基础。[50] 自 1952 年从哈佛转到普林斯顿，他当时已在高等研究院站稳脚跟。大约在这个时候，Whitney 的数学同事 Warren Ambrose 对他说：“你那本球丛的书，其出版日期正以每年推后两年的速度拖延。” Whitney 同意这个过程是不收敛的，结果，他再也没有抽时间写这本书。但他还是继续写了额外一些论文，他对这些论文“非常满意”，有时还会在他的正常工作领域之外大胆尝试。[51]

1960 年代末，他再次改变方向，不再做研究，而是把精力集中在小学数学教育上。Whitney 于 1989 年去世，他的骨灰被撒在登特布兰奇山的峰顶，这是他 70 年前和外甥一起攀登过的瑞士山峰。

去世前不久，在一份关于其数学领域的调查中，Whitney 讨论了代数拓扑学是如何步入成熟的：“随着美国逐渐成为这项研究的‘重心’，我看到了一般的拓扑和代数方法在世界各地越来越蓬勃发展。”[52]

数学家 Alex Heller 写道，到 1930 年代末，“代数拓扑学已积累了大量问题，当时的可用工具无法攻克它们。一小群数学家……致力于创立一套更合适的工具。”[53] Whitney 在这个群体中是最杰出的，但他的哈佛同事 Saunders Mac Lane 也同样如此，Mac Lane 帮助领导了这个团队，直接基于 Whitney 在上同调和示性类的工作创立新工具，同时开辟了一些新的数学方向。

Saunders Mac Lane

尽管 Mac Lane 最终在自己的领域获得极高的领导地位，但一路走来，道路相当曲折。Mac Lane 回忆道，在他早年还是耶鲁大学生时："我还不知道数学是一种职业。"他也不"知道可以产生新结果的 [数学] 研究"。虽然他觉得微积分令人激动，但他说，"看起来它的问题早已完全解决了"。[54]

一位富有的叔父为 Mac Lane 支付了大学学费，希望侄子能进入商界或法律界，出于对叔父的尊敬，Mac Lane 尝试听了一门会计课程，但发现它极其枯燥。他还尝试了一门化学课程，他认为自己可以在这个领域找一份报酬丰厚的工作，但也令他感到乏味。直到遇到刚从挪威来到耶鲁的年轻助教 Øystein Ore，Mac Lane 才意识到"在数学中可以发现全新的思想。有了这种指示，我的注意力从积累知识转向希望发现新知识上……我能看到有许多新的事情有待去做"。[55]

1930 年，Mac Lane 从耶鲁毕业后到芝加哥大学读研究生，主要原因是后者为他提供了一份奖学金。但一年之后，他失望地离开了，因为他看不到任何可能性，来追求对数理逻辑的兴趣。他去了哥廷根大学，该校在这个领域很强，数学系在当时仍被广泛认为是世界顶尖的。1931 年来到哥廷根后，Mac Lane 接触到 Emmy Noether 做的现代代数，并因此受到启发，他认为 Noether "可能是有史以来最重要的女数学家"。[56]

纳粹党在 1933 年掌权后，在哥廷根和其他大学，大多数与犹太人有关系的教员被立刻解职。Mac Lane 的论文导师 Paul Bernays 与 Noether 等人因此被迫离开学校。校方安排 Hermann Weyl 指导 Mac

Lane 的博士工作。Marston Morse 引用 Weyl 曾说过的话："在这些日子里，拓扑学的天使和抽象代数的魔鬼为占领每一门数学学科而战。"[57] Weyl 可能还没有意识到，他的新学生不久就把天使和魔鬼整合到了一起。

随着哥廷根和整个德国的形势急剧恶化，Mac Lane 决定尽早完成 (关于数理逻辑的) 毕业论文。1933 年 7 月，Mac Lane 完成论文答辩 (Weyl 担任评委)，随后立即返回美国。回顾在德国的动荡岁月，Mac Lane 经常想起，有一次他去歌剧院，幕间休息时他发现自己站在希特勒和戈培尔旁边。后来，他想知道，如果他当时带着枪并开了枪，历史会有什么不同。"因此，后来在我看来，如果当时我带了武器，这是我改变历史的一次机遇。"[58]

1933 年返回美国后，Mac Lane 参加了美国数学会在麻省剑桥举行的会议，会上他与 George D. Birkhoff 谈到一份工作。他还到新罕布什尔州埃克塞特预科学校面试了一个数学 "教师" 的空缺职位。鉴于严峻的经济形势，大萧条仍在肆虐，Mac Lane 不得不认真考虑一所高中的教学职位——尽管这是全国最有名的高中之一。数学家 Ivan M. Niven 写道："如果这位美国顶尖数学家去的是埃克塞特而不是哈佛，思量他的职业生涯走向何方会很有趣。"[59]

但 Mac Lane 没有做出这个艰难的选择，几周后，哈佛数学系主任 William Caspar Graustein 为他提供了两年任期的 Benjamin Peirce 讲师一职，请他讲授一门高级课程。"显然，我因 Birkhoff 的政策获益，" 即关心美国年轻数学家，而不是优先考虑从欧洲移民的知名学者，Mac Lane 写道。毋庸说，他接受了 Graustein 提供的职位。"这意味着有一笔丰厚的薪水，有机会开设高级课程，并与 George Birkhoff 和 Marston Morse 交谈。那时哈佛有一些非常优秀的人。"[60]

Saunders Mac Lane

在哈佛，Mac Lane 提议讲授一门数理逻辑课程，但却被鼓励去讲授代数学，因为那时的哈佛教员中还没有代数学家。他教了 Noether 推崇、由德国直接引入的现代抽象代数。在哈佛待了两年后，他在康奈尔和芝加哥大学各任教了一年，并在 1938 年秋返回哈佛担任助理教授。Mac Lane 在哈佛一直待到 1947 年，并晋升为正教授。他说，那是“在一所顶尖大学的一流院系的美好时光”。[61]

Mac Lane 与 Garrett Birkhoff 分担了代数的日常教学工作，后者在 1938 年也成为哈佛的助教。Birkhoff 已在大学待了很多年，在这里获得学士学位，担任讲师，在 1933 年到 1936 年成为新组建的哈佛学者学会 (Society of Fellows) 的青年会士，Mac Lane 把学会描述为“不愿费心获得博士学位的高年级学生的一个去处”。[62] 学会模仿了英国剑桥大学三一学院的一个类似项目，数学家、哲学家 Alfred North Whitehead 曾参与其中。在 1924 年来到哈佛后，Whitehead 就建议哈佛启动一个类似项目——这个想法吸引了当时的哈佛校长 Abbott Lawrence Lowell。[63] (该学会自 1933 年成立以来，成为很多数学家的容身之所，除了 Garrett Birkhoff，还包括 Stanislaw Ulam、Andrew Gleason、Lynn Loomis、David Mumford、Barry Mazur、Robin Hartshorne、Clifford Taubes、Noam Elkies 和 Dennis Gaitsgory。)

Birkhoff 是 1930 年代“泛代数”领域极其重要的贡献者 (正如他以前的老师 Øystein Ore 一样)。泛代数是一种抽象的代数方法，举例来说，它研究一般的群论，而非单个群及其特殊性质。在数学中，群是一种几乎无处不在的结构——满足特定规则的元素 (可以是数、其他对象或者甚至其他集合) 的集合：每个群有一个恒等元 (例如数 1) 和一个逆元 (例如对每个 x 有 $1/x$)。一个群是“闭的”，意味着当两个元素经过允许的运算 (例如加法或乘法) 得到的结果仍属于该群。此外，这些运算必须服从结合律：$a \times (b \times c) = (a \times b) \times c$。诚然，这是对群论的一个简要介绍，但值得指出的是，为了泛代数的目的，群的这个定义可能会稍做修改。

Birkhoff 证明了一个定理 (现在以他的名字命名)，Mac Lane 说，"存在一个 '实' 泛代数"，它关系到所有代数和所有代数结构 (如群、域等) 的共同性质。"Birkhoff 定理……成为后来泛代数活跃发展的起点。"[64]

Birkhoff 和 Mac Lane 轮流给本科生讲授代数学，并结合他们的教学合写了《近世代数概论》(*Survey of Modern Algebra*) 一书，这是美国第一部介绍 Emmy Noether 抽象概念的本科代数教材。1941 年，两人都从助理教授晋升为副教授，同一年他们的书出版了。"令人遗憾的是，在现在的环境下，年轻数学家可能不会写这样的教科书了，因为他们担心这会占用他们的研究时间，从而影响到晋升的机会。"Mac Lane 写道，但是这部书显然没有影响他们的机会。[65]

不过，这部书确实帮助到许多试图掌握代数学最新思想的数学家，无论他们是年轻还是年长。圣克拉拉大学的 Gerald L. Alexanderson 称这部书是"最著名的数学英文教材之一，一代数学家大都从中学习了抽象代数"。[66] 哈佛的 Barry Mazur 补充说，《近世代数概论》有"难以置信的影响，当我还是孩童时，它就是《圣经》。它无可匹敌"。[67]

1941 年对 Mac Lane 意义重大，还有另外一个原因：那一年，他与拓扑学家 Samuel Eilenberg 开始卓有成效的合作，两年前 Eilenberg 由于迫在眉睫的战争威胁而离开波兰。多亏普林斯顿的 Veblen 和 Solomon Lefschetz 鼎力相助 (他们为欧洲的数学难民寻找职位)，Eilenberg (也以 S^2P^2 知名，"Smart Sammy the Polish Prodigy"，即聪明的波兰天才 Sammy)[68] 在密歇根大学获得一个职位，当时那里的拓扑学很强。Mac Lane 受邀在安娜堡做过 6 次关于“群扩张”的演讲，群扩张是一种组合群和由小群构建大群的方法。Eilenberg 参加了前 5 次演讲，但因故错过了第 6 次，因此他询问 Mac Lane，可否事后与他讨论这次报告。Mac Lane 高兴地应允了。

当晚讨论问题时，Eilenberg 注意到 Mac Lane 源于纯代数的群计算，与拓扑学中看似无关的计算即使不完全相同，也是惊人地相似。这个拓扑计算涉及一条具有奇怪的、无限扭曲形状的 p-进螺线的同调 (或“闭链”) 和上同调 (其中 p 是任意素数，而“p-进”是指一种新型的记数系统，它在一个多世纪前被引入，在数论中有重要应用)。根据 Mac Lane 所说，这条螺线可以这样生成：“取一个环面 (或多纳圈)，第二个实心环面在第一个环面内绕 p 圈，第三个环面在第二个环面内绕 p 圈，以此类推”，以至无穷。[69] 他们想知道，为何这两种动机和起源都如此不同的计算看起来几乎没有区别？Mac Lane 说：“这个巧合非常不可思议。”他们彻夜未眠，试图探查究竟，直到早上，他们对发生的事情有了一点了解。[70] 但是，正如 Mac Lane 所说的那样，为了厘清“代数学和拓扑学之间这一出人意料的联系”的含义，这将花费他们和其他人数年的时间。[71]

1943 年，为了在二战期间指导应用数学小组，Mac Lane 从哈佛请假来到哥伦比亚大学 (Eilenberg 在这里教学)，合作变得更容易了。该小组负责为美国空军解决技术问题，例如盟军轰炸机应如何瞄准正向它们开火的德国战斗机。Morse 和 Whitney 与 Mac Lane 一起研究这些问题，另外还有 Irving Kaplansky (Mac Lane 的第一个哈佛博士生)、拓扑学家 Paul Smith、George Mackey (哈佛数学博士，不久成为该校的永久教员) 和 Eilenberg。白天，Mac Lane 为美国空军工作，这是他对应用数学少有的尝试。晚上，他和 Eilenberg 一起沉浸在纯数学中，无暇他顾。

作为一个团队，Mac Lane 和 Eilenberg 彼此相得益彰。Mac Lane 谈道："碰巧这是一个更复杂的代数技术进入代数拓扑学的时代。Sammy 比我懂得更多的拓扑背景，但我了解代数技术，并对复杂的代数计算有过实践。所以我们配合得很默契。"[72]

他们最终得出的结论，已经远远超出了只是理解一个特殊巧合的范围。通过把每个问题转换成一种通用语言 (这种语言使用了全新的抽象术语，如范畴、函子和自然变换)，Eilenberg 和 Mac Lane 证明了涉及群扩张的代数问题和涉及 p-进螺线的拓扑问题如何是同一个问题。当两个问题使用相同术语表述时，很容易注意到它们是等价的。在研究这种意想不到的联系、并解释它是如何发生的过程中，他们最终发明了范畴论，提供了一个统一框架，说明不同数学分支和不同数学表述之间如何彼此相关。

麦吉尔大学的 Michael Barr 说，如果 Eilenberg 和 Mac Lane 没有发明范畴论，也可以解释群扩张和螺线之间的联系。"但他们想要解释这种特殊的共性来自何处。他们试图发现一个更具原则性的解释，而这个更具原则性的解释导致了范畴论。"[73]

两位作者都低估了这一理论的重要性，他们开玩笑地称之为"泛化抽象废话 (general abstract nonsense)"。当然，Mac Lane 表示："我们并非真的认为这是废话，我们为它的一般性感到自豪。"[74] 例如，Eilenberg 认为，他们在 1945 年发表的第一篇关于范畴论的综合论文，将是这个主题唯一需要的论文。即便是发表这篇论文也碰到一些困难 (不过 Mac Lane 和 Eilenberg 当时已是知名数学家，这让事情变得容易了些)，因为这篇论文过于抽象，以至于一些同行认为它完全缺乏内容。

但在某种程度上，这是要点所在。当时在密歇根大学工作 (后来去了普林斯顿大学) 的数学家 Norman Steenrod 说，他们 1945 年的这篇论文“对他的影响比任何其他论文都大；其他论文仅贡献结果，而这篇论文改变了他的思维方式”。[75] 这篇论文发表在《美国数学会汇刊》上，多少有些内部操作的味道，《汇刊》编辑 Paul Smith 那时在应用数学小组工作，文章审阅者 George Mackey 也是该小组的一员。Eilenberg 和 Mac Lane 并不需要走捷径，他们的文章被证明是那个时代最具影响的论文之一。

但是，Eilenberg 预测一篇论文足以涵盖范畴论是大错特错了，因为范畴论的内容被证明要比这丰富得多。Mac Lane 估计在 1960 年代中叶，也就是约 20 年后，有 60 多位数学家开始在这一领域工作，这是他根据自己记录的、这一主题发表的首批论文做出的判断。[76]

根据 Mazur 的观点，范畴论“为所有现代数学的统一奠定了基础。如此多的理论都仰仗于它，它现在成了通用语言”。[77] 但这一理论并非仅仅显示了不同数学分支如何相互关联。芝加哥大学的 Peter May 说：“他们 [Eilenberg 和 Mac Lane] 引入的语言改变了现代数学。事实上，从那时起，如果没有这种语言，大量的数学是完全不可想象的。”[78] 卡耐基·梅隆大学的 Steve Awodey 对此表示赞同，他认为“如果没有范畴论，今天大量的数学甚至无法被表述”。[79]

范畴论对一些关键定理的证明亦有贡献，尽管该理论的奠基者最初并未预见有这样一个结果。例如，Alexander Grothendieck 为证明 André Weil 提出的猜想，使用了范畴论的工具，这些猜想在代数几何学中具有重要意义。没有范畴论的出现及其提供的新途径，我们不清楚 Weil 猜想将如何或能否被证明。

Eilenberg 以前的研究生 William Lawvere 视范畴论为整个数学

的基石，而 Eilenberg 和 Mac Lane 的评价则要保守得多。但随着时间的推移，Mac Lane 在许多方面都同意了 Lawvere 的看法。在他 85 岁生日宴会上，Mac Lane 问一个同事："你认为我已竭尽所能去宣传 Lawvere 的想法了吗?"[80]

在多年时间里，Eilenberg 和 Mac Lane 合写了 15 篇论文，合作工作比他们两人独自完成的任何工作都重要。除了发明范畴论 (这证明 Mac Lane 早期在数理逻辑上的投入是正确的)，他们还因以他们名字命名的拓扑空间而闻名。

1941 年，Eilenberg 首次注意到代数与拓扑之间的奇妙联系，而 Eilenberg-Mac Lane 空间是这一联系的另一个深刻内涵。Mac Lane 当时正在研究这个问题，它涉及群上同调的代数定义——这是完全不涉及拓扑学的一种计算。但是通过 Eilenberg 观察到的关联，他们看出，Mac Lane 算出的群上同调，正好等于可为该群构造的拓扑空间的上同调。这个空间是现在被称为 Eilenberg-Mac Lane 空间的一个特例。

Eilenberg-Mac Lane 空间有一个特殊性质与同伦的概念有关。两个拓扑空间被认为是"同伦等价"的，如果其中一个可以连续形变为另一个。圆柱面和圆是同伦等价空间的例子，因为你可以通过压扁圆柱面得到圆——这是所谓的多对一映射，其中圆柱面上的许多点被映到圆上的一个点。这与更严格的同胚概念形成对比，同胚涉及两个拓扑等价空间之间的连续一一映射。

在此背景下，现在我们尝试解释，是什么让 Eilenberg-Mac Lane 空间如此特别。它们的典型特征之一是，如果你把一个球面映射到这样一个空间，所有的映射都是"平凡的"，在这个意义上，它们把你带到 Eilenberg-Mac Lane 空间的同一个点——除非你选择一个有恰当维数 n 的球面，其中 n 是一个正整数。只有一个 n 导致一个有趣的 (非平凡的) 映射；而所有其他可能的 n 都将导致一个乏味的映射，它把每样东西 (每个点) 都带到同一个地方。

另一种说法是，一个 Eilenberg-Mac Lane 空间仅在一个维数上有非零同伦。凯斯西储大学的 Colin McLarty 解释说，这是一个令人满意的特性，因为有非零同伦的有限维复杂空间 (或者更严格地说，非零同伦群)，可由有非零同伦的一维简单空间构建而成。[81]

本质上，这就是 Eilenberg-Mac Lane 空间在代数拓扑学中如此有用的原因。它们是基本构件，可以用来构造任意空间。对于许多问题，如果你理解了这些基本构件 (Eilenberg-Mac Lane 空间)，那么你也能理解更一般的情形。这种方法实际上已被广泛接受，Lawvere 指出："在 1950 和 1960 年代及以后，很多代数拓扑学的内容都是建立在 Eilenberg-Mac Lane 空间这一思想之上的。"[82]

Mac Lane 继续推进这些想法，探索以 Eilenberg 和他命名的空间，但此时他已经从哈佛转到芝加哥大学。1947 年，负责重建芝加哥大学数学系的 Marshall Stone，说服 Mac Lane 接受了那里的一个职位。Mac Lane 在芝加哥大学度过了他剩余的职业生涯，这又持续了半个多世纪。Mac Lane 解释他离开哈佛的一个原因，是他的妻子 Dorothy "从未很好适应新英格兰地区的传统或专制"。[83] 另一个原因是，在加强大学数学系的努力中 (为此招揽有才能的难民数学家)，Stone 正在试图提升整个国家的数学水平。Mac Lane 决定和 Stone 一同努力，因为他也是一名不知疲倦的美国数学斗士。

在漫长职业生涯的后半段，Mac Lane 在美国数学界非常活跃。1952 年，Stone 卸任芝加哥大学数学系主任，Mac Lane 在这个位置上待了 6 年。随着时间推移，他担负了更多的行政职责，曾担任美国数学会和美国数学联合会的主席、美国国家科学院副院长、美国哲学学会的副会长、美国国家科学理事会成员，以及多个政府委员会的顾问。在他就任美国数学会主席一职时，里士满大学的 Della Fenster 说，在 Mac Lane 的帮助下，这个基本上有名无实的职位变为了数学的倡导者。[84]

Mac Lane 不仅致力于数学研究，推进研究领域发展，而且还致力于数学教学。他总共指导了 40 名博士生，包括：最终获得菲尔兹奖的 John Thompson；担任芝加哥大学数学系主任、后来成为伯克利数学研究所所长的 Kaplansky；还有也担任过伯克利数学研究所所长的 David Eisenbud。

通过这些活动和发表的作品，Mac Lane 当之无愧地赢得了 “数学先生” 的昵称。[85] 他被认为是一位 “坚持原则” 的 “直言不讳的数学家”，在表达个人观点或施加个人意志时，他从不掩饰自己。Mac Lane 的同事、目前在约克大学工作的 Walter Tholen，很难忘记 1970 年代早期在德国上沃尔法赫数学研究所发生的一件事，那是一个下午，一群数学家正在做徒步远足。“John Gray [伊利诺伊大学的范畴论专家] 正朝着一个方向行进，而 Saunders 却用他的手杖指向另一个方向，并就哪个方向正确同 John 激烈争论，” Tholen 回忆道，“当然，两个人谁都没有让步，留给其他人一个艰难决定：是走最有可能更好的那个方向，还是简单地跟着上司走。大多数人选择了后者，结果只有少数几个人按时赶回研究所吃晚饭。” [86] 虽然在这个例子中，Mac Lane 可能把他的同事引向一条不同的道路，但在其职业生涯的大部分时间里，他帮助促成了数学的大一统，而这一切仍在继续。

5

最复杂的分析学: LARS AHLFORS 以几何诠释函数论

Lars Ahlfors 1907 年生于芬兰赫尔辛基，他是第一位在哈佛数学系拥有终身职位的欧洲数学家。虽然背离了招募“本土”美国数学家的传统政策，但系里 1946 年聘用 Ahlfors (1935 年至 1938 年曾在哈佛做了三年访问学者) 时无须冒任何风险，因为那时他已经确立了自己作为国际一流数学家的地位。1936 年，Ahlfors (与麻省理工学院的 Jesse Douglas 一起) 获得首届菲尔兹奖——这个奖项后来被认为是数学的最高荣誉。之后，他又获得了其他赫赫有名的奖项，其中包括沃尔夫数学奖和斯蒂尔奖。

在整个职业生涯中，Ahlfors 在许多不同但相关的数学领域做出了深刻且影响深远的贡献。他的大部分工作属于复分析范畴——也称复变函数论——即研究变量为复数的函数。19 世纪的杰出数学家 Bernhard Riemann 发明了许多用几何研究复分析以及反过来用复分析研究几何学的技巧。在 20 世纪，Ahlfors 采用这种方法，做出了一个又一个重要发现，本章将讨论其中的几个。作为该领域的领袖，Ahlfors 经常为整个领域确定研究内容。

Ahlfors 的哈佛博士生、明尼苏达大学数学家 Albert Marden 说：“Ahlfors 是我们这个时代复分析的伟大先驱，尤其是从几何学的观点来看。可以认为，Ahlfors 通过他的工作范围定义了 [复分析] 这个领域。”[1] 特别是，他集中研究了 Riemann 曲面 [一维复空间 (或“流形”) 或二维实曲面] 的理论，这一理论提供了一种研究复变函数的几何方法。

在很多时候，Ahlfors 取得的进展开拓了数学研究的沃土。他的芬兰同事 Olli Lehto 把 Ahlfors 描述为“迈达斯王 (King Midas)：他接触的任何东西都会变成黄金”。[2]

当然，这些在 Ahlfors 的青年时代都不太可能被预知，他承认自己没有展现出任何神童的迹象。Ahlfors 承认他“对数学很着迷，但不知道它是怎么回事”，在升到高年级之前他从未接触过任何数学文献。[3] 他的母亲在他出生时就去世了，他由担任机械工程教授的父亲抚养，按照 Ahlfors 的说法，他父亲“非常严厉”。[4]“我见过许多天才被雄心勃勃的父母毁掉，我不能不感谢父亲的克制。高中课程里不包括任何微积分，但我终于自学了一些，这要归功于我偷偷去了父亲的工程图书室” (在他们家里)。[5]

Ahlfors 小时候是个书虫，他避开了许多同龄男孩通常参加的活动*。他不喜欢运动和登山，他说：“我讨厌假期和星期天，因为那些日子我无事可做。”他对历史也没有兴趣。“为何要记住与各种事件和人物相关的年份呢？人们也可以记住电话号码。这对我没有任何意义，而且看起来很傻。我的历史老师不是很喜欢我。”[6]

但 Ahlfors 从未厌倦数学，他乐于在空余时间研究问题。他的朋友

---

*这点与 Issac Newton 类似。——译者注

Lars Ahlfors

David J. Lewis 摄，哈佛年鉴出版公司

Troels Jorgensen 回忆道，“作为一个年轻人，当 Ahlfors 发现一个人可以成为数学家时”，他极为兴奋。[7] Ahlfors 的父亲支持这个提议，尤其是他意识到儿子不适合做工程之后。Ahlfors 说：“父亲曾希望我成为一名工程师，就像他那样，但很快他发现我不会做任何关于机械的事情，甚至不会上螺丝，所以他认定我应该学数学。”[8]

1924 年，Ahlfors 进入赫尔辛基大学，师从 Ernst Lindelöf 和 Rolf Nevanlinna。Lindelöf 是芬兰数学的奠基者，曾是该校唯一一位数学正教授，直到聘用了数学界的领军人物 Nevanlinna。

作为一名大学新生，Ahlfors 鲁莽地闯入 Nevanlinna 的高等微积分学课堂。说 Ahlfors 缺乏预备知识都是保守的说法。事实上，他除了自学了一些，此前没有上过一门微积分课程。Ahlfors 写道：“我说服 [Nevanlinna] 让我留下，后来我发现 Lindelöf 不赞成他这位年轻同事的草率决定。我太年轻了，恐怕我是个讨厌鬼。”然而，据 Ahlfors 评价，Nevanlinna 是一位“极好的老师”。“当然，命中注定我应该专攻 [复变] 函数论”或复分析。[9]

在某种意义上，Lindelöf 为整个国家的数学制定了大政方针。Ahlfors 说：“在 1920 年代，所有芬兰数学家都是他 [Lindelöf] 的学生。因为 Lindelöf，复分析已经……成为芬兰数学家的一门特殊学科。”Ahlfors 在第二年的学习中开始自学这门学科。

1928 年，也就是 Ahlfors 毕业后的一年，他陪同 Nevanlinna 去了苏黎世联邦理工学院。Nevanlinna 接替在 1928–1929 学年休假的 Hermann Weyl 的职位。Lindelöf 把 Ahlfors 拉到一边，告诉他无论如何都要想办法和 Nevanlinna 一起去苏黎世，“即便你只能乘坐宠物托运的舱位过去”。[10]

在苏黎世度过的一年对 Ahlfors 是一次启示。Ahlfors 说：“这是我第一次接触到真正的数学，它让我看到认真思考，而不是被动阅读。”[11] 就在这一年里，他开始理解数学是什么，“我应该做数学，而不只是学习它。这一点我以前并不清楚。” 他第一次接触到数学中的未解决问题，这让他兴奋，激励他走得更远，他希望能提出一些新东西，一些别人从未做过的东西。[12]

Ahlfors 参加了 Nevanlinna 的当代函数论课程，Nevanlinna 在课上介绍了 Denjoy 猜想，这个猜想涉及整函数渐近值的数目。Denjoy 猜想认为 k 阶整函数最多有 $2k$ 个有限渐近值。由于这里的术语对非专业人士有点难以理解，我们稍微花点时间来解释一下这个猜想的内容。整函数 $f(z)$ 是在整个复平面上可微的函数，其中复平面由实 (x) 轴和垂直的虚 (iy) 轴表示，$z = x + iy$。整函数的例子包括：多项式函数 (如 $ax^2 - bx + c$)，它由变量 (如 x 和 y) 和常数 (如 a、b 和 c) 通过加、减、乘构成，且只用正整数指数；指数函数 (形如 e^z)；三角函数 (如正弦和余弦函数)；以及这些函数的和与积。

粗略地说，一个整函数的阶 (类似于多项式的次数) 告诉我们这个函数增长得有多快，而且阶不必是有限的。如果整函数是多项式，根据定义，它的阶为 0。形如 e^z 的指数函数的阶为 1。形如 e^{e^z} 的函数的阶为无穷。这些值 (阶 0、1 或无穷) 构成一个比较的基础，整函数的阶一般来说可以由一个稍微复杂的表达式导出，它涉及当平面圆盘的半径趋向无穷时，求圆盘内函数对数的极限，这里我们不详述。

在某种意义上，Denjoy 猜想试图 “处理” 一个在平面上绘出路径的函数，并在可能的情况下对该函数施加一些约束。在这种情形下，被绘出的路径不一定是直线。它可以四处摆动，在某些方向趋向无穷，也可以在其他方向有界，趋近于某个定数。

从原点出发的射线把平面分为扇区，我们发现函数在某些扇区中有界，而在其他扇区中无界。在函数有界的扇区中，它可能会来回摆动，永不会稳定到一个特定的值。或者它可能收敛于某个有限的“渐近”值。(例如，当 x 趋向负无穷时，函数 e^x 趋于零。) 根据 Denjoy 猜想，这个函数的不同渐近值的数目至多为 $2k$，尽管它可以更少。

当 Nevanlinna 介绍这个问题时，Ahlfors 立刻惊呆了。Ahlfors 说：“从那一刻起，我知道我已经是数学家了。有什么比听到一个似乎能解决、但已经 21 年尚未解决的问题更诱人呢？而我当时正 21 岁。”[13]

Ahlfors 想出一个解决这个问题的新方法。他的方法基于涉及保角函数的“共形映射”。他还采用了所谓的面积–长度法，顾名思义，该方法与长度和面积的关系有关。圆盘或许提供了最简单的例子。对于一个半径非常小 (r 远小于 1) 的圆盘，其圆周长度 ($2\pi r$) 比圆面积 (πr^2) 大。反之，对于一个半径较大 (r 远大于 1) 的圆盘，其面积比长度大。在更复杂的 Denjoy 猜想中，Ahlfors 利用了长度和面积之间同样的一般关系。伊利诺伊大学的数学家 Aimo Hinkkanen 说：“如果你考虑这个渐近值问题，它完全没有提及长度和面积，你很难想到用几何方法来解决它。但是，如果采用了几何方法，你就有可能解决这个问题，这正是 Ahlfors 所做的。”[14]

Ahlfors 写道：“我非常幸运地发现一种基于共形映射的新方法，在 Nevanlinna 和 [George] Pólya 的大力帮助下，证明了整个猜想。他们无比慷慨，不让我提及他们所扮演的角色……就我而言，为了努力偿还我的人情债，我从未以合著者的身份和学生一同并列出现。”[15]

Ahlfors 的证明在 1930 年作为其博士论文的一部分发表，论文对结果有所扩展。这个当时许多顶尖数学家都无缘的证明，使他年少成名。尽管 Ahlfors 并不认为证明本身有多重要，但他承认“它是全新的，为其他问题指明了道路”。[16] 它还把一个当时默默无闻的 21 岁年轻人变成了数学名人。

随后，Ahlfors 跟着 Nevanlinna 来到巴黎待了三个月。在那里他遇见了 Arnaud Denjoy，Denjoy 告诉他，“21 是最美的数字，因为 21 年前他提出这个猜想，而我 21 岁时解决了这个问题”。[17]

此后不久，一位 Ahlfors 尚未谋面、名叫 Arne Beurling 的年轻瑞典数学家也证明了这个猜想。Ahlfors 后来写道：“当时机成熟时，相同的数学思想会在不同的地方独立产生，这并不罕见。那时，我还没有养成定时查看期刊的习惯，我不知道 [德国数学家 Herbert] Grötzsch 基于和我类似的想法已经发表了几篇文章，他也可以用这些想法来证明 Denjoy 猜想。我也不知道 Arne Beuring 1929 年在巴拿马猎杀短吻鳄时发现了一个不同的证明……有趣的是，对共形映射，我们基本上都用了相同的畸变定理 (distortion theorem)。”[18]

回到芬兰后，Ahlfors 在图尔库的瑞典语大学奥博学术担任讲师，这是他的第一份教职。(尽管出生在芬兰，但 Ahlfors 的母语是瑞典语，因为他成长于讲瑞典语的芬兰少数族裔中。) 1933 年，他成为赫尔辛基大学的副教授。同年，他与 Erna Lehnert 结婚，他把自己的婚礼描述为“一生中最幸福、最重要的事情”。[19] 此时，Ahlfors 的研究生涯正处于全盛时期。

Letho 写道：“Denjoy 猜想的解决是 Ahlfors 硕果累累的数学成果的前奏。1930 年代，通过将标准方法与源自微分几何和几何拓扑的新思想相结合，Ahlfors 在复分析上取得了许多重要成果。”[20]

斯坦福大学数学家、Ahlfors 在 1950 年代的哈佛研究生 Robert Osserman 补充说，Ahlfors 的工作“充满了深刻的几何意味”。Osserman 还说，Ahlfors 对几何学本身并没有直接贡献，但他“在函数论各个方面对微分几何都有出色的应用”。[21]

1935 年，在颇具影响力的德国数学家 Constantin Carathéodory 的推荐下，Ahlfors 到哈佛大学担任访问讲师，为期 3 年。Carathéodory 告诉系主任 William Caspar Graustein: “有一个年轻的芬兰人…… 你应该设法聘请他。”[22] 当时 Ahlfors 已经精通瑞典语、芬兰语、德语和法语，在到剑桥之前，他不知怎的设法学会了一些英语。当被问及何时、怎样学的这门语言，Ahlfors 答道：“我是乘船来的。”[23]

Ahlfors 在 1935 年发表了两篇颇具影响的论文，每一篇都对 “Nevanlinna 理论” (又称值分布理论) 的一个方面给出他自己的几何版本。这一理论被认为是 1930 年代关键的数学研究领域之一，因此 Ahlfors 从这个主题开始工作是有道理的，尤其考虑到 Nevanlinna 是他以前的教授、导师，同时也是朋友。

Nevanlinna 理论的大部分内容始于 Picard 定理，该定理在 1879 年被法国数学家 Charles Émile Picard 证明。定理的第一部分 (有时被称为 “Picard 小定理”) 断言：如果在复平面上有一个整 (可微) 函数不包含 (或 “去掉”) 两个或更多的有限值，那么该函数一定是常数，这意味着它在该平面上处处取相同的值。换句话说，如果一个复 “解析” (或无穷可微) 函数 $f(z)$ 是整函数且不是常数，则在有限平面上，除一个值外，它可以取任意值。(例如，指数函数 $f(z) = e^z$ 可以取除 0 之外的任意值。) “Picard 的证明是一个奇迹，像来自上帝的灵感，它有效但没有真正解释任何东西，” 普渡大学数学家 David Drasin 指出。[24] “这个证明极短，没有解释它为何为真，也没有提供额外的信息。”[25]

另一方面，Nevanlinna 根据基本原理，找到一种改写 Picard 定理的方法，用一种完全不同的方式来重述和证明它。在 Nevanlinna 写于 1920 年代中期的论文中，他发展了一个更为普遍的方法，将一个诸如 $f(z) = t$ 方程解的数目与函数本身的性质联系起来。他通过在平面上

画一个半径为 r 的圆来提出问题，其中 z 的绝对值小于 r，然后计算出圆内有多少个解。(Drasin 解释说，这种方法的基本思想是：如果 f 是在复平面上的 n 次多项式，则方程 $f(x) = a$ 通常有 n 个解或"根"。)[26]

Ahlfors 延续了导师的工作，虽然 Nevanlinna 理论牢牢根植于分析学或微积分的技巧，但 Ahlfors 在完全不依赖解析函数论的情况下，获得了对 Picard 定理和 Nevanlinna 主要结果的几何理解。不像 Nevanlinna，Ahlfors 并未关注位于一个给定点 (或"覆盖"一个给定点) 的解的数目，他想知道覆盖一个给定区域多少次。他的工作是对 Nevanlinna 理论的几何推广，而后者本身又是 Picard 定理的推广。"Ahlfors 理论能做 Nevanlinna 理论不能做的事情，反之亦然，" Hinkkanen 说，他还补充道："Ahlfors 在 Denjoy 猜想上的成功，可能赋予了他遵循自己几何洞察力的动力和信心。"[27]

如上所述，Ahlfors 的伟大创新涉及覆盖曲面。尤其是，他考虑了把复平面映射到球面的函数。这种方法可用于把平面映射到其他 Riemann 曲面，但在引入这个复杂技巧时，从最简单的例子开始是合理的。Ahlfors 依赖的 Nevanlinna 理论，也基于从复平面到球面的映射。为了得到 Ahlfors 所做工作的一个简化图，我们在三维空间中取一个普通平面，在平面上以原点为中心放置一个球面。球面的南极与平面交于原点；北极正好位于球面的顶端。如果从平面上的任意一点画一条直线到北极，它将与球面上的一点相交。事实上，对平面上的每个点重复这一过程，可以把平面映到球面，得到除北极这一点外的整个球面，对数学家来说，北极代表无穷。在这一情形下，映射或函数去掉了球面上的一个点，这正是 Picard 定理关注的那类问题。

Ahlfors 和 Nevanlinna 都对亚纯函数这个特殊函数类感兴趣，它由两个全纯 (或解析) 函数的商构成——后者在可微时是"表现良好的”复变函数。亚纯函数本身也是表现良好的，除了在分式之分母为零的孤立点集外。Ahlfors 证明，一个把复平面映到球面的亚纯函数，至多忽略两个点。换言之，他证明被忽略值的最大数目 (这里是 2 个) 与球面的 Euler 示性数相同。这不是巧合，因为一个曲面的 Euler 示性数 χ 与曲面的亏格 g 有关，根据公式 $\chi = 2 - 2g$。一个没有洞的普通球面的亏格为 0，因此它的 Euler 示性数是 2。Euler 示性数之所以出现在 Ahlfors 的分析中，是因为缺失一些点的球面不再是完美球面——在这些点的附近球面不再光滑。这是一个被修正的球面，它的 Euler 示性数也可能被修正。

一个 d 次有理函数 (两个多项式的商) 会覆盖球面 d 次。一个任意的非有理亚纯函数，可能会覆盖球面无穷多次。由于这对于计数并不理想，为了切实可行的原因，人们可能会转而考虑将函数的定义域或输入限制在复平面的一部分——比如半径为 r 的一个圆盘。而这个函数的输出会覆盖部分球面有限次。当然，随着圆盘半径越来越大，球面被覆盖的次数也越来越多。

尽管函数覆盖球面上每一点的次数不一定相同，但 Ahlfors 证明，球面上的一个区域或定义域被覆盖的次数基本是相同的，并且这对球面的每一部分都成立。此外他还发现，对于有理函数，球面的每个部分被覆盖的次数完全相同，而这对亚纯函数也或多或少为真，尽管有些细微的变化。

Ahlfors 的许多发现被归结为一个复杂不等式——有时被称为他的“覆盖曲面主定理”——它涉及被修正球面 (可能缺失某些点) 的 Euler 示性数，以及平面圆盘边界圆的周长和面积。与他对 Denjoy 猜想的证明一样，在对覆盖曲面的证明中，长度–面积关系再次成为关键。

Ahlfors 关于覆盖曲面的工作，被凝练到 1935 年发表在《数学学报》的一篇论文中，[28] 用 Hinkkanen 的话说，它是“深刻和基础的，即使在今天仍然是数学中最深刻的结果之一。到目前为止，没有发现任何可简化之处。如果你想建构这样一个论点，你必须经历 Ahlfors 经历过的所有步骤。”[29]

Ahlfors 的同辈中很少有人这样做，这或许是因为覆盖曲面很难实施，尽管在概念层面，这个想法看似相当简单。起初，Ahlfors 没有让他的任何一个学生进一步研究这个课题，因为在论文发表时，他仅仅是哈佛的临时教授。在他于 1940 年代晚期重返哈佛担任永久任职时，他已转向其他数学领域。把这一技巧推广至更高维也颇具挑战性，因为这一方法与 Euler 示性数 (χ) 密切相关，并且二维曲面中简单的 Euler 公式不适用于高维情况——例如对多面体 $\chi = 2 - 2g$ 和 $\chi = V - E + F$，其中 V 是顶点数，E 是边的数量，F 是表面的数量。尽管如此，根据 Drasin 所说，大约从 1985 年起，人们对 Ahlfors 关于覆盖曲面的想法兴趣大增。[30] Osserman 补充说，Ahlfors 关于这个主题的里程碑式的论文仍是“他的杰作之一”。[31]

然而，如果认为 Ahlfors 关于覆盖曲面的创造性工作因为没有立即激发太多后续研究而被忽视，那就错了。相反，他 1935 年的这篇论文是他被提名为菲尔兹奖共同获奖者的主要原因。菲尔兹奖是为表彰“数学中的杰出成就”而新设立的奖项，于 1936 年在挪威奥斯陆举办的国际数学家大会上颁发。Ahlfors 对获奖十分震惊，直到颁奖仪式前几个小时他才知道获奖。后来 Ahlfors 说，假如他没有计划出席会议，George David Birkhoff——当时哈佛数学的领军人物，他知晓即将揭晓的奖项——“可能会对此做点什么”，也就是说，Birkhoff 会动用他的巨大影响力确保 Ahlfors 到场。[32]

如前所述，Ahlfors 在 1935 年还发表了另一篇关于 Nevanlinna 理论的论文。在评议这篇论文时，Carathéodory 惊奇地发现，Ahlfors 能把他导师的整个理论压缩到仅有 14 页的篇幅中。两年后，Ahlfors 发表了一篇论文，将 Gauss-Bonnet 定理引入 Nevanlinna 理论中。这个由 Carl Friedrich Gauss 和 Pierre Bonnet 在 19 世纪提出的定理，把曲面的几何 (或曲率) 和其用 Euler 示性数描述的拓扑结构联系起来。Osserman 认为 Ahlfors 的这篇论文和他在覆盖曲面的工作 “可能至少有同样的影响力”，因为它为更高维情形下的 Gauss-Bonnet 理论和 Nevanlinna 理论铺平了道路，在接下来的数十年里，陈省身和 Raoul Bott 开创了这些理论。[33] (Bott 是第 7 章重点介绍的数学家之一。)

1938 年，当一个瑞典语的数学席位被设立时，赫尔辛基大学为 Ahlfors 提供了一个正教授职位。Ahlfors 很感激在哈佛的这段时间，他说这让他 “拓宽了数学知识”，但他思念自己的祖国芬兰。当时已退休的 Lindelöf 也敦促 Ahlfors 履行 “爱国责任” 回国，[34] 他说：“芬兰可以出口商品，但不出口智力。”[35]

一年后战争爆发，芬兰 (和欧洲许多地方) 的局势不断恶化。赫尔辛基被轰炸，由于缺乏男生，赫尔辛基大学被关闭。Ahlfors 一家搬到瑞典的亲戚家居住，瑞典在整个战争期间一直保持中立。与此同时，由于医疗原因无法参军的 Ahlfors，在防空洞里写下他认为是最好的论文之一的《亚纯曲线理论》(The Theory of Meromorphic Curvers)[36]。[37] Ahlfors 宣称，若不是在 1939 – 1940 年所谓冬季战争期间，他被长时间关在防空洞，他就没有时间做这种艰巨的计算。[38] Ahlfors 对 “多年过去，没有迹象表明 [这项工作] 已经流行起来感到失望”，但这篇论文最终确实产生了影响，启发了有关超平面的重要研究，超平面是平面在更高维度的推广。[39]

大后方的情况在短时间内有所改善，直到 1941 年德国进攻苏联，作为回应，苏联进攻德国的盟国芬兰。在接下来的三年里，苏芬战争时断时续，当芬兰在 1944 年与苏联签订停战协议时，芬兰又变成了德国的敌人。Ahlfors 得出结论，如果他在这个国家停留更长时间，他的研究生涯将会受到影响。Ahlfors 说："每个人都意识到，在芬兰恢复正常秩序，让人们可以认真做研究之前，还需要很长一段时间。"[40]

1944 年，Ahlfors 接受了苏黎世大学提供的教授职位，但这件事情的最困难之处是在二战仍在进行的情况下，如何前往瑞士。尽管那时芬兰已不再与苏联交战，但它仍同时与盟军和德国作战。Ahlfors 的第一步是去瑞典，他只被允许带 10 克朗出国。为了有更多的钱来支付他们接下来的旅程，Ahlfors 把菲尔兹奖章偷偷带出芬兰，并在瑞典典当。Ahlfors 说："我确信这是唯一一枚曾被典当的菲尔兹奖章。"[41] 后来，他在瑞典朋友的帮助下赎回了奖章，他开玩笑说，这可能是他听说过的有关菲尔兹奖章仅有的实际用途。[42]

在瑞典等待飞往苏格兰的机会时，Ahlfors 和已是好友的 Beurling，在后者所在的乌普萨拉大学一起工作。出于安全考虑，瑞典人在瑞典和苏格兰之间选择在没有月光的夜晚进入平流层飞行，但等待这样航班的时间很长，而且一般需要有外交关系才能获得资格。最终，在 1945 年 3 月的一天，Ahlfors 和家人被告知，一旦天气允许当晚就可以离开瑞典。在没有增压的飞机上，这是一次危险的飞行，但他们还是成功抵达了苏格兰的普勒斯威克。他们乘火车到伦敦，并——经过大约十次尝试后——成功弄到了一条小船前往法国。他们从那里乘火车到达瑞士，途中遭到德国人的轰炸。

到达苏黎世的旅途既艰苦又危险。不幸的是，到达那里之后 Ahlfors 从未真正快乐过。"我们踏上一片似乎与战争无关的荒芜之地，”他说道，“我的第一印象是这所大学或许整个国家，已经沉睡了一百年。”[43] 瑞士免于战争的蹂躏，但并未让他有天堂的感觉，相反，这个国家给他的感觉像是处于“停摆状态”。Ahlfors 发现，瑞士对于陌生人来说不是一个有吸引力的地方，除了在大学里与同事们的宴饮交际之外，他在那里感到自己不受欢迎。[44]

当哈佛向 Ahlfors 提供一个从 1946 年开始的全职教授职位时，他欣然接受，并在那里一直待到 1977 年退休。离开苏黎世，Ahlfors 问心无愧，因为他知道 Nevanlinna 已很好填补他在大学里的职位。Ahlfors 后来描述他与哈佛 (包括管理部门和系里同事) 的关系“特别令人愉快”，说这所大学为他提供了“搞研究的最佳环境”。[45] 当然，哈佛也受益于 Ahlfors 的存在，因为他重返剑桥，并帮助数学系恢复了在古典分析和复分析的领导地位。

用同事 Bott 的话，Ahlfors 是“一位伟大的哈佛热爱者……在许多场合 [他] 表示，哈佛是所有大学中最好的”。[46] 即便如此，Ahlfors 毫无兴趣为他所挚爱的大学承担行政事务。事实上，当轮到他担任系主任时，他主动提出辞职。[47]

幸运的是，Ahlfors 能够专注于自己的研究，在哈佛的岁月，他的研究事业蒸蒸日上。在其任职早期，他劝说当时还在乌普萨拉大学的朋友 Beurling 到哈佛与他一道工作，后者在去普林斯顿高等研究院之前，曾于 1948 年和 1949 年来到哈佛。多年来，Beurling 一直独立研究曲线集的“极值长度”概念。二战期间，Ahlfors 曾与他在乌普萨拉短暂共事，后来两人又一起在哈佛工作，这有助于阐明并进一步发展了这个概念。1950 年，他们的合作达到巅峰，其关于该主题的合作论文被广泛引用。[48]

极值长度是面积–长度法的推广，它并不适用于单独一条曲线，而是适用于曲线族。例如，考虑一个环，即平面上由两个同心圆围成的区域。我们可以在环内画出围绕中心孔的各种闭曲线，但为了目前的讨论，我们局限于有限长度的闭曲线——不无限弯折的曲线。确定这类曲线的极值长度是一个微分几何问题。当然，每条曲线都有一个长度 L，以及该曲线所围区域的面积 A。计算基于微积分，即——在所有可能的“共形度量”(或在变换中保持角度不变的几何) 下——计算所有可能曲线的比率 L^2/A，然后选取最小值。

人们还可以在更一般的情况下计算极值长度，例如所谓的环型域，它由不必位于同一平面上的两条闭曲线围成。在求极值长度时，数学家们可以利用这一事实：这样一个区域与一个真正的圆环 (在一个平面上由两个同心圆围成) 共形。然后，他们可以利用在规则的共形环中的同心圆半径之比，来计算这个更一般区域的极值长度。

但是，为何这个概念有用呢？假设有一个从区域 D 到另一个区域 D' 的映射 f，每个区域都是环型平面的子集。这里，D 是输入，而 D' 是输出。或者用数学语言，$f: D \to D'$。我们进一步假设 f 是一个共形映射，这意味着当在两个区域之间移动时，曲线之间的角度不变 (尽管对象的大小可以改变)。这意味着，如果在 D 中取两条曲线，它们之间有一个确定的角度，将映射作用于它们，最终在 D' 中得到两条曲线，它们看起来可能会有所不同，但这些曲线之间的角度不变。激动人心的是：对于共形映射，D 的极值长度总是等于它的像 D' 的极值长度。

反之，假设有两个闭曲线族，它们被限制在一个环中，不能收缩于一个点。(如前所述，这些曲线必须围绕着圆盘中心的洞。) 除此之外，你可能对这些曲线一无所知。但是，如果每个曲线族的极值长度相同，那么就知道了这两个区域——即两个环——是共形等价的，这意味着曲线族所属的区域之间存在共形映射。这一论断的“反面”亦真：如果两个环共形等价，则它们所围闭曲线的极值长度一定相等。

极值长度已成为复分析研究中的重要工具。Ahlfors 本人在发展“拟共形映射”(这个想法在 1950 年代占据了他很多的注意力) 的过程中广泛使用了这一技巧。但在讨论这一概念前，我们应首先提到这一时期 Ahlfors 另一项值得注意的成就，即他于 1953 年出版的著作《复分析》(*Complex Analysis*)，他把该书献给自己的第一位导师 Lindelöf。数十年中，《复分析》都是该领域的权威教材——在半个多世纪后的今天，这本书仍被广泛使用。圣路易斯华盛顿大学的数学家 Steven G. Krantz 指出：“在现代数学中，很少有其他教科书能起到如此重要的作用。”[49] Albert Marden 补充说：“在教研究生 [复分析] 课程时，我每隔一年都会使用他的教科书。我认为它仍是现有的最佳教材。”[50]

但是，如前所述，Ahlfors 的研究兴趣已转移到一个新的方向：拟共形映射，顾名思义，它比共形映射宽泛。例如，共形映射会将无穷小圆自动映射到无穷小圆，而拟共形映射允许某些畸变，因此无穷小圆的像可以是一个无穷小椭圆。根据定义，椭圆有一个长度为 a 的长轴 (即椭圆上两点间的最长线段) 以及一个长度为 b 的短轴 (即椭圆上两点间的最短线段)。比值 a/b 总大于 1，除非这个椭圆是一个圆——椭圆的一种特殊情形，此时比值等于 1。Hinkkanen 解释道：“如果不要求这个比值是 1，而是设一个任意上界 (比如一百或一百万)，你会发现有更多函数满足这个条件。有一个统一上界是有用的，因为它为数学家提供一些手段，可以控制这些函数能做什么。”[51]

如果圆的像是一个不必光滑的圈，那么事情会变得更加复杂，这意味着它不必在每个点都可微，尽管对其粗糙性有一些限制。拟共形映射对圆的畸变程度施加了限制。这里，我们讨论的是“局部畸变”。

这就是极值长度能起作用的地方：假设函数的输入或定义域是有

极值长度的曲线 (包括圆) 集合。像中的对象类也会有一个极值长度，但这个长度可能不同——因为该映射不再是共形映射。你可以取较大的极值长度与较小的极值长度之比，并对该比值的大小设置一个界限——该界限适用于在定义域和像中的所有对象，从而对允许的畸变程度设置一个“全局约束”。

Ahlfors 在 1935 年发表的关于覆盖曲面的著名论文中创造了“拟共形映射”这一术语，几十年后他评论道：“在那时，我几乎不知道拟共形映射在我的工作中会扮演多么重要的角色。”[52] 尽管 Ahlfors 是第一个使用这个术语的人，但德国数学家 Herbert Grötzsch 在七年前就已引入这一概念，同时还证明了一些有趣的性质。苏联数学家 Mikhail Lavrentev——相比函数论，他的工作与偏微分方程的联系更为密切——出于不同原因，在 1935 年独立提出了本质上相同的函数类。Lehto 说：“然而，Ahlfors 第一个证明了拟共形映射为复分析提供了一个有效工具，而且他指明了它们在解析函数论和 Riemann 曲面中的内在作用。”[53]

Ahlfors 的哈佛博士生、康奈尔大学数学家 Clifford J. Earle 指出，Ahlfors 1954 年发表的论文“论拟共形映射” (On Quasiconformal Mappings)“引起了国际上对这个课题的关注，并在此领域真正打开了局面”。[54] Marden 补充说：“Ahlfors 这方面的工作引发了数学的连锁反应，至今仍在持续。”[55] Lehto 同意这一评价：“在 Ahlfors 的论文中，如果哪一篇对引发大量新的研究有开创性意义，那就是这篇。”[56]

根据密歇根大学数学家 Frederick Gehring 的说法，拟共形映射提供了“复变函数论的几何本质的简化图，因此，允许这些思想应用到分析和几何的许多其他部分。它们仅仅是 Lars Ahlfors 研究的深刻性、重要性和开创性对现代数学有深远和持久影响的一个例证。”[57]

Ahlfors 和 Beurling 在 1956 年合作发表了一篇关于拟共形映射的论文——结果他们的关系出现严重裂痕。[58] 尽管小心翼翼地给予 Beurling 应有的赞扬，Ahlfors 还是做了激怒他这位同事的事情——要么是 Beurling 不希望他提前谈论这篇论文，要么是 Beurling (其行事方式极为特别) 不喜欢他提出想法的方式。结果，他们的友谊中断了几十年，在此期间两人从未交谈或以任何方式交流过。Ahlfors 在 1986 年 Beurling 去世后写的一篇文章中，试图解释他们的长期友谊如何出了问题。Ahlfors 写道，在 Beurling 离开哈佛去普林斯顿工作后，"随着接触越来越少，引起的太多摩擦无法立刻得到解决。误会越积越深，最后谁都无可奈何"。1985 年，在普渡大学的一次会议上，他们均被邀请发言，两位 80 多岁的老人最终达成了和解。Ahlfors 说："大家都知道 Arne 的身体虚弱，我们不确定他能否成行。但他来了，古老的魔法起了作用。他把手放在我的肩上，一句话也没说，我知道过去的事都已经过去……我们作别时还是朋友。"[59]

尽管 Ahlfors 和 Beurling 在拟共形映射方面的合作在 1950 年代中期戛然而止，但 Ahlfors 仍以极大热情继续研究这一课题。他从 Oswald Teichmüller 的工作中获得灵感，后者对 Riemann 曲面提出了新的见解。Ahlfors 写道："这已变得日益明显，Teichmüller 的思想将深刻影响分析学，尤其是单复变函数论。"[60]

有趣的是，Nevanlinna 在哥廷根大学度过 1936–1937 学年，Teichmüller——当时在系里担任助教——经常与他交谈，并参加了他的讲座。Teichmüller 从这些交往中收获很大，得到拟共形映射如何与 Nevanlinna 理论相关的线索。近 20 年后，Ahlfors 重拾这些当时已大多被遗忘的想法，将其发扬光大，开辟了复分析的新路径，并一直持续至今。事后看来，Drasin 说："Nevanlinna 在德国的这一年改变了复分析的整个历史。”[61]

Teichmüller 的工作在那时并不广为人知，主要因为他是一个狂热的纳粹、政治极端分子和希特勒的狂热信徒。此外，Teichmüller 的许多重要论文都发表在《德国数学》(*Deutsche Mathematik*) 上，这是一本致力于纳粹事业的期刊，学术文章中掺杂着种族主义宣传。虽然 Ahlfors 发现 Teichmüller 的政治观点令人反感，但他仍能认识到 Teichmüller 的数学工作的重要性。明尼苏达大学数学家 Dennis A. Hejhal 评论道：“Ahlfors 厌恶这个人，但是尊重他的工作。”[62] 于是，Ahlfors 着手把这项 (包含很多诱人想法的) 工作放在一个更为坚实的基础之上，为 Teichmüller 的许多最重要的假设和结果提供了严格证明。Marden 评论道：“Teichmüller 在这一课题上写过一些出色的论文，但他的证明并不完整。Ahlfors 认识到这些论文的重要性，并从头开始发展这一理论，以便它能被理解。”[63]

Teichmüller 已经勾勒出整个 Riemann 曲面族的一般理论。“在大多数数学家已过全盛期的年龄，Ahlfors 着手研究这一理论，为之增添了自己非常重要的一些几何想法，”他还与 Lipman Bers 合作，“不仅奠定了他的理论基础，并且围绕它建立了一个蓬勃发展的国际学派，Ahlfors 一直是主导人物，直至 1977 年退休，”他的哈佛同事写道。[64]

Ahlfors 和 Bers 的关系以一种有趣的方式开始。在研究拟共形映射时，Bers 使用了 Lavrentev 一篇论文中的一个不等式，该不等式归功于 Ahlfors。大约同一时间，Ahlfors 在普林斯顿做了一个报告，在报告中他证明了关于同一不等式的一个定理。报告之后，Bers 问他在何处发表了建立这个不等式的论文。Ahlfors 承认他从未发表过。Bers 问：“那么为何 Lavrentev 把它归功于你？”Ahlfors 答道：“他可能认为我一定知道它，而且他太懒没有去查文献。”三年后，当 Bers 遇见

Lavrentev 时，Lavrentev 承认 Ahlfors 的推测确实是正确的。Bers 说："我马上做了决定，首先，如果拟共形映射能导出如此强大和美妙的结果，其次，如果它是在这种绅士精神下完成的——你不必为优先权争斗，那么这应该是我用余生来研究的东西。"[65]

Ahlfors 和 Bers 之间的专业合作"在精神上很契合"，康涅狄格大学数学家 William Abikoff 写道，"他们经常联系"，在很大程度上，他们独立工作，经常同时有相近的想法。他们仅合写过一篇论文，Bers 在 1958 年苏格兰爱丁堡国际数学家大会上曾讨论过这篇文章。[66] 在这次会议上，Bers 提出了他和 Ahlfors 对著名的 Riemann 映射定理或"单值化定理"(非常依赖于拟共形映射的一次练习) 的新证明。[67] 1850 年代早期，这个映射定理首先由 Riemann (Gauss 的学生) 提出：一个单连通 Riemann 曲面 (没有任何洞的曲面) 共形等价于单位开圆盘 (单位圆内的点集，圆本身除外)、复平面或者 Riemann 球面 (在无穷远处附加一个点的复平面)。一个单连通 Riemann 曲面共形等价于这些区域，意味着能找到一个共形映射，它将 Riemann 曲面上的每个点映射到单位开圆盘、复平面或者 Riemann 球面上的每个点。该定理进一步断言，我们可以为有常曲率的 Riemann 曲面找到一个几何 (或度量)，正如一个简单球面有常 (正) 曲率。

Bers 首先承认他们忽视了 Charles Morrey (George D. Birkhoff 以前的学生) 之前的基础性工作，在他们 1960 年合写的论文中没有给予 Morrey 应有的赞誉。多年后，Ahlfors 在解释他们的这个疏忽时说道："语言和着重点上的巨大差异，掩盖了 Morrey [1938 年] 的论文与拟共形映射理论的相关性。"[68] (数学家 John Milnor 后来称该定理为 Morrey-Ahlfors-Bers 可测映射定理，以确保 Morrey 因证明该定理，并比 Ahlfors 和 Bers 早 20 多年发表证明，获得应有的荣誉。)[69]

从他和 Bers 对单值化 (或映射) 定理的研究中明显看出，Ahlfors 当时关注的事情之一是利用拟共形映射来研究 Riemann 曲面的形变。如前所述，从紧 Riemann 曲面到形变 Riemann 曲面的拟共形映射可以在一定程度上发生畸变。因为 Riemann 曲面可以用所谓的 Klein 群 “表示”——稍后会详述这个想法——所以 Ahlfors 和 Bers 等人开始研究这些群，这一研究事业硕果累累，至今仍被他们的 “后辈” 延续着。

Klein 群理论最初由 Felix Klein 和 Henri Poincaré 提出，Poincaré 创造了这个词，Ahlfors 说：“这让 Klein 不太高兴。”[70] (正如第 2 章所述，Klein 是哥廷根大学数学家，他在 19 世纪末培养了哈佛学者 Maxime Bôcher 和 Frank Nelson Cole，也培养过 William Fogg Osgood 一段时间。Poincaré 是数学界的传奇人物，他的名字在本书中频频出现。)

Klein 群是 “扩充复平面” 的二维变换群。为了不让这个陈述过于沉闷，我们从扩充复平面开始，它是包含一个无穷远处额外点的复平面。扩充复平面可以看作一个球面——严格来说是 “Riemann 球面”——其北极代表无穷远点，如同我们之前对覆盖曲面的讨论。作用在这个平面或球面上的 Klein 群 (是所谓 Möbius 群的一个子群) 的变换，是一个复变量 z 的函数，形如 $f(z) = (az + b)/(cz + d)$，其中 a, b, c, d 可以是实数或复数。此函数可以用一个 2×2 的矩阵表示：

$$\begin{bmatrix} a & b \\ c & d \end{bmatrix}$$

这里要求“行列式” $(ad - bc) \neq 0$。更进一步，Klein 群是“离散”群，这意味着 a, b, c, d 不能连续变化，只能取特定的值。

当然，所有这些都相当抽象，那么这些变换究竟做了什么？它们包括：例如平移，比如将平面的原点向左或右移动一个单位，而无穷远点保持不变；转动一定角度；或放大 2 倍，使得 2 变成 4，4 变成 8，如此等等。所有这些平移、旋转和放大的操作都是可能的，实际上，它们可以以各种方式结合在一起。

为了理解如何用 Klein 群“表示” Riemann 曲面，Bers 以前的学生、石溪大学数学家 Irwin Kra 解释道：“你必须先明白一个群如何作用于空间。当一个 Klein 群作用于空间 (如平面或球面) 时，它把该空间分为两个区域：一个称为‘极限集’，其中的空间表现不佳；另一个称为‘不连续区域’，其中的空间表现更好、更可控。”[71]

例如，假设不连续区域是一个矩形，它恰好是一个非常简单的 Riemann 曲面。如果把这个矩形相对的两个边黏合在一起——在这里此操作被认为是“合法的”，你会得到一个圆柱面，圆柱面是另一个 Riemann 曲面，但稍为复杂。接着，这个圆柱面的两端也可以黏合在一起，会得到一个多纳圈或环面，这是另一个 Riemann 曲面。或者，你可以从一个八边形而不是从矩形开始，通过类似的黏合过程可最终得到一个“双圈饼干”，它是一个亏格为 2 的 Riemann 曲面，这意味着它有两个洞。

Kra 继续说：“[Klein] 群的元素告诉你，如何从表现良好的集合 [不连续区域] 中选择子集，它们也告诉你如何把边黏合在一起。如果完成了这个过程，你会得到对象的一个特定集合，这些对象就是 Riemann 曲面。”[72]

这正是 Ahlfors 取得重大突破之处。首先，你必须从一个有限生成群开始，它不连续地作用于球面的某些区域。“不连续”在这一情形下意味着，如果在区域 D 中取一个点，并对它进行一组变换，可以得到像域 D' 的一个点集，这些点不能太密集。“有限生成”并不意味着群本身具有有限个元素 (因为 Ahlfors 感兴趣的群在这个意义上并不是“有限的”)。准确地说，它意味着该群由有限个元素生成。例如，所有整数可以由数 1 这一单个元素生成。从 1 开始，加 1，然后再加 1，以此类推，你最终能得到所有的计数数或正整数。类似地，如果从 1 开始持续减 1，将得到其余的整数。满足这两个条件——群是有限生成的，且不连续地作用于平面或球面的某些区域——就保证了这个群是 Klein 群。Ahlfors 随后证明了，如果遵照以上步骤——通过一些允许的切割和黏合操作，用球面表现良好的部分来构造 Riemann 曲面——你将得到有限个 Riemann 曲面。换言之，一个 Klein 群只能表示有限个 Riemann 曲面。

1964 年发表的论文中提出的“Ahlfors 有限性定理”这一发现，是一项重大进展。[73] 在 20 世纪初叶，Poincaré 曾提出一个研究 Klein 群的纲领，但没有结出果实。“在 60 年代早期，没有多少人知道 Klein 群，” Kra 说，“该领域的研究似乎停滞不前，毫无进展。Ahlfors 完全忽视了 Poincaré 的纲领，用不同的方法来证明有限性定理。” [74]

“Poincaré 认为这需要三维的技巧，但 Ahlfors 证明，与 Klein 群有关的许多问题都可以用二维技巧来解决，” Kra 补充说，“这就是 Ahlfors 的天才之处。Poincaré 描绘的路线过于艰难，人们要过很久才能取得进展。” [75] Kra 说，通过放弃 Poincaré 的最初纲领 (这一纲领在很多人看来与传统观念大相径庭)，Ahlfors 得以获得“该课题 50 年多年来最重要的成果”。[76] Marden 补充说，这个主题“始于 Poincaré，被 Ahlfors 的伟大发现从长期的沉睡中唤醒”。[77]

尽管这一成就可能很重要，但 Ahlfors 在 1964 年的论文中承认“也许更有趣的是我尚未证明的那些定理”。[78] 其中最重要的是在同一论文中详述的所谓零测度猜想，其中 Ahlfors 推断有限生成 Klein 群的极限集——平面或球面的表现不佳的子集——在二维空间中一定有零面积。Ahlfors 在这个问题上取得一些进展，但却未能亲自证明，不过他的猜想后来被证明了 (用所谓的双曲 3-流形理论)。

Ahlfors 在 1965 年杜兰大学的一次会议上，首次讨论了零测度问题。这是最终定期召开的 Ahlfors-Bers 学术研讨会的第一次会议，为与其数学兴趣相关领域的研究人员举办，一直持续至今，已经超过 45 年。自 1998 年以来，研讨会每三年举办一次，成为这两位数学家数学遗产的重要部分，他们的合作如此成功且持久。Kra 指出，事实上，多年来在一些人的眼中，Ahlfors 和 Bers 是如此紧密地联系在一起，以至于“一群年轻的俄罗斯数学家从小就认为 ‘Ahlfors-Bers’ 是一个人。很多次，他们抵达美国后想做的第一件事，不是见 Lipman Bers 或 Lars Ahlfors，而是见 Ahlfors-Bers。不过这一诉求很难被满足”。[79]

1960 年代中期之后，Ahlfors 的兴趣逐渐转向涉及拟共形映射和 Möbius 变换的高维问题。Lehto 写道，这些问题“在他的研究生涯晚期占据主导地位”。[80]

Ahlfors 于 1977 年正式从哈佛退休，但仍一直活跃在数学领域。退休期间，他从“不发表就出局”的压力下解放出来，全身心地跟进自己研究领域的最新进展。例如，75 岁时，他向美国国家科学基金会提交了一份简明扼要的申请，只有一句话：“我将继续研究 Thurston 的工作。”[81] (William Thurston 是康奈尔大学数学家，2012 年去世，他证明了如何用 Klein 群研究三维流形，这一著名成果用到了 Ahlfors 的有限性定理。)[82]

在他 84 岁接受采访时，Ahlfors 谈论了人在高龄时尝试做数学原创工作所面临的挑战。“我知道有些数学家不再做数学了，因为他们担心和以前的工作无法相比。我并不害怕。我明白我有艰难的时候，我也明白我会犯错误。但我总能找出错误，并从中吸取教训⋯⋯我仍在做我认为好的事情，我仍然坚信，当它做出来时会是好的数学。”和往常一样，Ahlfors 在做数学时非常依赖潜意识，他承认自己有时在床上也能成功完成工作，特别是早上做的第一件事，那时他能够想得更加清楚。“一个人工作，努力工作，但工作中并未真正发现什么。但在晚些时候他会有所发现。”[83]

尽管 Ahlfors 是出了名的寡言少语，但他和妻子 Erna 却以举办家庭派对而闻名。人们知道 Ahlfors 酒量很大，随着夜色渐深，他变得越发不矜持。但 Ahlfors 总是坚持在派对上保持一定的礼仪，规则之一就是：在 Ahlfors 的社交活动期间，客人们不得谈论数学——或者以其他形式谈论本行的事情。

他的哈佛同事 Raoul Bott 观察到：“Lars 也是一名实干家，他有一种以最简单方式实现目的的本能，无论是在数学论述还是现实生活中。”有一次，Ahlfors 在波士顿比肯山的公寓入口，被持刀歹徒搭讪时，Bott 说：“他没有犹豫。碰巧他刚购物归来，腋下夹着一瓶威士忌(当然品质上乘)。于是，他本能地用酒瓶砸向那个家伙的头部，并在趁对方还没回过神来，设法打开他家大门避险。事后，Lars 痛惜的主要是他损失了一瓶上等的威士忌。”[84]

Lehto 讲述了发生在罗马尼亚数学会议上的一件趣事，他觉得这件事或许能让大家对 Ahlfors 的性格有个大概了解。在讨论哲学问题的圆桌会议上——通常 Ahlfors 会避开这类讨论——他被问到生活中最重要的事情是什么。Ahlfors 面无表情地说：“毫无疑问：是酒！”

这令房间里的所有谈话都戛然而止。当被问及什么是第二重要的事情时，他说这个问题更难回答，并认为数学和性并列第二。[85]

尽管数学仅处在 Ahlfors 优先任务清单中的第二位，但这无疑是他会被铭记的原因，他开创了无数的数学研究之路，至今仍在蓬勃发展。1981 年，因在数学上的“杰出”成就，他与哈佛同事 Oscar Zariski 共同获得沃尔夫奖，沃尔夫基金评委会认为，Ahlfors 因将“深刻的几何洞察力与精妙的分析技巧”相结合而获奖。“他一次又一次深入研究并解决学科的核心问题；其他数学家一次又一次受其多年前工作的启发。从某种意义上来说，如今的每一位复分析学家都是他的学生。”[86]

Ahlfors 于 1996 年去世，他获得来自世界各地同行们的赞誉。为其举办的追悼会反映了这位受人尊敬人士的个性。Hejhal 说：“Ahlfors 对自己的工作三缄其口。他非常认真、细心，始终坚持极高标准。在其他追悼会上，人们往往站起来讲述逝者的一些有趣故事，而在这里人们会小心翼翼、满怀恭敬地谈论 Ahlfors，因为他就是这样的人。”[87]

在《美国数学会通报》上发表的一篇追悼文章中，Ahlfors 被称为“20 世纪最为杰出的复变函数理论家”。[88] 他的哈佛同事也以类似方式指出“Ahlfors 在职业生涯中一直出色支持的、复变函数论的整体几何观点，仍然是纯数学和物理学弦论的研究中心”。[89]

人们会铭记，Ahlfors 是一名嗓音洪亮低沉的敬业教师。Hejhal 说：“没人会在 Ahlfors 的课堂上打瞌睡，这是不可能的，因为他说话的声音如此之大。你经常想说‘请小声点’，但从未有人这样做过。”[90]

Hejhal 以更严肃的口吻补充道，他一直认为 Ahlfors 是一个真正相信卓越的人：“他不仅不会降低标准，反而会提高标准，以激发其直觉的天赋。”Hejhal 在高中就开始与 Ahlfors 通信，后来，当他在哈佛获得为期两年的 Benjamin Peirce 助理教授的职位时，他短暂地成为了 Ahlfors 的同事。他为在成长过程中有这样的境遇感到无比幸运。Hejhal 说：“没有比这更好的开始了。”[91]

斯坦福大学数学家 Robert Osserman 刚开始进入这个领域时，Ahlfors 是其研究生导师。Osserman 的芬兰裔哈佛同学、Ahlfors 的门徒 Vidar Wolontis 告诉他要找 Ahlfors，并催促他“看看 Ahlfors 的文献目录……虽然只有相对较少的文章，但每篇都很重要”。Osserman 开始相信，Ahlfors 未说出口的座右铭是“宁可少些，但要杰出”(few, but outstanding)——就像 Gauss 的格言“宁可少些，但要好些”(few, but ripe) 一样*。Osserman 谈道，这种方法“对我很有吸引力，我成为 Ahlfors 的学生——我总是为做这个决定感到幸运”。[92]

Marden 说，Ahlfors“对如此多的课题都做出了巨大贡献，几乎每个人都会触及他的工作。多年来，Lars 就是复分析学家这个太阳系的中心，大家因为他的引力而聚在一起”。[93]

老朋友 Lehto 评论说，Ahlfors 在很长时间里，都是一个活跃的研究者。他不仅是复分析领域的领军人物，在过去 50 年中对该领域做出了基础性的贡献，“还一次又一次成为先驱者和预言家”。为了找出现代复分析中哪些发展值得跟踪，伦敦帝国理工学院的数学家 Walter Hayman 提出一个简单的建议：“看看 Ahlfors 在做什么。”[94]

---

*拉丁文的 Pauca sed matura 出现在 Gauss 的纹章上。——译者注

6

战争及其余波：ANDREW GLEASON 和 GEORGE MACKEY 在 HILBERT 空间的邂逅

珍珠港事件把第二次世界大战以一种戏剧性和致命性的方式带到美国。1941 年 12 月 7 日的袭击造成 2400 名美国人死亡，30 艘美国船只遭到损坏或摧毁，这个国家立即投入战争，第二天就正式对日宣战。在这场战争中，有超过一千万的美国人应征入伍，这么大规模的参与也深深影响到学术界。哈佛也不例外。二战期间，数学系规模大幅缩减，数学家们有的参军，有的志愿作为研究人员支持盟军作战。事实上，哈佛和全国各地的许多大学一样，援助战争已成为头等大事。

珍珠港事件后不久，哈佛教授 Marshall Stone 成为美国数学会新成立的战争政策委员会主席。曾受哈佛物理系和数学系联合聘用的 John H. Van Vleck 在学校的无线电研究实验室领导一个小组，开发雷达对抗技术。Van Vleck 也参与了曼哈顿计划，并在几十年后获得诺贝尔物理学奖。Joseph Walsh 在 1917 年首次成为哈佛数学教员，他于 1942 – 1946 年期间再度入伍，先后担任海军少校和中校，而在 25 年前的一战期间，他曾在海军服役过。Julian Coolidge 1899 年成为哈佛的一名讲师，几年后晋升为教授，他在将近 70 岁时从退休中复出，在哈佛讲授微积分，为保家卫国的教职人员补缺。

如第 4 章所述，Saunders Mac Lane 是设在哥伦比亚大学的应用数学小组组长，该小组的许多工作都与战争相关。这个小组的成员包括：Hassler Whitney，哈佛拓扑学家；Irving Kaplansky，Mac Lane 以前的博士生，当时是哈佛的 Benjamin Peirce 讲师；George Mackey (本章将更多谈到他)，哈佛讲师，当时刚在 Stone 指导下获得博士学位，并很快成为终身教员。

Mac Lane 曾谈到应用数学小组为美国空军承担的一个项目，在这个案例中，数学原理推导出一个重要但却违反直觉的结果。他们提出的问题是：美军轰炸机上的枪手应该如何瞄准攻击战斗机。“战斗机正在接近轰炸机，但同时轰炸机也在向前运动，”他解释说，“最终的规则是枪手应该瞄准战斗机尾部，这与猎鸭的规则 (静止的猎手应瞄准鸭子的前面) 相反。我们的主要问题是如何正确训练机枪手瞄准飞机尾部。”[1]

根据瓦萨学院数学家 John McCleary 从多个渠道听来的一个故事，一架美国飞机上的机枪手与两架敌机近距离空战，“根据直觉判断，他向第二架敌机的前面开火，但却击中了第一架”。如果这是真的——McCleary 无法证实这一说法——那么这则轶事无疑支持了 Mac Lane 的说法，即有必要基于几何学教义重新训练美军的枪手。[2]

在由美国海军军械处资助的一项研究中，Garrett Birkhoff 与哈佛同事 Lynn Loomis 以及麻省理工学院的 Norman Levinson 一起工作，试图预测空投鱼雷在水下的轨迹——这也是他父亲 George David Birkhoff 感兴趣的一个问题。[3] 小 Birkhoff 还与 Marston Morse 和

John von Neumann 一起加入了一个委员会，该委员会负责分析改进防空炮弹的效力。作为马里兰州阿伯丁试验场弹道学研究实验室的顾问，Garrett Birkhoff 研究了与穿透坦克装甲有关的问题。

由于这项研究，他对应用数学越来越感兴趣。“我很清楚，自 1932 年就开始吸引我的‘现代’代数、拓扑和泛函分析 (或者长期研究的格和群) 的任何奇思妙想，都不大可能对我们的战争努力有所帮助。”于是 Birkhoff 开始关注“更相关的课题”。[4] 甚至当战争结束后，他还继续研究海军的问题。他的许多同事在战争结束后立刻恢复了对抽象数学的全职研究，与他们不同，Birkhoff 追求将纯数学和应用数学融合，他感到“在很多年内，都不会再回到战前那种学术象牙塔中了，即使回去也不会是在有生之年”。[5]

Stanislaw Ulam 也在战争期间从纯数学转向应用数学。在 George D. Birkhoff 的建议下，波兰出生的 Ulam 在 1936 – 1940 年期间在哈佛的学者学会 (Society of Fellows) 工作，并担任数学系讲师。Birkhoff 试图为 Ulam 争取一个永久职位，但他的哈佛同事并不支持 Ulam 的候选资格，也许是由于他当时发表的文章太少。因此，Birkhoff 帮他在威斯康星大学找到一份教学工作。[6] 此后不久，Ulam 加入曼哈顿计划，在那里他与 von Neumann —— 他们是为数不多的参与这个项目的数学家 —— 合作进行复杂的数值计算，这对成功设计出第一颗原子弹有所帮助。

由于预见到计算机器最终能完成重要的困难工作，Birkhoff 帮助哈佛物理学家和计算机科学家 Howard Aiken 获得资金，用于开发当时世界上体积最大和功能最强的计算器 —— 哈佛马克一号 (Harvard Mark I)。这个可编程装置在哈佛建造并安置，高 8 英尺，长 50 多英尺，1944 年问世，随后被用于射击学和弹道学计算，以及曼哈顿计划中的计算。[7] 马克一号被认为是世界上第一台大型计算机，它的部分部件仍然陈列在哈佛科学中心，就在数学系下面。

为通过统计手段求解数学问题，Ulam 后来发明了 Monte Carlo 方法。他还对氢弹的发展做出重要贡献 (并无双关语意)，他通过手工计算表明，1949 年提出的一个建造方案——当时很受欢迎——行不通。这个结果后来被当时最快的计算机 ENIAC 证实，开发 ENIAC 的部分原因是为了帮助设计热核武器，并进行必要的流体动力学计算。提到 Ulam 用纸和笔进行计算，物理学家 Edward Teller 打趣道："在真正紧急的情况下，数学家仍然会赢——如果他真正优秀。" 后来，Ulam 解决了氢弹的初始核聚变问题，证明了一种不同配置的武器也能奏效。他的计算再一次击败了当时最快的计算机 SEAC。[8] 尽管 Ulam 至少两次胜过最好的机器，他与 von Neumann 仍然主张在洛斯阿拉莫斯建立一个先进的计算设施——一个中心不久后成立并一直存在至今。Ulam 继续在洛斯阿拉莫斯的理论部门工作，直到 1967 年，其间他也有过一些学术经历。

原子弹的发明——不论其好坏，也不考虑它在结束战争中所起的作用——主要是物理学上的一次实践，它由物理学家实施，数学家起了重要的辅助作用。位于威斯康星大学麦迪逊分校的陆军数学研究中心前主任 J. Barkley Rosser 写道："二战期间数学取得最轰动的成就可能是在密码和破译方面。"[9] 一位名叫 Andrew Gleason 的年轻美国数学家对这一领域产生了巨大影响。

当日军偷袭珍珠港时，Gleason 还没有进入哈佛，他最终在这里待了将近 50 年，并度过了整个学术生涯。早年，当意识到自己命中注定不会成为一名消防员时，他决定学习数学，那时他还是耶鲁大学的本科生。[10] Gleason 在大学期间显示出非凡的数学才华，其研究生成绩

Andrew Gleason

哈佛新闻办公室惠允

优异，1940–1942 年连续三年名列 William Lowell Putnam 数学竞赛全国前 5 名，这在该竞赛 75 年的历史中是罕见的佳绩。

他有解决问题的天赋，以及在头脑中进行复杂计算的不可思议的能力。如 Gleason 所说，这种快速计算的本领是“许多纯数学家不知道怎样做的事情”，而他能够“快速评估某种情况是否存在足够的统计强度，从而有希望从中得到一个答案”。[11] 换言之，他正是华盛顿特区美国海军密码分析小组要找的那种人。1942 年 6 月，他刚从耶鲁大学毕业，就加入了这个团队，尽管他很年轻——出道时只有 20 岁，但他很快在这场赌注和压力都不能再高的比赛中确立了自己的领导地位。

美国海军通信小组 OP-20-G 与位于布莱奇利园的英国密码破译小组协力工作，后者最著名的成员是 Alan Turing，他是一位传奇数学家，取得了发明现代计算机和开创人工智能领域等成就。英国团队领导了这次行动，因为在美国参战之前，他们多年来一直在积极破译德国的密码。美军处理的一个名为海马 (Seahorse) 的问题，涉及柏林德国海军总部与其驻东京武官之间的通信。

为了掩饰传递的信息，德国人使用了一种所谓的恩尼格码 (Enigma) 密码机，这种机器依赖字母表替换 (将一个字母替换为另一个字母)，但以一种复杂的方式进行。每次在键盘上敲入一个字母，替换模式就会改变，这样原始消息中的相同字母就可以在打乱的密文中显示成许多不同的字母。加密的复杂性很大程度上源于使用了多个转轮或转子 (通常是 3 个或 4 个)，每个转轮有 26 个位置，对应于字母 A 到 Z。这些转轮排成一列，像共用一个轴的自行车轮子，它们可以单独或集体转动。每敲入一个字母作为原始消息的一部分，一个或多个转子就移动一步，这使得替换模式极为复杂。在这种打乱过程的最后，原始信息看起来像一个毫无意义的字母串，除非在接收端的人有相同的恩尼格码机，并且知道转轮和电子器件是如何设置的。此外，这些设置通常每天都会改变。

为了破译某一天截获的消息，英国和美国的密码专家不得不从大约 10^{20} 种可能的配置中找出当天准确的机器设置。[12] Turing 和他的同事们当时正在研发最早的计算机——一种被称为“炸弹机”(bombes) 的设备，它以今天的标准看很粗糙，但仍包含了现代计算机中的一些逻辑架构。由于炸弹机不可能通过检查所有可能的设置来破译消息，破译者必须使用逻辑、统计、概率和其他数学工具来减少可能性，使其更易处理。由于恩尼格码的设置方式，没有字母 (比如 A) 被加密后仍是它自身，这一事实简化了他们的工作。随着时间的推移，分析人员也开始能够识别出经常出现的常见单词和短语，这使他们能猜出消息的部分内容，从而减小所面临的巨大挑战。

麻省大学波士顿分校数学家、Gleason 以前的哈佛博士生 Ethan Bolker 解释说：“这些早期的计算机或炸弹机，比人算快，但比现在的计算机慢得多。为了便于讨论，假设有一百万种可能性。那么，也许机器的速度只够尝试 1000 次，这意味着你必须足够聪明，才能知道是哪 1000 次。这是 Andy 最擅长的事情之一。”[13]

例如，Gleason 推断并统计检验了这样一个假设：从东京发送到柏林的消息，其转轮设置以 A 到 M 中的字母开始，而反向发送的消息，则以 N 到 Z 中的字母开始。基于这一发现，Gleason 和他的同事推导出新的方程，使他们的计算机 (或炸弹机) 更有效率，也更多产。加上大西洋两岸的破译人员取得的其他进展，盟军在 1944 年和 1945 年能持续破译柏林和东京之间的通信，而在此之前只能偶尔做到。[14]

随着他们在海马问题和其他与恩尼格码密码机相关的挑战上取得成功，盟军的破译人员转向了日本海军的密码，其中一种是称为

CORAL 的机器密码，另一种是称为 JN-25 的密码本密码。这个团队在破译这些密码上也获得巨大成功，Gleason 为此做出了重要的数学贡献。(25 年后，当听说过 Gleason 曾在破译日本密码中发挥作用的哈佛本科生向他询问时，他以一种谦虚和特有的低调方式答道："这样说并非完全错误。")[15]

当 Turing 1942 年拜访华盛顿特区的团队，并向他们简述了在布莱奇利园使用的最新方法时，他对"才华横溢的耶鲁毕业生、年轻数学家 Andrew Gleason"留下深刻印象。(当然，"才华横溢"和"天才"这些词语也普遍适用于 Turing 本人。) 有一次，Gleason 带 Turing 到华盛顿特区的一家餐馆吃饭，他们谈论了：如何只通过出租车登记号或车牌号的随机抽样，来估计一个城市所有出租车的数量。当邻座的一名男子对他们在公共场合讨论敏感的技术问题表示错愕时，Turing 问："我们是否应该用德语继续交谈？"[16]

尽管他们关于出租车的谈话可能听起来很无聊，但它与一个非常重要的类似问题有关：盟军需要知道德国一年能生产多少辆坦克，以便更好地评估盟军在西线的进攻能否最终取得成功。他们能利用的最好的信息就是被缴获德国坦克的序列号，这些坦克以生产顺序编号(尽管有时这些编号被加了密)。根据所获得的序列号，统计人员对德国坦克产能的估计要比盟军先前的情报准确得多，后者把实际产能高估了大约 5 倍。[17] 数学方法为欧洲的地面战役提供了信息，几乎可以肯定，这就是 Gleason 和 Turing 在谈论出租车时所想到的。

总而言之，英美团队成功破译了德日的密码，这是一项伟大功绩，战争因此被缩短了整整两年，从而挽救了成千上万人的生命。[18] 这也意味着盟军士兵还有破译者，能够更早地回家。

在加入四年后，Gleason 于 1946 年离开海军，重新开始了他的学术生涯——这次是在剑桥而不是纽黑文——尽管他在朝鲜战争期间曾重返密码分析的工作岗位。1966 年，他以海军中校军衔从海军正式退役，但直到 1990 年前后，他仍在政府情报部门担任顾问——为他的国家服务了大约 50 年。[19] 在此期间，Gleason 为密码分析引入了一系列至关重要的数学技巧，并将他在编码理论方面的工作与广泛的“纯”数学领域 (如分析学、组合学、离散数学、图论、测度论、射影几何、解析几何和代数学) 的研究结合起来。Benedict Gross 和其他哈佛同事指出：“Gleason 也是为数不多的不停留在纯数学/应用数学‘分界线’一边的数学家之一。事实上，他的工作和态度证明了这样的信条，即不存在本质上的分界。”[20]

1946 年，Gleason 成为哈佛学者学会的青年会士，这在很大程度上要归功于哈佛天文学家 Donald Howard Menzel 的推荐，后者在战争期间曾担任美国海军情报部门主任。Menzel 在海军的部门就在 Gleason 隔壁，两人广泛讨论了 Menzel 当时正设法解决的雷达问题。Menzel 显然很欣赏这位年轻数学家的投入。

正如 Gleason 描述的那样，这种会士通常招收“刚进入研究生院 (或只待了一年) 的聪明学生，这使他们摆脱了研究生院的‘束缚’(他们这样称呼它)”。这个计划，对他个人来说有利有弊：“好的一面是我可以做自己想做的事情，而且效果不错。而坏的一面也是我可以做我想做的事情。”他有点孤立于其他处于类似职业生涯阶段的数学研究生，他说：“这可能并不好，我没有让任何人查看我是否注意到了所有细节，或查看任何我做的事。有很多技术性的东西，我本来可以、可能也应该学习的。”[21]

尽管后者可能是正确的，也许 Gleason 本可以学到更多，但他仍然成功掌握了惊人的数学知识，几乎扩展到数学的所有分支。布朗大学数学家、George Mackey 以前的博士生 John Wermer 说："Andy 给我留下深刻印象的一点是，他对我们参加的每一次专题研讨会都了如指掌。"[22]

这些观点得到了伊利诺伊大学芝加哥分校的数学家 Vera Pless 的呼应，她深情回忆起 Gleason 在 1950 年代主持的编码理论研讨会："这些每月举办的会议是我极度盼望的。在任何数学领域，无论我们问他什么问题，Andy 都知道答案。他在脑中做的数值计算很是惊人。"[23]

作为一名青年会士，Gleason 并未发表很多论文，他追随自己的想象力，无论它把他引向何处，他在这方面确实比大多数数学同侪更自由，但他在学者学会的四年中取得了足够的成绩，这足以说服哈佛留下他。1950 年，Gleason 成为助理教授——尽管他没有积攒一个研究生学分，更没有获得博士学位——但他最终成为 Hollis 讲席教授，这是这个国家最早设立的科学教授席位，可追溯到 1727 年。对这一任命，Gleason 将之归功于他在哈佛数学俱乐部做的一次关于 Nim 数学游戏理论的报告，他在海军任职期间对这一理论产生了兴趣，那时二战已经结束，他们的任务不再那么紧迫。随后，他得出该游戏的一个完整理论，但他并不知道十年前已经有另外两个人得出过类似理论，不过即便在读过之前的著作后，他仍然觉得自己的方法"更有趣"。差不多四年后，他在哈佛就这个主题做了报告，他觉得"反响非常非常好，吸引了很多人的注意"。[24] 尽管这可能是真的，但可以肯定的是，Gleason 被聘用不仅仅是因为他对 Nim 问题的思考。

他开始研究的领域之一是离散数学，这在很多方面与他在密码分析方面的工作类似。本质上，离散数学与计数有关。Bolker 解释说："字母 'A' 只有 25 种变化的可能，字母 'B' 也只有 25 种变化的可能，如此等等。这就是离散数学进入密码破译的原因：你可以数出把某个东西译成密码的可能方式。要破译密码，在所有的可能性中，你必须找到敌人正在使用的那种方法，这基本上是一个离散 [数学] 问题。”[25]

当然，离散数学与密码本身没有任何关系；它处理的数学结构是离散的 (如整数) 而不是连续的 (如实数)。四色问题 (前面讨论过) 是一个离散数学问题的例子——它涉及需要的颜色数量，以便在平面上绘制的任何地图，没有两个相邻部分有相同颜色。Gleason 并未在这个问题上投入过多精力，尽管他的一个研究生 Walter Stromquist 写过关于这个主题的论文。不过，Gleason 对 Ramsey 理论很感兴趣，它也与计数有关，但更具体地说，它是从看似无序的结构中发现秩序及有序的子结构。这一理论以英国数学家 Frank Ramsey 的名字命名，他于 1920 年代末提出这一理论，就在他 26 岁 (因肝病) 英年早逝之前。

Ramsey 理论中的问题可以用多种方式提出。例如，你可以问聚会最少要邀请多少人，才能确保有 3 个人互相认识，或者有 3 个人彼此完全陌生。这个数字 (本例中是 6) 就是所谓的 Ramsey 数——在更大的群体中确保有一个特定结构所需的最小值。这些问题很快就会变得非常复杂，且在计算上很有挑战性。在一篇关于 Ramsey 理论发展的经典论文中，Gleason 和他的 OP-20-G 前同事 Robert E. Greenwood (在得克萨斯大学奥斯汀分校任教的数学家) 确定了几个新的 Ramsey 数的值，同时给出其他 Ramsey 数的上下界。[26] 他们证明了 $R(4,4)=18$，这意味着 (在聚会上) 你需要邀请 18 个人，以确保其中至少有 4 个人彼此完全陌生或者互相认识。他们还证明了 $R(3,3,3)=17$，这意味着你需要邀请 17 个人参加聚会，以确保有 3 个人是朋友，有 3 个人是敌人，或者有 3 个人非敌非友。[27]

“Gleason 告诉我，他花了很多时间去寻找其他精确值，” 他以前的研究生、现在在 Courant 数学科学研究所的 Joel Spencer 回忆道，

Spencer 的博士论文与 Ramsey 数有关。"因为我知道他有传奇般的计算能力", Spencer 说, 他决定把精力投入到其他方向。他在 2009 年写道, 这被证明是一个明智的选择, 因为"尽管付出了巨大努力, 拥有高速计算机, 但如今已知的其他值只有少数几个"。[28] 事实上, 确定下一个非平凡 Ramsey 数花了大约 40 年时间, $R(4,5) = 25$。[29] 确定 $R(5,5)$ 的值远远超出我们目前的计算能力。如果外星人降落到地球上, 让我们告诉他们 $R(6,6)$ 的值, 否则就毁灭地球, 根据著名数学家 Paul Erdös 的说法, 我们唯一的办法就是"毁灭这些外星人"。[30]

对 Gleason 来说, 计算出 Ramsey 数, 并巩固其基础理论, 是一次激动人心的练习——用到他超强的计算能力——但这不是大多数人记住他的原因。在他还是青年会士的那些年, 他被一个更严肃的问题所吸引, 即 Hilbert 第五问题, George Mackey 在 Gleason 1947 年或 1948 年上的一门课上讨论过这个问题。Mackey 说: "Andy 已经知道了这个问题, 但出于他自己也不明白的原因, 他在这之后才开始认真研究这一问题。我清楚地记得他告诉我, 他认为他可以解决这个问题, 说这话时他带着自信的神情。"[31]

Gleason 在当会士期间以及任期结束后一直在研究这个问题。他说: "我认为在哈佛没有人真正知道我在 Hilbert 第五问题上做了多少工作。"[32] 他多年的努力——以 Gleason 闪电般的速度标准, 这算得上是长期了——得到了回报, 因为在这个著名问题被公布 50 多年后, 他最终解决了其中的一大部分, 正是因为这项工作, 他才变得非常出名。

1900 年, David Hilbert 在巴黎国际数学家大会上提出 23 个问题, 希望借此推进数学研究, Hilbert 第五问题是其中之一。当时, Hilbert 是世界上最有影响力的数学家之一, 也是哥廷根大学的数学教授，哥廷根大学被公认为是世界上最具影响力的学校。他说，他选择的问题“为了吸引我们，应该是困难的，但也并非完全遥不可及，以免对我们的努力不够尊重”。这些问题的最终价值无法事先确定，而是“取决于科学从这个问题中获得的收获”。[33]

由于 Hilbert 最初提出的问题可以用一个简单的“否”来回答，数学家们最终将第五问题改写为不那么容易回答的形式：“每个局部的 Euclid 群都是 Lie 群吗?”[34] 尽管整个问题可以用简洁的语言来概括，但对于非数学家，理解起来仍相当困难。下面是该问题的一个公认的简化讨论及其最终解决办法。

从拓扑学角度来理解第五问题也许是最容易的，这是它最初被提出的背景，尽管数学家后来用更一般和抽象的术语来描述它。Hilbert 最初考虑的是流形的对称变换群。在讨论变换之前，我们先讨论流形。流形是局部具有 Euclid 性质的拓扑空间，这意味着每个点都位于一个类似于平坦空间的邻域里。例如，地球表面是一个球面，它也是一个流形。从太空中看，我们可以看到地球表面是弯曲的，但表面上有一些小块看起来是平坦的，每一小块都与相邻的小块光滑地连接在一起——全部缝合到一起，就像碎布拼接成的被子。如果你观察整个地球，其经线在北极和南极相交。但如果你放大这个表面的一个很小的部分，比如曼哈顿，一切看起来又像是 Euclid 的，因此平行线和平行街道不会相交 (以交通管理的立场来看，这是合适的)。

旋转是球面的一种对称变换。用最简单的话来说，这意味着你把一个球面绕其中心旋转任何方向——和任意角度——它看起来还是一样的。

同样的论证也适用于圆，圆是比球面更简单的一维流形。它也是 Lie 群 (以 19 世纪挪威数学家 Sophus Lie 的名字命名) 的一个简单例子。圆不是 Euclid 空间，但圆的每个微小部分看起来都像是一段直线，在这个意义上，它在局部上是 Euclid 的。但在何种意义上，圆是一个群呢？首先，它由到原点的距离为 r 的点集构成，为了简单起见，我们这里假设 r 等于 1。你可以把圆上的每个点与从 0 到 2π (或者从 0 到 360 度) 的一个角度关联起来。这个群有一种运算，即加法：你可以把两个角度加在一起，例如 $\frac{1}{4}\pi+\frac{2}{4}\pi$，得到一个新的角度 $\frac{3}{4}\pi$，它对应圆上一个不同的点。如果两个角加起来超过 π ——例如 $\frac{3}{4}\pi+\frac{3}{4}\pi=1\frac{1}{2}\pi$ ——它在圆上与 $\frac{1}{2}\pi$ 是同一个点，这是一个"模算术"的例子 (正如一个标准的时钟周期，每 12 小时重新开始，因此通常我们得不到 16 点、27 点或 39 点)。这个运算是可结合的：$(\frac{1}{4}\pi+\frac{1}{2}\pi)+\frac{1}{4}\pi=\frac{1}{4}\pi+(\frac{1}{2}\pi+\frac{1}{4}\pi)$。存在一个单位元 (什么都不做，相当于转动 0π) 和一个逆元 (如果转动 $\frac{1}{4}\pi$，可以反向转动 $-\frac{1}{4}\pi$ 回到开始的地方)。这个群可以被认为是圆 (或流形) 本身，或附在原点上半径为 1 的臂的所有可能旋转的集合。这些旋转及其各种可能组合，可以用一个函数来描述——尽管在本例中是一个简单的函数。

根据定义，Lie 群是局部 Euclid 的拓扑群——正如刚才讨论过的球面和圆——换言之，它是流形。但 Lie 群还有另一个看起来更严格的性质：流形必须是"光滑的"，这意味着它没有尖峰或棱角，这样就可以在每个点上画出光滑的切线，这就是球面或圆的情形。说一个流形是光滑的，等价于说它是无穷可微的。对于流形的每一个小块，都存在一个映射或函数，将小块上的每个点映射到同维的 Euclid 空间的一部分上。这样，球面的一块与平面 (也称为二维 Euclid 空间) 对应的一块——以一种连续、一对一、不留空隙或裂缝的方式——映入和映出。因为流形本身是光滑的，从流形到 Euclid 空间的函数——或者从 Euclid 空间返回流形的函数——也一定是光滑的，这意味着你可以对它无限求导。

回到 Hilbert 的命题，如上所述，一个 Lie 群是局部 Euclid 的。Hilbert 想知道的是其逆是否为真：每个局部 Euclid 群都是 Lie 群吗？换言之，如果保持你的群是局部 Euclid 的，那么你会得到一些额外的东西 (额外的可微性) 么？正如 Gleason 所说，对这个问题的肯定回答——对 Hilbert 问题的肯定解答——“表明：没有大量的井然有序，就不会有一点点的井井有条”。[35]

至少，这是他开始要证明的，但他并非从零开始。Hilbert 在大约 50 年前就提出了这一挑战，与此同时，其他数学家——包括 L. E. J. Brouwer、Béla Kerékjártó、John von Neumann、Lev Pontryagin 和 Claude Chevalley——已经做出了重要贡献，解决了第五问题的一些特殊情况，例如 1、2、3 和 4 维的情形。Gleason 追求一个更一般的解，适用于任意有限维度。关键是找出继续下去的方法。

Gleason 的第一个博士生、现在加州大学尔湾分校的 Richard Palais 写道：“从局部 Euclid 的假设中，很难得到关于拓扑群的有用结论，因此 Gleason 为解决第五问题而设计的策略是寻找一个……‘桥梁条件’ (bridge condition)，并且从双向使用它：一方面证明满足该条件的拓扑群是 Lie 群，另一方面证明局部 Euclid 群满足该条件。如果这两个命题能被证明，则第五问题的肯定解答就会随之而来——甚至收获会更多。”[36]

这里使用的桥梁条件是非小子群 (no small subgroups，NSS) 条件，这是 Irving Kaplansky 创造的术语，他在二战期间离开哈佛加入 Mac Lane 的应用数学小组，战后去了芝加哥大学。顾名思义，子群是一个群的子集，它也满足群的定义：每个子群有一个单位元和一个逆元；子群中两个元素的乘积总是该子群的一个元素；乘积运算必须满足结合律。

要粗略了解 NSS 是什么，首先考虑拓扑空间而不是拓扑群可能是最容易的方法。如果 P 是平面上的一个点，那么靠近 P 的点构成一个“邻域”。我们可以更精确地定义邻域，例如说它包含到 P 的距离小于或等于 r 的所有点，其中 r 是一个正数。我们这里所说的邻域都是圆盘，可以通过改变 r 的值来构造不同的邻域。但是在这种情况下，P 的所有可能邻域的交集就是 P，这意味着除了 P 自身没有什么东西可以任意靠近 P。

NSS 条件与此类似，只不过它属于拓扑群 (而不是拓扑空间) 及其子群。因此，我们讨论的不是平面上的点 P，而是作用在平面上的变换构成的群。单位元是保持 P 不变的变换，而在单位元“邻域”的其他变换可能会把 P 移开一点点。正如谈论 P 周围的邻域，我们也可以谈论单位元周围的邻域。Palais 解释道，NSS “指的是没有任意小的子群的拓扑群——即单位元周围有一个邻域，该邻域除了平凡群外，没有子群”。[37] 平凡群是仅由一个元素——单位元自身——构成的群。另一方面，如果邻域包含的子群中元素超过一个 (即不仅有单位元)，NSS 不适用。事实上，Palais 补充说：“这正好是 NSS 甄别的情形。”[38]

用 NSS 作为“桥梁”，Gleason 实现了“双向”策略的第一部分：证明满足 NSS 的拓扑群一定是 Lie 群。他打算接着处理第二部分，证明一个局部 Euclid 群满足 NSS，由此完成证明。但却有人捷足先登。[39]

1952 年 2 月，Gleason 与普林斯顿高等研究院的 Deane Montgomery 教授讨论他的研究结果。Montgomery 曾在 1948 年解决第五问题的三维情形，当时他正与长期合作伙伴、皇后学院的 Leo Zippin 完成对四维情形的证明。(事实上，他们的名字联系得如此紧密，以至于在一次会议上，发给 Zippin 的名签上写着“Montgomery Zippin”。)[40]

一听到 Gleason 取得的进展，Montgomery 确信他能解决第五问题剩下的部分。[41] 他和 Zippin 利用 Gleason 的结果，填补了 Hilbert 谜题的缺失部分。他们夜以继日地工作，1952 年 3 月 28 日，他们向《数学年刊》提交了证明。[42] 该文发表在《年刊》1952 年的 9 月号上，就在 Gleason 的论文后面。[43] Gleason 写道："这些结果共同构成了 Hilbert 第五问题的一个肯定解答。"[44]

在 Palais 看来，"该问题的第一部分要困难得多，这是 Gleason 证明的"。[45] 对此 Montgomery 显然同意，他宣称这个联合证明中"最具创造性的部分"在 Gleason 的论文中。[46]

据 Palais 所知，Gleason 从未对 Montgomery 和 Zippin 的捷足先登表示过任何沮丧。[47] 如果有的话，Gleason 说的也都相当正面，他承认他的方法"甚至没有考虑 [这些群的] 局部 Euclid 性。这就是为何该方法未能解决这个问题"。他进一步指出："认为一个人就能解决一个重要问题是荒谬的。这几乎从未发生过。"[48]

但在很大程度上，在本案例中这确实发生了，因为 Gleason 完全靠自己解决了他的那部分难题。经过许多杰出数学家 50 多年的努力，人们可以明确回答 Hilbert 提出的挑战，并随后由他的同行重新表述："是的，每个局部 Euclid 群确为一个 Lie 群。"但是，我们还能说什么呢？Hilbert 在提出他的 23 个问题时，曾希望以此打开通向数学未知宝库的新大门。遗憾的是，这并未真正发生，尽管 Gleason、Montgomery、Zippin 和他们的前辈 (还有后来者，如推广 Gleason 结果的 Hidehiko Yamabe) 完成了错综复杂的论证。

在 Hilbert 第五问题被解决大约 30 年后，法国数学家 Jean-Pierre Serre 谈到它时说："当我还是个年轻拓扑学家的时候，我真的很想解决这个问题，但却无法下手。正是 Gleason 和 Montgomery-Zippin 解决了它，他们的解决方案几乎终结了这个问题。在这个方向上还能发现什么呢?”[49]

Palais 表示同意。“这不是针对 Gleason 的。他所完成的仍是一项伟大的杰作。但其主要影响是阻止了其他人在这一问题上做工作。”[50] 幸运的是，这并没有阻止 Gleason 研究其他问题，因为他喜欢解决问题。他似乎也无法阻止自己去解决问题——即便其他人不知道有何问题需要解决。例如，一次在数学系的年度野餐会上，Gleason 通过思考如何在算盘上算出立方根来自娱自乐。[51] 当 Gleason 和一位同事被安排到航班头等舱时，Gleason 并未沉浸在这意外得到的食物和饮料中，而是通过倾听飞行员的无线电通信，来计算这架飞机的载油量。[52] 即便是和朋友们去芬威球场观看波士顿红袜队的棒球赛，Gleason 也会提出意想不到的数学挑战。在赛前，Gleason 宣称“那天早上他刚做的一项分析结果证明，四个赛区中每个赛区的排名可以完全基于偶然现象来轻易解释，而不是基于任何球队的实力强弱”，Sheldon Gordon 回忆道，他曾与 Gleason 合作编写过几本微积分教科书。[53]

经过几十年对此类行为的观察，Bolker 发现了一个对大多数了解 Gleason 的人显而易见的事实：“相对理论的建构者，他更是问题的解决者。他喜欢难题，像 Hilbert 第五问题……对其他不那么艰深的问题，他也同样兴趣不减。”[54] 他对历史也很好奇，经常想知道古希腊数学家知道些什么，不知道是否有人会把他们的思想翻译成现代术语。由于对这个领域经年累月的兴趣，Gleason 研究了一个关于构造正多边形 (即其边和角都相等的多边形) 的古典几何问题。例如，希腊人知道，通过严格使用直尺和圆规，可以作等边三角形、正方形、正五边形和许多其他正多边形，以及从这些正多边形导出的多边形，但他们不能用这种方法作正七边形或正十三边形。Carl Friedrich Gauss 在两百多年前就证明了用这种方法不能作正七边形。Gleason 证明了只要能三等分一个角，就能用直尺和圆规作正七边形和正十三边形。不过，Gleason 的主要功绩是识别出所有能用直尺、圆规和三等分角构造的正多边形。[55] 他还明确证实 (尽管以前已经知道) 三等分角方法不能用来解决另一个称为“倍立方”的古典问题，该问题曾困扰住希腊人：用直尺和圆规来确定一个立方体的边长，使其体积是给定立方体体积的两倍。对此，我们不能比两千多年前的希腊人做得更好，但现在我们至少知道这是不可能的。

Bolker 说：“从某种意义上说，这是 Gleason 的一项非常出色的工作，但它并不重要。你可以事先知道，这项工作不可能推动数学领域的发展，但他并不在意。它仍是一个漂亮的问题。”[56] 这也给了 Gleason 使用“triskaidecagon”这个词的机会——正十三边形——在日常用语中不常出现。Bolker 猜测，这可能是他的一部分动机。[57]

当然，Gleason 并没有回避更重要的问题。例如，他致力于研究 Riemann 猜想，150 多年来，它一直在挑战着世界上最优秀的数学家 (他本人也在这前仆后继的一长串名单当中)。他还证明了一个与量子力学有关的重要定理，即“Gleason 定理”，和 Hilbert 第五问题一样，这都多亏了 Mackey 的大力鼓励。

在讨论 Gleason 定理和导致这个定理的 Mackey 猜想之前，我们先谈谈 Mackey 对量子力学数学基础的贡献，这是他长期感兴趣的领域。Mackey 以自己的博士导师 Marshall Stone 以及 John von Neumann 以前的工作作为基础。Stone 和 von Neumann 各自独立地为 Heisenberg 测不准原理建立了一个数学框架，该原理认为，粒子动量测量的精度与该粒子位置测量的精度成反比。Stone-von Neumann 定理用“交换性”(commutativity) 这一术语重构了这种关系：在量子力学中，每个"可观测量"(例如动量和位置)用一个算子来替代，而这两个算子不可交换。测量动量和位置的顺序很重要，因为测量动量将影响后续的位置测量，反之亦然。

在现在所谓的 Stone-von Neumann-Mackey 定理中，Mackey 提供了上述关系的更抽象版本，它适用于一个更普遍的情况，与动量或位置无关。耶鲁数学家 Roger Evans Howe (其导师 Calvin Moore 曾是 Mackey 的学生) 说："Stone 和 von Neumann 只在量子力学的背景下研究了这个问题，他们是在做数学物理。Mackey 把它从物理学背景中抽取出来，放到一般的数学背景中。Andre Weil 随后观察到，Mackey 定理的一些特殊情形与理解 20 世纪上半叶数论中一些最艰深的结果有关。"[58]

加州大学洛杉矶分校的数学家 Veeravalli S. Varadarajan 补充说："与许多数学家不同，他 [Mackey] 并未试图解决物理学家的所有问题，也没有试图告诉物理学家要做或应该做什么。他要谦逊得多，满足于从数学家的角度去理解并阐释物理学家的世界观。"[59]

在 Gleason 最终参与的相关工作中，Mackey 对 Born 定则进行了深入思考，它是量子力学的一个关键原则，由物理学家 Max Born 提出，并以他的名字命名。Born 定则 (也称为 Born 定律) 提供了测量如粒子位置得到的特定结果的概率。更具体地说，Born 提出，在特定时间和地点发现一个物体的概率等于其波函数 *psi* 的平方。Born 的方法做了这样一个假设：在量子力学中，状态由单位向量来描述，而概率是由这些向量计算出来的。(它们被称为长度为 1 的"单位向量"，因为概率不可能超过 1。)

Mackey 想从基本原理上证明，用单位向量表示状态——以及用这些向量来计算概率——在数学上是合理的。这涉及一个更广泛的问

George Mackey

哈佛新闻办公室惠允

题，即所谓的隐变量问题，Varadarajan 解释道："在量子力学中，你只计算概率。这是因为对'隐变量'一无所知导致我们对状态的知识不完整，还是因为大自然服从量子力学？Von Neumann 证明，并不是我们知识的不完整导致了量子力学的统计基础，而是自然本身固有的某些原因使然。然而，von Neumann 公理非常严格。Mackey 的目标一致，他想证明无须这些 [过于] 强大的公理，也能用单位向量描述状态。"[60]

本质上，Mackey 希望摆脱任何不必要的条件，以最一般、最简单的方式重述这一想法。他用猜想这一精确的数学形式来表述这个问题。伯克利数学家、Gleason 以前的博士生 Paul R. Chernoff 写道："对 Mackey 问题的肯定回答将表明，Born 定则遵循他的一些相当简单的公理，因此，给定这些弱假设，Born 定则不再是特例，而是必然。"[61] 换言之，该猜想的证明将会反驳量子力学中隐变量的存在，从而表明量子理论从根本上背离了观察世界的经典方式。

在 Mackey 看来，主要问题是他不知道如何处理他那美妙的数学公式。"我找不到证明这个定理的方法，" 1956 年，"我向 Andy [Gleason] 提到我的猜想，告诉他我的想法，" Mackey 说，"我不认为他会对研究它感兴趣，我也不认为是我建议他这样做的。然而，它引起了他的关注，从他的进度报告判断，他专心致志地研究了一段时间，直至最终解决了它。依我看，这是他最伟大的成就之一"——它在物理学中有重要应用，甚至比在数学上的应用还重要——"我为自己能参与其中感到自豪，无论它是多么的无意。"[62]

Chernoff 补充说："令 Mackey 感到惊讶的是，Andy 被这个问题强烈吸引。"[63] Gleason 把它分为几部分，首先在三维情形证明猜想，然后把结果推广到所有高维的情形，包括 Euclid 空间的无穷维推广，即 Hilbert 空间 (尽管 Gleason 定理只适用于"可分"簇的 Hilbert 空间)。[64] Mackey 和 Gleason 是好朋友，Gleason 把 Mackey 看作良师益友和博士导师 ——尽管事实上他从来没有获得过博士学位——但他们从未合写过任何论文。事实上，这是唯一一次 Gleason 证明由 Mackey 提出的定理，因此相对确切地说，他们的职业生涯实际上是在 Hilbert 空间中交叉的。

Varadarajan 称 Gleason 对 Mackey 猜想的证明是"团队的胜利。如果没有 Gleason，Mackey 永远也不会证明它。而如果没有 Mackey，Gleason 就不会知道该证明什么"。[65]

Howe 说："Mackey 和 Gleason 非常不同。Mackey 非常慢，但他有一个内心的愿景，多年来他以巨大的决心追求这个愿景。"[66] 而另一方面，Gleason 的工作速度令人眼花缭乱，正如一位著名物理学家所形容，就像"一只蜂鸟的新陈代谢"。[67] Howe 补充道，Mackey 是理论的奠基人，而"Gleason 是个聪明的家伙，能很快把事情搞清楚。他会对外界的挑战做出反应，但内心似乎没有什么东西在激励着他。在数学上，这两种人我们都需要"。[68]

这对朋友经常就数学问题长谈，Mackey 承认，他这位年轻同事在掌握新概念和解决问题方面的机敏令他敬畏。Mackey 说："事实上，在我们的讨论中，一个瑕疵是 Andy 走得太快，我跟不上。我必须承认，我经常发现自己只是含糊地点点头，好像我理解了，而不是去打扰他冗长而快速的讲话。"[69]

尽管如此，Mackey 也不差，因为他 (和 Gleason 一样) 在莱斯大学读本科时，也是 Putnam 竞赛的前 5 名优胜者——这一成绩为他赢得了哈佛研究生院的全额奖学金。不过，当 Mackey 不再"把 Andy 看作一个我不得不胜过的危险的年轻对手"时，他获得了"内心的平静"。[70] Mackey 没有试图赢得比赛，而是把精力集中在自己的强项上，那就是他对问题进行深入思考的能力——连续几年或几十年——像僧侣一样夜以继日地工作。他始终专注于大的图景，更关注某一学科的整体结构，而不是个别证明的细节。他说：“我想用望远镜，而不是显微镜。”[71]

Mackey 以前的博士生、华威大学数学家 Caroline Series 说：“他是真正意义上的学者，一生致力于数学研究。他过着极为自律和有规律的生活，步行去办公室的时间像时钟一样精准——令人难以想象——避免在早上授课以便利用这段黄金时间做研究。”[72]

为了尽量减少干扰，Mackey 在哈佛办公室和家中书房都没有电话。他的女儿 Ann Mackey 写道：“他对视觉艺术无动于衷；相反，他看到了数学的绝美之处。新的见解令他激动，当从书房走出时，他会为一个新想法而兴奋不已。”然而，他很少走出书房，几乎整天都躲在那里，尽可能多地工作，只有吃饭时才出来。“如果我上楼去找他，我肯定会看到他瘫坐在椅子上，手拿写字板，陷入深思。”他的女儿补充说。[73] Mackey 把他工作的每一分钟都记录下来——一小时中花 45 分钟做研究，花 15 分钟进行其他领域的阅读，以便“净化他的智力味觉”——他每一天都在最大限度地努力挖掘自己的潜能。[74]

最后，Mackey 做出了大量令人印象深刻的工作，并留下众多追随者来帮助实现他的愿景。他以前的哈佛博士生、科罗拉多大学博尔德分校的数学家 Judith Packer 认为，Mackey 是“上个世纪最伟大的数学家和数学人物之一”。[75] 他在两个关键领域的工作 (尽管有重叠) 可能最为知名：一个是表示论，他被认为是该领域的巨人；另一个是物理学的数学基础，包括前面提到的他对量子力学的贡献，为此他发展并应用了表示论的思想。Series 指出：“他能将事物简化成基本的数学结构，这对几代数学家和物理学家产生了巨大的影响。”[76]

在表示论这一 Mackey 最为人熟知的领域中，一个群的“表示”是用矩阵表示群中每个元素的一种方式。并且，矩阵可以用来表示向量空间 (可以相加或者与一个数或“标量”相乘的向量集合) 的线性变换。将这些概念结合起来，Roger Howe 把表示描述为“作用于向量空间上的群”。他补充说，其基本思想“是取任意一个抽象群，并找出通过线性变换将它作用于向量空间的所有方式”。[77]

表示论被证明如此有用的一个原因是，一个原始形式可能很难处理的抽象群，可被改写成矩阵群——相对易于处理的具体对象。这样，诸如乘法和加法的群运算，可由矩阵的乘法和加法给出，抽象代数的问题可以转化为线性代数的问题，后者是一个已被很好理解的领域。

Mackey 将自己的研究多半限定于酉表示——群元素由酉变换 (即保持距离的变换) 构成的群表示。也许酉 (保持距离) 变换最简单的例子是平面的旋转，尽管“酉”一词意味着复向量空间在复平面上，而不是在 Euclid 平面上。

现在让我们回到更简单、更直观的 Euclid 空间，考虑一个放在桌子上的立方体，用各种方法将它拿起，并放回到看起来相同的位置。首先，它可以置于 6 个面上，接触桌子的任何顶点可以假定为 4 个位置中的一个。因此有 24 (6×4) 种可能性，如果允许反射，则有 48 ($6 \times 4 \times 2$) 种可能的方式拿起立方体并把它放回，使得它最终看起来完全相同。这个有 48 种对称的群——其每个元素作用在三维空间上——是一个有 48 个元素的群的三维表示。

物理学家 Eugene Wigner 帮助填补了群表示和物理学之间的空白，受他的启发，Mackey 认识到表示论几乎完全适合量子力学。契合度如此之高的一个原因是，一个群可以由作用于向量空间的元素 (矩阵) 表示。这与量子力学相契合，在量子力学中状态用单位向量描述，其长度在变换下保持不变。因此，Mackey 能很好地应用这一方法，来推广 Stone-von Neumann 定理，并发展由 Gleason 证明的与 Born 定则有关的猜想。“最终我发现，我一直在发展的数学理论 [酉群表示论] 是理解量子力学整个结构的近乎理想的工具，” Mackey 在给女儿朋友 Stephanie Singer 的一封信中写道，“后来，我对这一数学理论……在数论中有广泛应用这一事实产生了兴趣，并且开始学习数论 (对此我一无所知)，并发展了它与酉群表示的联系。”[78]

在表示论中，Mackey 最著名的一项工作就是所谓的 Mackey 机。尽管他的贡献实际上是相当技术性的，但 Varadarajan 把这种“机器”描述为“创建群表示的模板”。[79] 为了解这个概念的大意，让我们先假设一个特殊的群由不同部分组成，其中包括子群、正规子群 (一种特殊子群) 和商群 (由正规子群构成)。Howe 解释说：“如果你知道各个部分的表示——知道正规子群和商子群的表示，Mackey 机可以告诉你如何构造整个群的表示。” Mackey 机强调了诱导表示 (Mackey 提出的一个概念) 的重要性，它涉及从群的一个子群表示构建出该群的表示。诱导表示也是 Mackey 非本原性定理的核心，该定理是由 Mackey 机得出的主要定理之一，它在量子理论中有重要应用，包括对 Stone-von Neumann 定理的推广。[80]

Mackey 还非常成功地将表示论应用于遍历理论中的问题，在这个过程中发展出“他对普通群所做的惊人的、基础性的概括，他称之为拟群”，他的朋友兼同事、哈佛数学家 David Mumford 说。Mumford 盛赞 Mackey 让他“第一次感受到数学世界之美”，[81] 并引导他“走在通向越来越多神奇之处的黄砖路*”。[82]

---

*《绿野仙踪》中寻求大魔术师帮助所要走的路。——译者注

Mackey 将整个职业生涯都奉献给了纯数学，从未偏离他的方向，直到他生命的最后几年——“跟随他环游世界”的那块写字板从未远离左右。[83] 2006 年，他因肺炎死于麻省贝尔蒙特的家中，享年 90 岁。

Gleason 比他的良师益友多活了两年，直至 2008 年因手术并发症去世前，他从未停止对数学的思考。和 Mackey 一样，他也总随身携带着写字板，“即便是在家里，”他的妻子、心理学家 Jean Berko Gleason 回忆道，“在上面写满了各种想法和 (对我来说) 神秘的数字。他在医院的最后几周，来访者发现他还在深入思考一些新的问题。”[84]

与 Mackey 不同，Gleason 在其职业生涯后期，并没有完全专注于纯数学。他在 1981 年到 1982 年担任美国数学会主席，随着时间推移，他对数学教育越来越感兴趣。在 1966 年，他写了自己的第一部也是唯一一部教科书《抽象分析基础》(*Fundamentals of Abstract Analysis*)，大约在同一时期，他参与了美国 K-12 数学课程的改革。法国数学家 Jean Dieudonné 在对《抽象分析基础》的评论中指出，和大多数教科书不同，这本书告诉我们什么是真正意义上的数学：

> 当然，每一位职业数学家都知道，一连串枯燥无味的形式化命题，与对数学理论拥有 (或试图获得) 的感觉之间的差异，并且可能同意：帮助学生获得这种“内在”观点是数学教育的终极目的，但在成功做到这一点时，除了口头教学，他通常会放弃任何其他形式的尝试。作者的创新之处在于，他试图在一本教科书中实现这一目标，而在书评者看来，在这项几乎不可能完成的任务上，他做得非常成功。[85]

在 1990 年代直至 2010 年，Gleason 出版了一系列与人合著的微积分学教科书——为高中生和其他学习者使用。但无论如何，他不是在晚年才对数学教育产生兴趣。麻省理工学院数学家 Bjorn Poonen 谈起他在 1980 年代的哈佛时光，指出“Andy 给我的印象是，他是真心想帮助年轻数学家发展。当我还是本科生时，他每周都自愿抽出一两个小时，在他的办公室与我和另外一两个数学系本科生一起，开一次非正式会议，讨论我们心中的任何数学问题”。[86]

Joel Spencer 于 1970 年在 Gleason 的指导下获得博士学位，他谈到自己成为 Gleason 助教的“好运气”，并深情描述了他们的课前谈话。Spencer 说：“Andy 会讨论他要讲的数学问题。他从容地谈到各种定理和证明的重要性和内在关系。我的贡献微乎其微，但我全神贯注地听着。就是在那些时刻，我明白了作为一名数学家的全部含义。”[87]

有一次在思考几何问题时，Gleason 告诉他的朋友、以前的学生 Ethan Bolker，“如果能好好看一次第四维度，他愿付出很多”。[88] 我们只能希望，在 2008 年离开我们尘世的三维世界后，Gleason 能最终实现他的愿望，并且喜欢他所看到的一切。

7

有朋自欧洲来：OSCAR ZARISKI、RICHARD BRAUER 和 RAOUL BOTT

在 1930 年代末和 1940 年代初，即二战前和战争期间，一批来自欧洲的数学家移民美国，其中多数是犹太人。尽管这些数学家的总数不是特别大——二战结束前估计有 120 到 150 人流亡到美国——不过这些人中大多数是一流学者，他们对美国数学界的影响十分广泛。[1]

正如第 3 章所述，哈佛数学系直到战后才受到欧洲难民涌入的影响。Lars Ahlfors 是芬兰人但不是犹太人，他在二战结束一年后 (1946 年) 获得哈佛终身教职，此前 (1935 年至 1938 年) 他曾访问过数学系。出生于俄国的 Oscar Zariski 从 1940 年到 1941 年亦曾在哈佛短暂任职，1947 年他重返数学系，并在那里度过他漫长而多产的职业生涯。Richard Brauer 直到 1952 年才加入哈佛数学系，但他在 1933 年就离开了祖国德国，当时希特勒上台并强迫像他这样的犹太科学家放弃教职。匈牙利出生的 Raoul Bott 有部分犹太血统 (但在非犹太家庭长大)，他于 1938 年移民加拿大，直到 1959 年才来到剑桥。但是这三位欧洲人——Zariski、Brauer 和 Bott——最终都在哈佛以及他们各自的领域产生了巨大影响，涉及的领域主要包括代数几何学、群论和拓扑学。

Oscar Zariski

Zariski 享负盛名，简单来说是因为他是首位获得哈佛数学系终身教职的犹太人，但他对数学的巨大影响与其宗教信仰并没有关系。(事实上，他认为自己是无神论者。) 在很大程度上，由于 Zariski 彻底梳理了代数几何学，让该学科置于比过去更牢固、更代数化的基础上。通过改良代数几何的工具，Zariski 与同事 (包括法国数学家 André Weil) 比他们的前辈走得更远，而且更深入到数学的核心。在差不多半个世纪的时间里，他与同时代其他参与者共同引领了这一领域的走向，为后来几十年的发展奠定了基础。

对大多数人而言，数学本身已经足够困难，但 Zariski 却从小向往数学，并为要在此领域创一番事业而不得不克服无数艰难困苦。他以专一、百折不挠的决心在混乱环境中坚持数学研究，经历了第一次世界大战、俄国十月革命、纳粹主义和意大利法西斯主义的兴起、第二次世界大战、对犹太人的种族大屠杀以及晚年疾病的折磨。无论如何，Zariski 面对这一切仍坚持不懈，取得了令人敬佩的卓越成就。

Oscar Zariski 原名 Ascher Zaritsky，在成为罗马大学的研究生后，他在一位意大利导师的建议下，把名字改为听起来更像意大利语发音的 Oscar Zariski。1899 年，Zariski 生于俄国的科布林市，这个地方现在属于白俄罗斯。Zariski 小时候会花几个小时与哥哥 Moses 一起做数学题，Oscar 很快超过了哥哥。他曾在少年时期的一则日记中描述对数学的理解："从某个问题开始……，逐步见证自己智力的神

Oscar Zariski

David L. Crofoot 摄，哈佛年鉴出版公司

奇作用。当遇到棘手的新问题时，进一步的研究会引出新的结果……简言之：在数学方面，我觉得自己信心十足。”[2]

当一战在科布林地区爆发时，Zariski 搬到了基辅，并在 1918 年进入基辅大学。他不能参加数学课程，因为报读名额已满，于是他修读哲学课程，并辅修数学——主要是代数学和数论。由于少年时就已经确认对数学的热爱，他在基辅大学念书时的日记中写道：“我非常相信这位亲爱的老妇人，我也确信她不会背叛我，因为我能感到自己内在的数学潜能。”[3]

1917 年，俄国爆发了十月革命，布尔什维克、白俄罗斯和乌克兰的军队间歇地横扫这座城市，使这里不再是追求学术的理想之地。一年后，Zariski 在布尔什维克军队和乌克兰军队的交火中意外受伤，他的腿被榴弹的弹片击中。到 1921 年，基辅大学只能勉强运转，Zariski 认定是时候离开战争肆虐的基辅和基辅大学了。

他选择去意大利，尽管他在那里没有亲友，也几乎没有资金用于交通或生活的开销。多年后再回首，他才意识到当时的决定对他是何等重要。他说：“登上那趟列车意味着一种生活方式的终结，但是……我知道我命中注定要做数学。我是如此痴迷，以至看到天上的飞鸟时，我觉得它们就像飞翔的数字。”[4]

结果证明，意大利尤其罗马，是 Zariski 一个很好的选择。这里生活费用低廉，而且不收外国学生学费。也许更重要的是，Zariski 进入的罗马大学是当时世界的代数几何中心。“我很幸运，在系里遇到了三位伟大的数学家”——Guido Castelnuovo、Federigo Enriques 和 Francesco Severi，“他们的名字现在是古典代数几何的象征和代名词，我被吸引到这个领域是不可避免的。” Zariski 写道。[5]

如果没有在罗马落脚，他或许也会继续研究纯代数学。Zariski 说：

“但是，当你把几何与代数相结合，这要好得多。”[6] 至于代数几何究竟是什么，他解释说，数学家们既不同意它是通过代数手段研究几何，也不同意它是在代数中更多地注入几何形式。然而，大部分数学家都认同的是，这个领域以各种方式结合了代数和几何，许多方式涉及把代数技巧应用于几何问题。

代数几何学常常被描述为关于 (任意维) 几何对象的研究，这些对象是由代数方程，尤其是多项式方程定义的。举个简单的例子，取多项式 $x^2+y^2-c=0$，这里 c 是正的常数。在 x-y 平面上标记这个方程解的位置，会得到一条熟悉的曲线：圆。其他形如 $f(x,y)=0$ (由 x 和 y 通过与自身、相互、常数进行加、减或乘运算组成) 的二元多项式方程生成不同的曲线。类似地，三元 (如 x、y 和 z) 多项式方程生成所谓的代数曲面。代数几何的范围经过多年的扩展已包含了高维对象。现代代数几何允许多项式方程的变量和解不仅可取自实数，也可取自复数，甚至取自更复杂的 “基域” (ground field)，正如下面要讨论的。

代数几何被限定于多项式方程其实并不是一种严重的局限，因为这类方程的影响确实非常普遍。我们所能看到的自然现象，在极大程度上，都能用多项式描述。此外，几乎每个方程或函数都能被多项式逼近，因而多项式方程成为重要的研究对象。

Zariski 在罗马的几年里很快就对代数几何有了比较全面的了解。事实上，Zariski 在罗马大学的第一个学期初，Castelnuovo 就说服他上了为三年级研究生开设的代数几何课程。当 Zariski 提到他还没有掌握所有的预备知识时，Castelnuovo 告诉他去图书馆：“那里有书，你可以阅读。”[7]

1924 年对 Zariski 来说是重要的一年。他在这一年结婚，Yole Cagli 成为他的终身伴侣。这也是他到罗马的第三年，他获得了博士学位。他的博士论文是一个与 Galois 理论有关的代数问题，这是 Castelnuovo 建议的。Galois 理论是抽象代数的一个分支，以法国数学家 Évariste Galois 的名字命名，Galois 在 1832 年因决斗受伤而死，去世时年仅 20 岁，但却在数学上产生了巨大影响。Galois 理论为使用群论寻找多项式方程的“根”(或零点) 铺平了道路，他因此名垂后世。尤其是，Galois 理论将一个所谓的 Galois 群与多项式方程联系起来，而这个群的性质——度量方程的对称性——可以揭示这个方程是否能用“根式”求解，根式求解意味着多项式方程的根能用这个方程系数的和、积、平方根、立方根和 n 次方根来表示 (或解出)。

许多人在高中数学里学过二次多项式方程的求根公式。形如 $ax^2+bx+c=0$ 的方程有两个解：

$$x=\frac{-b\pm\sqrt{b^2-4ac}}{2a},$$

Galois 理论解释了为何 5 次或更高次方程不存在类似的求根公式。

Zariski 的论文解决了一个与上述问题不同但有些相关的题目，对此 Castelnuovo 描述如下：“取一个 x 和 t 的二元多项式方程，该方程只对一个变量 (比如 t) 是线性的。则该方程具有形式 $f(x)+tg(x)=0$，其中 f 和 g 是 x 的多项式。若将其视作 x 的方程，则 x 是 t 的代数函数。” Zariski 的任务是找出能对 x 做根式求解的所有方程类型，他证明有 5 类这样的方程，它们都与三角函数或椭圆函数有关。[8]

在其论文中，Zariski 研究了复数域上的“一般代数曲线”，即一个复维度曲线或两个实维度曲面。(维数加倍是因为复数 z 一般采用 $x+yi$ 的形式，其中 x 和 y 是实数，从而单个复变量对应两个实变量，因此在二维实平面上确定一个解需要一对坐标。) Zariski 证明了 Enriques 在 1897 年提出的一个猜想：一条亏格大于 6 的一般曲线不能表示为 $f(x, y) = 0$ 的方程，其中 x 和 y 由参数 t 的根式表示。Zariski 的传记作者 Carol Parikh 评论道："即使在其研究早期，我们也能看出，他倾向于把代数见解和拓扑思想与古典几何的综合法结合起来。"[9]

Zariski 在罗马大学做了三年博士后工作，除了其他研究，他在这里继续研究与 Galois 理论相关的代数几何问题。Castelnuovo 和 Severi 都鼓励他研究 Solomon Lefschetz 在拓扑学上的创新工作，他们认为这代表了代数几何学发展的方向。Zariski 深入钻研 Lefschetz 的著作，发现该领域的确如其导师所指出的那样激动人心。

与 Lefschetz 的结缘对 Zariski 还有另一方面的帮助。在意大利，自国家法西斯党党魁贝尼托·墨索里尼 (Benito Mussolini) 在 1922 年成为总理之后，反犹政策变本加厉。Zariski 认为离开意大利是明智的选择，于是转向 Lefschetz 求助，Lefschetz 刚到普林斯顿大学任教。作为一个俄裔犹太人，Lefschetz 与 Zariski 有许多共同之处，他帮助这位年轻的数学家在霍普金斯大学申请到 1927–1928 学年的研究员职位。在研究员职位结束之前，霍普金斯大学就将 Zariski 聘为副教授。他在霍普金斯大学工作了差不多 20 年，并在 1937 年成为正教授。

Zariski 写道：

> 在我于 1927 年离开罗马差不多 10 年后，我对这种"综合的"(我的意大利老师珍视的一个形容词) 几何证明感到相当满意，正是这构成了古典代数几何 (意大利风格) 的生命之源。然而，即使我在罗马期间，我的代数倾向也正显现出来，而且被 Castelnuovo 清楚地察觉到了，有一次他告诉我："你虽然和我们

在一起，但你不是我们中的一员。”他这样说不是斥责而是出于善意，因为 Castelnuovo 本人一次又一次告诉我，意大利几何学派的方法已尽其所能，到了山穷水尽的地步，对代数几何领域进一步的发展是不适宜的。[10]

在这 10 年中，Zariski 的主要成就之一是在 1935 年出版了专著《代数曲面》(*Algebraic Surfaces*)。Zariski 希望借此对当前的代数几何学做明晰的论述，这一著作也使他成为该学科国际认可的专家。该书受 Lefschetz 的拓扑观念影响很深，促使 Zariski 从一个新的观念探讨代数几何中的问题。至于为何专注于代数曲面，Zariski 解释道：“我在罗马大学读书的时候，代数几何几乎是代数曲面理论的同义词。这是我的意大利老师最常讲的、也是辩论和争论最频繁的课题。我觉得这将是实践我早前发展的代数方法的一个真正的试验场。”[11]

《代数曲面》及其相关工作代表了 Zariski 事业的一个真正转折点。在这本专著中，他试图概括一些想法，这些想法蕴含在意大利几何学家们关于曲面理论的方法和证明中。他说：“我很可能成功了，但却付出了代价，代价是我个人失去了曾乐在其中的几何天堂。我开始对自己描述的原始证明之严谨性明显感到不满 (但对渗透在证明中的想象力丰富的几何精神，我的崇尚丝毫未减)，因此我转而相信，整个结构必须用纯代数方法从头做起。”[12]

在此之前，他曾隐约感觉到意大利学派的代数几何学基础“摇摇欲坠”。[13] 例如，在 1928 年的一篇论文中，他发现了一个巧妙的途径，可以修正 Severi 不完整的证明，Severi 像使用已知结论那样不加论证。Zariski 也常常被 Enriques 漫不经心的证明所困扰，他认为可能是这种态度导致了代数几何罗马时代的最终消亡。Enriques 曾告诉他：“我们这些一流人物不需要证明，证明留给普通人来完成。”[14] 但当 Zariski 研究得愈深，他发现严格性的缺乏愈多，而且要比他曾经想象的更多。许多经典的证明，像前面提到的 Severi 的证明，在许多要点上是不完整或不精确的。Zariski 花了几年时间才对此有所领悟，这促使他担起了“重建该领域基础”的任务。[15]

那时，他确信代数几何学的古典语言已不够用。该领域必须用现代交换代数的术语来重写，于是他花了几年时间专心研究这个课题——这使得霍普金斯大学校长 Joseph Ames 感到非常失望，他询问为何 Zariski 发表的著述大幅下降，并对答复并不完全满意。[16]

在这个特别关头，Zariski 幸运地被邀请到普林斯顿高等研究院度过 1934–1935 学年。当时代数学的领军人物 Emmy Noether，由于犹太身份被哥廷根大学解职，来到高等研究院担任讲师。在那一学年，Zariski 定期与 Noether 见面交流，他从中获益良多。

他开始使用从代数学中引入的工具，并以创新的方式应用到几何问题中。这些新工具比标准工具抽象得多，但 Zariski 看到了这些抽象概念与几何学的关联。他精通复杂的代数概念，并以某种方式窥探其几何意义。从此之后，他的整个职业生涯都几乎围绕这项研究进行。

Zariski 解释说，大约从 1937 年开始，“我的工作发生了根本性转变，就所使用的方法和所研究问题的表述方式而言，都呈现出很强的代数特征。(然而，这些问题总能在代数几何学中找到它们的源起，且始终萦绕在我的脑海中。)”[17] 尽管代数学在他的工作中占有重要地位，但 Zariski 总是坚称他的想法源自几何直觉。他在另一个场合说：“我不会低估代数的影响，但我也不会夸大 Emmy Noether 的影响。我一直对有助于理解几何学的代数感兴趣，但从未培养过对纯代数的兴趣，从来没有。我不擅长纯粹的形式代数和形式数学。我更贴近现实生活，那就是几何学。几何学就是现实生活。”[18]

1935 年，Zariski 应邀解释这一新几何学的内容是什么。他和 André Weil 应邀到莫斯科大学做代数几何的系列报告，Weil 是那个时代试图改变代数几何的另一位领袖人物。Zariski 说，这些报告很受年轻数学家的欢迎，但却在老派几何学家中引发了“真正的反抗”。“这是代数几何吗?”他们抱怨道，“我们从未见过这样的几何学。”[19]

当然，Zariski 喜欢的工作类型比几何学家通常习惯的更为抽象，Zariski 并不回避那种抽象，而是欣然接受。当一个学生问他应选择物理还是数学时，Zariski 告诉他：“选择数学，它更不实用。”[20]

这句话显然是半开玩笑，因为 Zariski 与他所有的同侪都认识到，代数中的抽象概念对于几何是不可或缺的。代数可以为过去过于依赖直观的领域带来更大的严格性。Zariski 以前的博士生、代数几何学家广中平祐 (Heisuke Hironaka) 解释说：“他的哲学是，当几何以代数为基础时，就能避免几何直观的误导。他说，当他以代数语言表述代数几何时，其严格性是自然而然的，这毫无疑问。”[21]

利用代数还有助于数学家处理不容易想象的高维对象。广中平祐说：“有时你想处理几何对象却无法描绘它。如果能用代数形式表示几何对象，代数以方程为基础，而我们知道怎样处理方程。直到最后阶段，我们才会知道几何对象是如何变化的。”这正是 Zariski 写论文的方式，广中平祐补充说：“这完全是代数的。他确实改变了该领域的整个面貌，使处理更高维度的问题成为可能，而无须想象具体形状。”[22]

以下是说明代数精确性的另一个例子。取多项式方程 $(x-y)^3+tx=0$，如果 t 不等于零，它定义了一条光滑可微的曲线。然而奇怪的是，当 t 趋近于零时，方程变为 $(x-y)^3=0$，它的解是直线 $x=y$，实际上是三条直线，它们彼此叠置。换言之，它们“三合一”。这种被称为

广中平祐

Martha Stewart 摄

“退化”的情形在代数中显而易见，但在几何中却不那么明显。如果仅仅依赖几何，你只能看到图像，显示的解将是一条直线。然而，代数会为我们提供更清晰的图景，因为你知道实际上不只是一条直线，而是恰好有三条直线重叠在一起。

Zariski 和 Weil 都热衷追求的一种新方法，是发展一套适用于“任意基域”的代数几何理论，可作用在一个坐标不必限于实数或复数的空间上。为了理解这意味着什么，我们必须首先提醒自己，代数几何学的研究是围绕簇这种几何对象的，它由多项式方程定义。解这些方程意味着确定变量的哪些值是允许的——如 x、y 和 z 的哪些组合是零。但在确定那些零点所在的数“域”方面，有一定的自由度。例如，它们可以是实数域或复数域，几何学和拓扑学最初正是在这些“连续”系统上发展的。然而，在 20 世纪，数学家开始研究不同领域的几何学，诸如有理数域——实数的特殊情形，或者整数域——有理数的特殊情形。数学家还尝试了包含有限个元素的“有限域”。例如，这类有限域可能仅由 0 和 1 组成，其中 $0+1=1$ 且 $1+1=0$。当然，其他许多域也是可能的。

从连续 (无限) 切换到有限，必然会导致一种不同寻常的几何，它可能有助于求解数论中的问题。Zariski 和 Weil 在基于有限或“任意”域的代数几何中开辟了一个新的研究方向，并迅速发展为一个广阔的领域。

他们对寻找方程的整数解特别感兴趣，这些解使方程的多项式不等于零，而是等于一个素数 p 的倍数。这种方法被称为“模 p”(或特征为 p，两种说法可以互换)，整数 $1+1+\cdots+1$ 的 p 倍模 p 总等于零，其中 p 是素数。例如，在特征为 3 时，$1+2=0$，$11+4=0$，因为其和能被 3 整除。类似地，$1+4=2$，$15+11=2$，因为这些和除 3

余 2。Leonhard Euler 和 Carl Friedrich Gauss 是这一领域的先驱，一两个世纪后，Weil 和 Zariski 在对古典代数几何的拓展中进一步推进了该领域的研究，并导致了数论中的重要应用。

到 1940 年，Zariski 一直忙于把他从抽象代数中获得的新工具应用于代数几何的广泛领域。此时哈佛邀请他去做一年客座教授，他欣然接受。据那时在数学系任教的 Garrett Birkhoff 的说法，这次访问像是“一次试婚，若彼此情投意合，则在一两年后继之以长期聘请”。[23] (Garrett 的父亲 George David Birkhoff 在这次邀请 Zariski 中起了关键作用。) 为了替补刚刚退休的 Julian Coolidge 和 1941 年初去世的 William Caspar Graustein 两个人的职位空缺，哈佛开始物色一位几何学家，很多人认为 Zariski 是最适合的人选。然而，在珍珠港事件和美国参加二战后，哈佛冻结了大学招聘，他的长期聘用计划被搁置了。

当 Zariski 在哈佛就职期满后，他返回霍普金斯大学，在那里他面临繁重的课程负担 (每周 18 个小时的授课)，这严重压缩了他的研究时间。[24] 然而他满脑子都是新想法，从 40 岁出头持续到 50 多岁是他最高产的时期。哈佛和布朗大学数学家 David Mumford，1961 年在 Zariski 指导下获博士学位，他评论说：“许多数学家在 40 多岁时得益于他们早期更原创的工作，而 Zariski 此时依然高歌猛进。”[25] 例如，Mumford 说：“Zariski 主定理和连通性定理都涉及使用代数的全新想法，并提取几何内容。”[26]

发表于 1943 年的 Zariski 主定理无疑是一个重要定理，其被称为“主要的” (main) 并非因为它被认为是他曾证明的最重要定理。它被这样命名，是因为在 1943 年的同一篇论文中，他证明了 20 个定理，他把其中一个标记为“主要的”。[27] 这个定理围绕映射概念，由于太专业，在此不深入解释。代数几何学家普遍使用的映射，可以用代数中的多项式或有理函数 (多项式的商) 来描述。主定理与一类被称为 “拟有限” 的特殊映射有关，如此命名是因为空间 Y 中的每个点，仅对应空间 X 中的有限个点。尽管这个主题似乎晦涩难懂，但主定理已成为代数几何学者的一个基础且广泛使用的工具。此外，该定理还引出多种不同版本的表述。

Zariski 用连通性定理推进这项工作，Mumford 将其描述为 “主定理的更强版本”。[28] 麻省理工学院数学家、Zariski 的另一位学生 Michael Artin 补充说，这个证明 “是 Zariski 长期不懈努力的一部分，目的是为代数几何奠定基础，让该领域比以往更为严格”。[29] 回顾过去，似乎很清楚的是，Zariski 在巩固这一基础上取得的成功，从长远来看，可能比他所证明的任何某个定理都更为重要。

1945 年，Zariski 应邀到圣保罗大学做了一年交换教授，在那里他与 Weil 联合举办了一个研讨会，讨论代数几何的最新方法。Mumford 指出，当时 “人们常说，凡是代数几何学值得了解的内容，都是 Zariski 或 Weil 已经知道的。代数几何那时只是一个小领域，而 Zariski 和 Weil 正把它引向一个新的时代”。[30] 两位数学家都很珍惜与重要同事 (有时是竞争对手) 交流想法的机会。Weil 很尊敬 Zariski，称他是 “唯一一位可以信赖其工作的代数几何学家”。[31] Zariski 则感谢研讨会 “为我带来一位最优秀的听众”。[32] 但他们的关系并不总是那么和睦。Zariski 和 Weil 发现彼此都易受刺激，他们很少达成一致。正如 Zariski 所说：“也许我们是争斗的朋友。” [33]

1946 年，Zariski 接受了伊利诺伊大学厄巴纳–香槟分校的研究教授职位，与霍普金斯大学相比，该职位的教学负担大大减轻，薪水也更高。一年后，当哈佛向他提供一个终身教授职位时，他 (经加州理工

David Mumford

Peter Norvig 摄

学院同意) 推掉了本来已经答应的加州理工的聘请。1947 年，他来到哈佛，再未离开，他的余生一直与数学系紧密相连。他的同事们写道，“在接下来的 30 多年，他把哈佛打造成代数几何的世界中心”，正如几十年前的罗马。[34]

Zariski 把一些顶尖学者带到数学系，任命关键教员，邀请诸如 Jean-Pierre Serre 和 Alexander Grothendieck 等大名鼎鼎的访问教授，并通过其工作和个人光环吸引了一批有才华的研究生。

Grothendieck 在巴黎近郊的法国高等科学研究所 (IHES) 工作，他访问过哈佛几次，第一次来访是 1958 年应时任数学系主任 Zariski 的邀请。Zariski 告诉 Grothendieck，他必须签订一份不推翻美国政府的保证书，这是麦卡锡时期的一个陈规，是那时获得签证的要求。Grothendieck 回复说，他不会签订这样的保证书，并表示他不介意进监狱，只要他有书，并且学生能到那里拜访他就行。[35] 所幸 Grothendieck 没有遭遇牢狱之灾，相反，他得到与 Zariski 和其他人自由交流的机会。总的来说，他觉得剑桥风景宜人。在给同事 Serre 的信中，Grothendieck 写道：“哈佛的数学氛围棒极了，与日渐沉闷的巴黎相比，这里的空气很清新。这里有很多聪明的学生，他们……除了研究有趣的问题之外别无所求，而此处显然不缺乏这样的问题。”[36]

麻省理工学院数学家 Steven Kleiman 是 Zariski 以前的博士生，他曾在 1960 年代早期到哈佛读研究生，在最初上课的几天，他被同学“拉”去听 Zariski 的课。Kleiman 说：“首先，是他的人格力量 [激励] 我研究代数几何学；其次，这样可以和他一起工作。”该领域已进入一个全新阶段，Zariski 正大力推进这些新想法——既通过他本人的工作，又“将理论的主要缔造者带到哈佛”。[37]

另一位 Zariski 的前博士生 Joseph Lipman 认为：“Zariski 的深

远影响在很大程度上要归功于他作为教师的素质。他把自己的力量施于数学，而数学的力量又反射至他的身上。他是充满活力的学者兼教师的理想化身，是致力于追求美好数学生活的典范。” Lipman 补充说，1950 和 1960 年代在美国接受教育的代数几何学者中，Zariski 的学生占了相当大的比例。[38]

1947 年在哥伦比亚大学完成本科学业后，Maxwell Rosenlicht 前往哈佛攻读数学的研究生。哥伦比亚大学的一位教授问 Rosenlicht 是否打算跟 Zariski 学习，当 Rosenlicht 反问其原因时，这位教授答道：“当你去一个有伟人正在跳芭蕾的地方时，你也会跟着跳芭蕾。” Zariski 的研究生 Daniel E. Gorenstein 这样描述他的前导师：“这里有一位在地球上工作的巨人。” [39]

若干年后，当在法国讲学时，Zariski 令法国高等科学研究所的研究生 Bernard Teissier 改换了门庭，后者随后去哈佛做了研究员。Teissier 当时主要对数论感兴趣，但 Zariski 的演讲让他重新考虑。他说：“几何与代数的融合，经 Zariski 以生动的方式阐述，令我陶醉。” [40]

Zariski 的哈佛同事写道，即使是很专门的代数几何概念，当 Zariski 描述时，“你不必知道这些单词是什么意思，就会即刻相信它们不是干巴巴的抽象，而是来自一个有生命气息、充满希望和奥秘的世界”。[41]

当然，Zariski 所做的远不止简单安排人事和将一大批代数几何学家聚集到哈佛。当 1940 年代后期加入哈佛时，他对自己的创造力了如指掌，其研究事业因此一直在全速前进。在十年的大部分时间里，他一直努力解决一个与“奇点消解 (分解)”有关的问题。这是代数几何中最深刻和最基本的一个问题，也是他研究工作的中心脉络。他在该领域的第一个证明出现在 1939 年，在其整个职业生涯中，他一直断断续续地研究这个问题。

代数簇是处于代数几何中心的数学对象，它们可能有奇点——曲面上不光滑的位置，如一个圆锥的顶端。从几何意义上说，这样的点是特殊的 (或“奇异的”)，意味着簇在那里不是局部平坦的。人们希望通过重复的代数运算或变换，能设法弄平或“消解”奇点。如果数学家能成功处理奇点，也就是让它们消失，那么他们就能对簇使用分析学或微分学的标准技巧——这些技巧对奇点通常会失效。

广中平祐解释说，做出奇点的一种方式是取一个几何空间，再取空间的某个部分，并把它挤压成一个点。也许你挤压的那部分原来是一个圆盘、一个矩形片、一个球面或者某个更复杂的东西。在压缩之后，它可能看起来像一个点，但当更仔细地观察它时，会发现那里有更多东西——确有信息在其中。广中平祐补充说：“现在，为了看到里面有什么，你必须把它吹起来，放大它，把它弄光滑，然后你会看到整个图景。这就是奇点的消解。”[42]

例如，限制在平面上的自交曲线 (像数字 8 的图形)，其交点构成一个奇点。可以任意放大这个交点，但它永远不会消失。然而，如果可以对这张图增加另一个维度，就能把曲线分开，将曲线微微提升脱离该平面，使得它不再自交。这样一来，你就摆脱了奇点。

一个类似的例子是尖点，由形如 $x^2 - y^3 = 0$ 的方程描述，方程在原点有一个尖峰 (或“尖端”)。一种处理方法把带尖点的方程改写成两条光滑 (因此无奇点) 曲线的和，这两条曲线是可微的，因此更容易处理。另一种方法与前面的例子相像，涉及把尖峰的两侧在三维空间中沿垂直方向拉伸，使得原来的奇点伸展开来，变得光滑。在这类例子中，可以把奇异曲线或尖点看成高维空间中的光滑曲线的射影。

过山车的例子为我们提供了另一种思考方式。广中平祐解释说：

"过山车的轨道没有奇点，否则就会出问题。但是如果观察过山车轨道在地上的影子，就会看到尖点和交叉。若能把奇点解释为一个光滑物体 [在一个平面上] 的射影，那么计算就会变得容易一些。"[43]

让我们回到一个圆锥面或在顶端相交的两个圆锥面的例子——这种几何形状可以通过将固定一点的直线绕着圆旋转而得到。尽管两个圆锥面的交点看起来像一个令人绝望的奇点，但这个点实际上可以被吹起来，并用一个小球面代替。构成圆锥面的直线集合现在彼此分离，每条直线在一个不同的点与球面接触，奇点因此消失。这类操作在数学上是合理的，尽管 (若不在高维空间中看) 这样做"合法"的理由并不明显。

不过，上述情况仅提供了消解奇点的孤立例子。而 Zariski 和其他数学家们渴望得到更广泛和更有力的一组数学工具——可用于消解任意维和任意簇的奇点。其基本思想是，从包含奇点的簇中取一小片，将其反复放大。我们期望，如果奇点由此得到充分扩散，并且你用一个倍数足够大的放大镜观察它，那么它那些有问题的特征可能会消失，看上去像不带奇点的对象。

"Zariski 用一整套技术解决了这个问题，坚持不懈地撰写了 6 篇研究论文 (200 页篇幅)。"Mumford 说。最后，他证明了"维数不超过 3 的所有代数簇……都非奇异"。[44] 换言之，他证明了 1 维和 2 维簇 (曲线和曲面) 中的奇点可以被消解；一个奇异簇可以用一个类似的没有奇点的簇代替。Zariski 还证明，在某些情形下，3 维 (立体) 中的奇点能被消解，但这个证明仅限于特征为零的域。(在特征为零的域中，任意非零元素 x 与自身相加时，无论多少次，其和都不等于零。)

Mumford 指出："多年来，所有业内人士都认为这是整个代数几何中技术上最困难的证明。"[45] 曾在哈佛担任研究员的同事 Teissier

把 Zariski 关于奇点消解的工作比作"一座教堂：局部处处优美，指向一个整体目标，令人敬畏。"[46]

Zariski 不满足于停在 3 维情形，他希望构建一个普遍的证明，对所有维数的簇都成立。1954 年，在普林斯顿庆祝 Lefschetz 七十寿辰的会议上，Zariski 做了一个报告，概述了他证明任意维奇点可消解的方法。他尚未完成证明，但相信自己已完成了 90%，并有信心进行到底。报告结束后，Zariski 的哈佛博士后 Arthur P. Mattuck 问 Lefschetz，对 Zariski 正在进行的工作有何看法。Lefschetz 答道："让我告诉你一件事，Mattuck！在奇点消解理论中，99% 等于零！"[47] Lefschetz 这么说的意思是，最后一行的一个错误可以推翻整个论证。一个证明除非是完美的、百分之百正确，否则它什么也不是。

随着事态发展，Zariski "90% 的证明" 被证明有缺陷。他的研究生 Shreeram Abhyankar 不久发现这种方法并不奏效。事实上，直到 10 年后，Zariski 的另一位研究生广中平祐使用完全不同的策略才解决了这个问题。但在这之前，Abhyankar 也有所突破。他和广中平祐能够在这个问题上超越老师，部分原因在于 Zariski 的出色工作为前者铺平了道路。Abhyankar 证明了解决这个问题的新方法，同时还发明了一系列技巧来克服前辈们遇到的困难。广中平祐说，Zariski 引入的现代代数方法不仅为该问题带来严格性，而且还"阐明"了该问题。[48] 它们重新引起了人们的关注，点燃了人们的激情。

在 Zariski 的带领下，Abhyankar 开始着手处理特征为 p 的域上的曲面、立体和更高维簇的奇点消解问题。尽管起初充满热情，但他不久就泄了气，因为 Zariski 一个接一个的建议把他引向了死胡同。在这期间 (1953 年访问意大利时) Zariski 本人接受了溃疡手术，他告诉学生"一个 3 维奇点从他的胃里移除了"。[49]Abhyankar 曾一度想要放

Shreeram Abhyankar

Yvonne M. Abhyankar 惠允

弃。Zariski 告诉他不要忧虑;他会帮他找另一个论文题目。Abhyankar 非但没有放弃,反而更加刻苦,有一次他连续 72 小时不间断工作,并取得他的第一个积极成果。他在 1956 年的一篇论文中提出了对特征为 p 且维数不超过 2 的情形的消解方法。[50] 尽管他希望对任意维都能做同样的事情,但他花了十年的时间才解决了 3 维问题,而一般性问题至今仍未解决。

奇点研究前沿的另一个巨大进展来自广中平祐,1956 年他在京都大学遇到 Zariski。Zariski 在那里讲了一个月的代数曲面。广中平祐参加了他所有的讲座,他对这位京都大学研究生所做的工作留下极为深刻的印象。(成为数学家之前,广中平祐原本希望到乐团担任职业钢琴家,但初中的一次肖邦即兴曲的糟糕演奏令其理想破灭。) 在讲学期间,Zariski 要求广中平祐详述他的工作。据广中平祐回忆,在 Zariski 面前,他吓呆了,以至于"说不出事先准备好的讲话"。"我想他 (Zariski) 对我的拙劣表现彻底失望了," 但令他感到意外的是,经 Zariski 推荐,广中平祐的文章在美国期刊上发表。Zariski 还鼓励他到哈佛攻读研究生。[51]

广中平祐接受了这个建议,并于 1957 年到哈佛报到。他那时已经对奇点消解产生了兴趣。当他还是京都大学三年级学生时,就听说了 Zariski 在这一领域的工作,并且发现这个问题很有趣。他早就决定去尝试解决这个问题,尽管那时他还没有准备好。为什么在所有可能中,那个问题吸引了他的目光? 他说:"这就像一个男孩爱上一个女孩,很难说为何。事后你可以编出各种理由。" 既然 Zariski 已经解决了低维问题,剩下的就是高维问题了。广中平祐说:"在更高维度中,你不能看到所有的东西,因此你必须有某种工具去猜测或构想。而这个工具毫无疑问就是代数。" [52]

广中平祐的证明在很大程度上依赖归纳法。然而，当使用归纳法证明时，有时证明一个更强的断言比你要证明的实际断言更容易，这里的实际断言涉及奇点消解。广中平祐采用的关键步骤是精心设计一个更强的断言，它包含原始问题。然后，他用归纳法证明，在 n 维中得到的结果经扩展会蕴含 $n+1$ 维的相同结果。使用这种技巧，广中平祐证明在特征为零的情况下，所有维度的奇点均可被消解。

他因为这项工作获得了 1970 年的菲尔兹奖，1964 年的证明被视为一项杰作，尽管它当时并未被普遍认可。人们看法已然改变了，奇点消解现在得到了更多的重视。广中平祐回忆道，在该证明发表不久后，他在德国做报告，那里的一位教授曾说他“证明了一个伟大的无用定理”。“传统数学通常关注光滑的东西，比如球和环面。很多很多年以来，人们并不关心奇点。但是当这门学科成熟后，他们开始认识到奇点是无处不在的。处理奇点的新技巧也被发展出来。”例如，Poincaré 猜想是 20 世纪最重要的数学问题之一，它没有任何关于奇点的叙述。广中平祐补充道：“但是，为了证明这个猜想，你必须处理奇点。”[53]

1968 年，广中平祐成为哈佛教授，现在仍以荣休身份任教。在他的研究生时代，他经常与 Zariski 的另两位学生 Artin 和 Mumford 联系，这两个人都为代数几何做出了杰出贡献。(此外，Artin 在他们研究生毕业大约 30 年后成为美国数学会主席，而 Mumford 则在 1974 年获得菲尔兹奖。) 广中平祐建议学生尽量跟随“该领域第一流的学者”学习，“但不要期望你能从他那里学到什么！而让你感到意外的是，这种人身边总有许多有才能的年轻人，你可以从他们身上学到很多东西”。他、Artin 和 Mumford (还有一位更年轻的研究生 Steven Kleiman 有时会参加) 经常开办他们自己的讨论班。广中平祐说：“我们都是学生，因此有很多时间来谈论数学。”他们也参加了 Zariski 的每一次讲座。广中平祐补充说："但身为系主任的他很忙，我、Artin 和 Mumford 总是在一起，总是在交谈，这很有帮助。因此我们不仅受到老师的影响，也受到同学的影响。"[54]

这三位学生关系密切，但却几乎从未合作发表论文，而是选择进入了代数几何的不同领域。Mumford 回忆道："那是一段不可思议的时期，我们三个研究生跟处于事业全盛期的 Zariski 一起工作。"[55] 他第一次遇到 Zariski，是因为一位同学怂恿他去听这位教授的报告，"'尽管我们一个字也听不懂'，但 Oscar Zariski 令我着迷。当他说出'代数簇'这几个字时，他的声音里有一种无可置疑的共鸣，清楚地表明，他正在参观一座神秘园。我立刻也想这样做。为了让这个世界变得切实可见，我奋斗了 25 年。"[56]

大约在 1958 年到 1983 年期间，也就是 Mumford 从事代数几何研究差不多二十五年的时间里，他获得博士学位 (1961 年)，从哈佛教员晋升为教授、讲座教授、系主任 (依传统，按资历轮换)，成为世界知名数学家，成为像其前辈 Zariski 和 Grothendieck 那样的代数几何领军人物。通过发展几何不变量理论，它被认为是其更广泛的"模"理论的一部分，Mumford 开拓了一个富饶的数学新领域，他因此获得了菲尔兹奖。

另一种看待 Mumford 几何不变量理论的方式是，它为构建模空间提供了基础和基本的工具。Mumford 对亏格固定的代数曲线的模空间尤其感兴趣——这些曲线仍然表示多项式方程的解。尽管这项工作显然非常专业，但他解释说，模空间其实是"一种地图，是将所有可能的代数曲线封装到单一泛对象的一种方式。正如通常的地图是一张纸，上面的点代表所有可能的物理位置，模空间的点代表曲线，每个点对应于不同类型的曲线"。换言之，该地图"提供了全体曲线的一个鸟瞰图”。[57]

Mumford 的一个长期兴趣是理解这种模空间 (也被称为分类空间) 的整体结构。他说：“数学最激动人心的一个方面在于，如此一个泛对象——数学家喜欢称之为‘天赐的’对象——原来并不简单，而是有其内在的特性。”[58]

为考虑涉及更高亏格曲线的复杂情形下的模空间，Mumford 展示了如何使用几何不变量理论来处理，这基本是由他发明的，借鉴了德国数学家 David Hilbert 70 年前提出的想法。Mumford 所研究的一个问题关乎这样的事实：到那时为止，数学家一直研究的模空间——还是由曲线构成——是“不完整的”。换言之，有些曲线被遗漏了。关键在于要弄清楚添加哪些曲线来补全空间——要恰好使得该空间不再是不完整的，但又不超过必需的数量。Mumford 与比利时数学家 Pierre Deligne (后来在普林斯顿高等研究院工作) 一起解决了这个问题，他们发现被遗漏的曲线是被称为“稳定曲线”的特殊奇异曲线，它们构成了模空间的边界。Mumford 和 Deligne 还证明了如何构造稳定曲线。

加州大学洛杉矶分校的数学家 David Gieseker 曾在 Zariski 的学生 Robin Hartshorne 的指导下获得哈佛博士学位，他说：“从那时起，他们的成果一直处于代数几何的中心，几乎所有研究模空间的人都依赖 Deligne-Mumford 方法。”[59]

Mumford 与其哈佛同事 Joe Harris 广泛运用这种技巧，证明了奇亏格大于 23 的曲线之模空间属于“一般型”——这意味着此类模空间不能被一个复向量空间精确地参数化或映射。后来，Harris 和加州大学伯克利分校的 David Eisenbud 推广了这个结果，证明偶亏格大于 23 的曲线之模空间也属于一般型。(目前对较低亏格的情形仍然了解不多。)

Mumford、Harris 和 Eisenbud 的发现不仅证明了高亏格曲线都属于一般型，而且还证明了包含这些曲线的模空间也属于一般型。Mumford 解释说:“这是以较弱的方式说模空间反映了由它们分类的曲线——地图的本质是模拟它所代表的土地。”[60] 他指出，构建这样的空间并试图理解它们的结构，已成为“现在的一项宏大事业”。[61]

Mumford 的主要导师是 Zariski，但 Mumford 还从 Grothendieck 那里学到很多东西。“我和同学 Artin 及广中平祐在哈佛读研究生时受到极好的训练，”他说，部分原因是“因为 Grothendieck 来访，并传授其在代数几何上非凡的新洞见。他创造性地将更具几何直观的意大利学派的老式方法与现代法国学派的上同调工具融合起来”。[62]

正是上同调 (第 4 章讨论的拓扑概念) 给 Artin 留下了深刻印象。Michael Artin 是著名数学家 Emil Artin 的儿子，在哈佛读研究生时，他上完 Zariski 的交换代数课程后，决定跟随 Zariski 一起工作。1958 年和 1961 年，Artin 在哈佛见到来访的 Grothendieck。那时，Artin 已听说了 Grothendieck 关于平展 (étale) 上同调的概念。“当见到 [Grothendieck] 时，我问他，我是否可以考虑一下它，他说可以，”Artin 讲述道，“就这样，我开始了这方面的研究。他当时没在研究这个问题——他虽然有想法，但却搁置一边。直到我证明了第一个定理，他才开始研究它。他非常活跃，这可能是他那些年唯一没有马上做的工作，不清楚原因何在。”[63]

1963 至 1964 年，Artin 在法国高等科学研究所与 Grothendieck 一起工作，此后 Artin 又来访过几次，在这期间他们合作完成了几篇关于平展上同调的论文。法语词 étale 的英文翻译是 “slack” (如 slack

Michael Artin

tide) *，尽管 Artin 不清楚为何这个航海术语与数学相关。他对这个想法的源起解释如下："如果我们讨论的是复数域上的代数几何，上同调理论已经建立完善；但如果你想在有限域上做上同调，就不能用标准的拓扑方法，必须用不同的方法。这是将上同调概念扩展到其他情形的一次尝试。" [64]

根据 Artin 的说法，Weil 促进了这个领域的发展。"他证明这种新的上同调能够帮助解决有限域上的问题。特别是，他说你能用它解决有限域上 Riemann 假设的类似情形，那些直觉已被证实。" Riemann 假设由德国数学家 Bernhard Riemann 在 1859 年提出，是整个数学中最著名且最重要的问题之一。Riemann 认为：看似无规律可循的素数分布与一个复变函数有关，此函数后来被称为 Riemann ζ 函数。一般的 Riemann 假设仍是一个未解决问题。但在 1973 年，Pierre Deligne 用平展上同调对有限域证明了类似情况。这个证明证实了 Weil 先前的想法，Deligne 因此获得了 1978 年的菲尔兹奖，Artin 称其为平展上同调的"最高成就"。[65]

一名教师——尤其是伟大的教师，最终会被他或她最杰出的学生超越，这是自然规律的一部分。这种前景的必然性并不一定会使它更容易被接受，Zariski 的情形就是如此。在广中平祐完成他对奇点消解的著名证明之后，Mumford 观察到："也许这一次比以往任何时候，都更让 Oscar 深切感受到他的一个学生完成了一件他想做的事。但回过头看，他很难用当时的工具来证明一般情形。他发展所需的抽象工具，但半路上又突然止步，转向其他方向。" [66]

与此类似，Mumford 在 1960 年代早期成为哈佛助教时，"我想要

---

*Slack 意为平缓的，slack tide 意为平潮。——译者注

向 Oscar 展示 Grothendieck 的新思想是多么伟大”。于是 Mumford 开了一门课程，介绍这些思想。“我以为 Oscar 会很感兴趣，但不幸的是他没有，” Mumford 说，“他甚至都没来听课。”[67]

即便如此，Zariski 的一生几乎都是活跃和高产的。1969 至 1970 年，他担任美国数学会主席，随后因其在数学上的领导作用和丰硕成果获得认可。例如，1981 年，Zariski“因其在代数几何方面的工作，尤其是为这一学科的代数基础做出的许多奠基性贡献” 而获得 Steele 奖。[68] 1981 年，他因利用 “近世代数的威力为代数几何服务” 而获得沃尔夫数学奖。[69] 那时，Zariski 开始患上阿尔茨海默病和耳鸣，他的听力受损并最终导致失聪。因此，他的晚年极其艰难。他与周期性的抑郁抗争，只要有可能，他就会从数学中寻找慰藉。1986 年，他病逝于麻省布鲁克林的家中。

Zariski 的学生 Joseph Lipman 说，Zariski 自 1920 年代离开意大利以来，在美国度过了 “60 年卓越的数学生涯，一直持续到年过八旬——对 ‘创造性数学属于年轻人’ 这句格言来说，这是一个鼓舞人心的反例”。[70]

谈到 Zariski 的遗产时，他的哈佛同事 Barry Mazur 说：“除了他的著名理论 (基本的知识、生活的事实) 外，他还有更多更深刻的思想。人们还没有探索这些更深层次的东西，但他们会的。”[71]

除了为重建代数几何做了大量工作外，Zariski 还帮助改变了哈佛数学系。在他任职期间，数学系的规模扩大了一倍多，更加国际化，同时成为代数几何和其他领域更加活跃的研究中心。[72] Zariski 对所有这一切贡献巨大。在他离开舞台很久以后，人们仍能感受到他的存在：数学和哈佛都再也不一样了。

Richard Brauer

和 Zariski 一样，Richard Brauer 也在职业生涯的中期来到哈佛，那时他已取得大量令人印象深刻的成就，但仍有很多东西可以贡献。Brauer 在德国度过了他人生的前三十年，随后去了密歇根大学、多伦多大学，最终来到哈佛。他对科学尤其是数学的兴趣，是童年时被他的哥哥 Alfred 激发的，Alfred 后来成了一名颇有名气的数学家。Brauer 起初想当一名发明家，但很快意识到他对“理论更感兴趣，而不是实践”。尽管如此，通过早期的实验，他学到了宝贵的一课，养成了“靠自己做事的习惯”。[73]

在柏林大学读本科时，Brauer 接触到像 Albert Einstein、Max Planck 和 Constantin Carathéodory 这样的人物，他尤其对 Erhard Schmidt 的课印象深刻，Schmidt 是 David Hilbert 的学生和合作者。“很难描述这些课的魅力，” Brauer 写道，“当 Schmidt 站在黑板前时，他从来不用笔记，也几乎从未做过充分准备。他给人的印象是当场创建出理论，” 从而给整个过程带来了一种即时性和自发性的氛围。[74]

与 Schmidt 形成鲜明对比，Issai Schur (Brauer 的论文导师) 的讲课更加精练，连珠炮似的速度让学生望尘莫及。有时 Schur 会把自己无法解决的问题告诉全班同学。Brauer 和他哥哥挑选了其中的一个问题，并在一周内解决了它。他们的同班同学 Heinz Hopf 也独立完成了同样的事情。这三位学生把他们的结果合成一篇论文；于是 Brauer 作为合作者在数学期刊上发表了他的首篇文章。Schur 向他提出另一个问题，涉及群的表示——该问题的解成为 Brauer 博士论文的一部分。

1925 年，Brauer 在哥尼斯堡大学担任了他的第一个学术职位，他

Richard Brauer

照片由密歇根大学 Bentley 历史图书馆惠允

感到在 Hilbert 和 Hermann Minkowski 离开之后，这所学校“渐渐被忽视”，留下的“只是二流数学家”。[75] 但这所大学的声望正在努力恢复中，Brauer 为此付出了卓绝努力。1931 年，他与 Emmy Noether 和 Helmut Hasse 发表了一篇重要论文，据群论专家 Walter Feit 说，这代表了“代数理论长期发展的一个顶峰，它始于……一战前”。[76]

1933 年，Brauer 逃离德国，通过援助外国流亡学者紧急事务委员会的安排，他接受了肯塔基大学为期一年的访问教授职位。尽管 Brauer 很享受肯塔基大学的时光，但仍很高兴地接受了如下邀请：1934–1935 学年在普林斯顿高等研究院，担任杰出数学家、另一位德国难民 Hermann Weyl 的助手。Brauer 称这一任命“圆了他的一个梦”，[77] 而 Weyl 认为：与 Brauer 的互动是他一生中最愉快的科学合作经历之一。[78]

1935 年秋，Brauer 成为多伦多大学的助理教授，他在这里度过了富有成效的 13 年。Feit 说：“今天，很难想象一个已经 34 岁、数学成就与 Brauer 相当的人，会被授予并接受一个助理教授的职位。”[79] 然而，在那个时代背景下，可以想象一个逃离纳粹德国的人，会非常珍视有机会追求自己选择的领域，即使提供给他的职位与其地位和成就并不相符。在多伦多，Brauer 做了许多“有成就的”事情。芝加哥大学的 Jonathan Alperin 声称：“在此期间，他取得了五六项伟大的成就，其中任何一项成就都足以让一个人确立一流数学家的地位。”[80]

在多伦多期间，Brauer 全身心投入到有限群及其表示的研究中。他将在余下的职业生涯中 (包括后来在哈佛的几十年) 从事这方面的研究——事实上余生也是如此，Alperin 指出他“创造出大量杰出的成就，这些成就最终构成一个宏大理论”。Alperin 称 Brauer 是“专注的巨人”，这很可能是一个在之前或之后都未有过的说法。[81] 尽管

Brauer 在数论和其他数学领域也取得了成功，但鉴于 Brauer 在有限群方面的工作最为著名，因此这将是我们讨论的主题。

顾名思义，有限群是元素数目有限的群。Brauer 是有限“单”群分类这一巨大成就的先驱——最终有 100 多人参与，共发表了大约 500 篇论文，总计约 15000 页。[82] 根据定义，一个单群是指除了所谓的平凡子群 (即单位元及群自身) 外，没有“正规”子群的群。

定义正规子群——这个概念最初由群论先驱 Évariste Galois 引入——相当复杂。首先，取一个群 G 及其子群 H。然后，取 G 的一个元素 a，并用 a 分别乘以子群 H 的每个元素。所有这些乘积的集合构成一个陪集，我们称之为左陪集 aH。类似地，可定义右陪集 Ha。如果这两类陪集重合，即若对每个元素 a，有 $aH = Ha$，则 H 称为正规子群。在这种情况下，陪集构成所谓的商群 G/H，商群的元素由所有的陪集 aH 构成。

这很重要的原因在于，因为单群没有正规子群，因而不能通过形成商群的过程将其分解成更小的群。在这方面，单群类似于素数，素数只能被自身和 1 整除，不能分解成更小因子的乘积。因此，有限单群是所有有限群的基本单位，正如素数是所有正整数的基本单位 (或因子)。基于这个原因，俄勒冈大学数学家 Charles W. Curtis 说：“有限单群分类为整个有限群理论提供了一个基础。”[83]

尽管有限单群有无穷多个，Brauer 等人所做的分类问题，是证明这些群分别属于有限个“族”，以及确定所有的族。如果一个群中任意两个元素 a 和 b 的乘积 $ab = ba$，而与顺序无关，则该群为 Abel 群或交换群。当一个有限群是 Abel 群时，确定它是否为单群就相对容易了。而在非 Abel 群或非交换群中，则没那么容易。(顺便提一句，有些数学家对单群的讨论仅限于非 Abel 群。)

正方形的对称群是非 Abel 群的一个例子，我们仍称之为 G。这个群有 8 个元素：4 个旋转 (例如向右转 1 至 4 次) 和 4 个 "翻转" (绕垂直、水平和两条对角线轴)。对正方形不做任何操作，或者等价地，将它向右 (或向左) 旋转 4 次，使正方形回到原来的位置，这个对称操作是 G 的单位元。很容易确定 G 是非 Abel 群：取一个正方形的纸片，两侧染上不同颜色，并给每条边的顶点编号。例如，如果将正方形向右旋转一次 (或 90 度)，然后沿其水平轴翻转，所得正方形的最终位置，与先沿水平轴翻转，然后再向右旋转一次得到的位置不同。旋转和翻转的顺序很重要，这意味着这些操作并不总是可交换的。

这 4 个旋转构成的子群 H 碰巧是 "正规的"。如果我们取 a——该群的一个元素，但不属于子群 H (换言之，是一个 "翻转")——并将 a 乘以 H，即乘以 4 个不同的旋转，积 aH 由所有的 4 种翻转构成。类似地，如果将任意一个旋转乘以 a，积 Ha 也产生所有可能的 4 种翻转。由于对 a 的所有可能选择，左陪集 aH 都等于右陪集 Ha，所以由正方形的旋转构成的子群 H 是正规的。非平凡正规子群的存在意味着正方形的对称性并不构成一个单群。

群中元素的个数被称为群的 "阶"，它对分类非常重要。很容易证明一个素数阶的 Abel 群是单群。在这里，群的阶告诉了我们一切。非 Abel (非交换) 群的情形则要困难得多，这也是 Brauer 及其同辈所关注的问题。

对于一个给定的阶，只有有限多个不同的群。Brauer 考虑了 n 阶单群的一般问题。Curtis 解释说："策略是用数量 (群的阶) 代替群的复杂概念，通过研究阶来推导出群的性质。"[84]

也许说明这一方法的最佳途径是考虑一个特殊情形。例如，168 阶的单群仅有一个，168 的素因子是 2、3 和 7，因为 $168 = 2\times2\times2\times3\times7$。

然而，同阶的单群可能多于一个。例如 20160 阶有两个不同的单群——术语上称为“不同构的”。[85]

如前所述，若一个群的阶为素数，该群自动为单群。如果阶有 2 个素因子，它们可重复或不重复——如 24 (2 × 2 × 2 × 3)，则该群一定不是单群，这一事实已在一个多世纪前被证实。另一方面，阶有 3 个素因子的群可能是单群，也可能不是单群。也就是说，一个非 Abel 单群的阶至少有 3 个不同的素因子。

Brauer 着手处理阶有 3 个不同素因子的有限单群的分类难题。例如，他与中国数学家段学复合写的一篇论文证明：阶能被 3 个素数 p、q 和 r (p 和 q 是一次幂) 整除的有限单群，其阶必为 60 (素因子为 2、3 和 5) 或 168 (素因子为 2、3 和 7)。[86]

Brauer 与他以前在密歇根大学的学生 Kenneth Fowler，于 1955 年发表了一篇题为《论偶数阶的群》(On Groups of Even Order) 的论文，根据华威大学数学家 James Alexander Green 的说法，“这标志着有限群论一个新进展的开始”。[87] Curtis 进一步指出，Brauer-Fowler 的论文“为有限单群的分类开辟了道路”。[88] 这篇论文为有限单群的分类提供了一个策略，后来被称为“Brauer 纲领”。[89]

另一个重大突破出现在 1963 年，Feit 和 John G. Thompson 关于奇数阶群发表了长达 250 页的证明。[90] 1970 年，在法国尼斯召开的国际数学家大会上，Feit 在论述他和 Thompson 的工作时，赞扬 Brauer 迈出了关键的第一步，使他们的证明成为可能。[91] 1972 年，罗格斯大学数学家 Daniel Gorenstein 依据 Brauer 的深刻见解和 Feit-Thompson 定理，设计了完成分类工作的 16 步纲领，并且证明了所谓的巨大定理 (Enormous Theorem)：每个有限单群都可归入 18 个族之一，或者是 26 个“零散” (sporadic) 群中的一个。

一个“族”可以被看作不同维数的群的集合，如特殊正交 (SO) 群，它包括：2 维平面中圆的旋转群 SO(2)，3 维空间中球面的旋转群 SO(3)，以及高维空间中高维球面的旋转群 SO(n)。(这里需要说明的是：虽然这是一个关于族的很好的例子，但其中没有一个旋转群是有限的，因而不是 Brauer 与同侪感兴趣的分类研究。)

已被认定和构造的 26 个零散群不属于任何一个族。每个零散群都是唯一的，以其独特的方式生成。最小的零散群有 7920 个元素，由法国数学家 Émile Léonard Mathieu 在 19 世纪末发现。1980 年，密歇根大学数学家 Robert L. Griess 构造了一个有超过 8×10^{53} 个元素的零散群，是零散群中阶数最大的，被称为“魔群”。[92]

Gorenstein 曾在哈佛读本科时师从 Saunders Mac Lane，并在 Oscar Zariski 指导下读研究生，他于 1992 年去世，此时他提出的纲领尚未实现。2004 年，加州理工学院的 Michael Aschbacher 和伊利诺伊大学芝加哥分校的 Stephen D. Smith 完成了最后的拼图——在一篇 1200 多页的论文中。因为 Aschbacher 在这方面“意义极为深远”的工作，他获得了 2011 年的 Rolf Schock 数学奖和 2012 年的沃尔夫数学奖。[93]

尽管 Brauer 早在几十年前已经去世 (1977 年)，但他的贡献没有被遗忘，他发明了一些将这个项目进行到底的关键方法。1979 年，Gorenstein 的一篇论文以“献给 Richard Brauer 以纪念他对有限单群的开创性研究”作为献词。Gorenstein 在引言中写道：“Richard Brauer 没有活着看到有限单群的完整分类实为不幸。过去 30 年，他将主要精力投入到分类研究中，对这一课题产生了难以估量的影响。”[94]

虽然 Brauer 未能看到他倾注心血的项目最终大功告成，但 Feit 说：“他有幸活得足够长，获得了应得的认可。更幸运的是，他的兴趣和能力一直保持到他生命的最后。”[95]

Green 指出：“[Brauer 的] 职业生涯的一个惊人之处是，他以几乎恒定的速度持续做出原创和深入的研究，直至生命的最后一刻。在他留下的 127 种出版物中，大约一半写于他年过五旬之后。”[96] 考虑到 Brauer 是在 51 岁到哈佛的，学校对他的投资得到了丰厚回报。

Raoul Bott

聘用 Raoul Bott 也为哈佛带来了巨大回报，尽管公平地说，作为一个年轻人，Bott 并未展现出异乎寻常的数学天赋，总体上也未在学术方面表现出多大潜力。1923 年，Bott 生于布达佩斯，主要在斯洛伐克长大 (直到 1938 年全家移民加拿大)，在童年期间，他充其量只是个中等生。Bott 在斯洛伐克的布拉迪斯拉发上了 5 年学，除了唱歌和德语外，他从来没有得过 A。至于数学，他通常只能得 C，偶尔能得 B，这使他成为一名大器晚成者。

大约在 12 岁到 14 岁时，Bott 和一位朋友摆弄起了电，玩得不亦乐乎——制造电火花，把保险丝盒、变压器和真空管连在一起，从中了解各种装置是如何工作的。这个实验最终让他获益良多。后来 Bott 解释说，数学家是“喜欢刨根问底的人”。[97]

尽管 Bott 经常告诉他的哈佛学生，他从来没想过会进入大学读本科，但他还是设法进入了麦吉尔大学，在那里主修电气工程。[98] 1945 年毕业后，他加入加拿大军队，但在 4 个月后，当二战突然且出人意料地结束时，他便离开了。

Bott 随后在麦吉尔大学注册了一个为期一年的工程硕士课程，但学完后，他对未来道路仍犹豫不定。因此，当他考虑转行时，他拜见了麦吉尔大学医学院的院长。在回答院长提出的问题时，Bott 承认，他不喜欢动物解剖，更讨厌化学，对医学院设置的标准科目也没什么热情。最后，院长问他："你是否想为人类做点好事……？不要成为最糟糕的医生。"[99]

这彻底打消了 Bott 从医的想法。Bott 说："我要感谢他。当我走出他的房门时，我知道我将在上帝的恩典下重新开始，努力成为一名数学家。"[100]

起初，Bott 想在麦吉尔大学攻读数学，但后来被告知他的基础太薄弱，必须先拿到学士学位——这个过程需要 3 年时间。因而他去了卡耐基理工学院 (后来更名为卡耐基梅隆大学)，并对应用数学硕士课程产生了兴趣。但是该课程的要求非常广泛，要获得硕士学位需要 3 年的时间。卡耐基理工学院的数学系主任 John Lighton Synge 推荐了他们新的博士课程，几乎没有任何要求。Bott 喜欢这个主意，Richard J. Duffin 成为他的导师。

Bott 和 Duffin 着手并最终解决了当时电网络理论中最具挑战性的问题之一。由此得到的 Bott-Duffin 定理不仅有重大的理论意义，而且在电子工业中有重要的实际应用。Bott 和 Duffin 合著的论文对 Bott 的职业生涯也产生了重要影响，因为这项工作给 Hermann Weyl 留下深刻印象，他安排 Bott 在普林斯顿高等研究院度过了 1949–1950 学年。[101] (你可能还记得 Weyl，在本章前面提过，他为 Richard Brauer 在高等研究院谋到一个职位；后来也帮了 Richard 的哥哥 Alfred 同样的忙。)

Bott 写道："据我所知，我 [在研究院] 任职的总体计划是要在研究院写一本关于网络理论的书。"在普林斯顿工作的第一天，Bott 遇到了 Marston Morse，后者是那一年临时人员的负责人。"[Morse] 很

Raoul Bott

哈佛新闻办公室惠允

快打消了我对必须写书的忧虑。对他来说，年轻人在研究院做自己想做的事是理所当然的；这里应该是年轻人发现自我的地方，也是世界上最不适合做无聊琐事的地方…… 我记得会面结束后我离开时心情舒畅，Morse 的活力和乐观令我如释重负、备受鼓舞。”[102]

Bott 马上回到办公室开始研究四色问题，他认为，曾用来解决网络问题的一个技巧——他视为“秘密武器”的一个函数，也可能会解决这个问题。几周后，Morse 顺道造访。Bott 写道：“当他知道我正在做的工作，他并未真正反对，反而先谈及他对这个问题非常感兴趣，然后提到他曾见过许多有能力的人尝试做这个问题，但却不了了之。他离开后，我把所有的计算草稿扔到废纸篓中，再未想过这个问题！”[103]

他想要研究拓扑学，这也许是因为 Morse、Norman Steenrod 等人的出现。身边都是该领域的巨匠，Bott 也开始深入研究这门学科，不过他不着急发表任何东西。他说，事实上“在那里的第一年，我一篇论文都没写。所以，当 Marston Morse 在年终给我打电话问：‘你想再留一年吗?’ 时，我说：‘是的，当然。’ 他说：‘你的薪水够吗？’ (当时是一个月 300 美元。) 我说：‘当然！’ 因为我很高兴能再留一年。我妻子的看法没那么乐观，但我们成功了。”[104]

1951 年，Bott 加入密歇根大学数学系，在那里他继续专注于拓扑学，并格外关注 Morse 的临界点理论。正如第 4 章所讨论的，Morse 理论的典型例子是一个直立的多纳圈 (或“环面”)。这个曲面有 4 个“临界点”——多纳圈顶部的极大值点，底部的极小值点，以及多纳圈内环顶部和底部的两个鞍点。Bott 写道：“一般而言，一个函数的临界点是孤立的，”但他认识到这些点可以是“更大的聚合物”，甚至可能是我们称之为流形的特殊类型的空间。[105]

描述这种情形的一种方式是，把前例中的直立多纳圈放倒，使它侧躺在桌面上。此全新放置物体的极大值就不再是一个点，而是一个圆。类似地，其极小值也是一个圆。若知道临界流形是两个圆，一个位于另一个的上方，我们就可以确定这个空间的拓扑——准确识别出它是环面。

因此，Bott 提出经典 Morse 理论的一个推广，通常称为 Morse-Bott 理论，其中临界流形代替了原来理论中的临界点。该理论的临界流形可能是单个点，这是 0 维的特例；可能是 1 维流形，像放倒多纳圈上的圆；事实上也可能是更高维的对象——任意有限维的流形。

Bott 用 Morse 理论的这一推广形式来计算流形的同伦群，由此证明了周期性定理。诚然，这有些拗口，我们尝试用简单的语言来解释他的工作。

Morse 主要感兴趣的是用拓扑学解决分析学中的问题，也就是解微分方程，而 Bott 反其道而行之，用 Morse 理论解决拓扑学的问题。拓扑学的一个主要问题是分类问题——总体上，数学其他领域以及整个科学也是如此。塔夫茨大学数学家杜武亮 (Loring Tu) 曾是哈佛的研究生，他与 Bott 合写过一本代数拓扑的书，他说："正如科学家为了理解生物学的原理以及生命如何组织，而为植物和动物分类，数学家也在努力发现数学对象间的某种秩序。"[106] 所以，群论学家对群的分类感兴趣，如在本章前面讨论过的有限单群。同样，拓扑学家也希望能考察各种空间——看哪些是等价的，哪些是不同的——然后把它们分门别类。

数学家定义不变量——一个空间不变的固有特征——是为了区分不同的拓扑空间。如果两个空间是"同胚的"，这意味着一个空间可以通过拉伸、弯曲或挤压但不能切割，而变形为另一个空间，这两个空间一定有相同的拓扑不变量。能定义的最简单的拓扑不变量之一是同伦群，对每个维度都有一个同伦群。如果两个空间 (或流形) 有不同的同伦群，它们是完全不同的，且不同胚。

计算流形的同伦群是理解流形拓扑的重要一步。第一同伦群也称为基本群，与空间中不能收缩为一点的闭圈有关。例如，一个 2 维球面有一个平凡基本群，因为球面上的任意一个闭圈都可以毫无阻碍地收缩为一点。所以，球面的第一同伦群是零。而在多纳圈上，则有两种不同的圆不能收缩为一点。一种是从多纳圈的外侧开始，穿过中心洞，然后绕圈的圆。若不切断多纳圈，这种圆不能收缩为一点。还有另一种圆，环绕多纳圈的圆周，贴着所谓的 “赤道”。这种圆也不能收缩为一个点，除非压扁多纳圈，使其不再有洞，从而它也不再是多纳圈——而是某种无定形的、揉成一团的面团。

因此多纳圈的基本群有 “两个生成元”，两种不同的圆，杜武亮解释说：“但是你可以正向或反向绕一个圈任意次，因此我们说多纳圈的基本群是整数集的两个副本。” 杜武亮补充说：“同伦群很容易定义，但却很难计算，即使看似足够简单的 2 维球面也是如此。” [107]

一个令人困惑的性质是：同伦群似乎没有遵循任何模式。如前所述，球面的第一同伦群 (或基本群) 是零。第二同伦群包含所有的整数，第三同伦群也包含所有的整数，而第四和第五同伦群只有 2 个元素，第六同伦群有 12 个元素。从中无法看出明显的规律或理由。

这一令人困惑的情况令 Bott 大为好奇，他尝试自己计算一些同伦群。此外，他还对确定与任意维旋转群 (或所谓的 $\mathrm{SO}(n)$) 相关的同伦群感兴趣。不过请注意，这些旋转群是 Lie 群 (如第 6 章所讨论)，这意味着它们也是流形。反过来，一个流形有同伦群。因此，想了解在 n 维空间中旋转的结构，你首先要做的事情之一就是尝试计算同伦群。

这就是 Bott 要做的事情。他应用 Morse 理论研究 Lie 群的同伦群，揭示了一个惊人的模式：SO(n) 的“稳定”同伦群——即当 n 充分大时，SO(n) 的同伦群——实际上以 8 为周期循环。对大的 n 值，或者换言之，对稳定同伦群，SO(n) 的第一同伦群与第九同伦群相同，第二同伦群与第十同伦群相同，以此类推。当考察具有复数坐标的“复空间”中的旋转时，会发生同样的事情。n 维复空间中的旋转构成的群被称为 SU(n)，它代表“特殊酉群”(special unitary group)。又一次，当 n 充分大时，SU(n) 的同伦群以 2 为周期循环：SU(n) 的第一同伦群与第三同伦群相同，第二同伦群与第四同伦群相同，以此类推。

Bott 在 1957 年的论文中证明了以上结果，并在后续工作中对其加以扩展，根据长期与 Bott 合作的爱丁堡大学教授 Michael Atiyah 的说法，这篇论文是“爆炸性的”。“它的结果优美，影响深远，完全出人意料。”[108]

一些数学家把周期性定理比作化学中的元素周期表。Hans Samelson——Bott 在密歇根大学的同事，Bott 认为两人“志同道合”[109]——称“周期性定理……宛如无限循环咏唱的‘颂歌’，是整个拓扑学中最优美的结果……这一发现产生了巨大影响，引发了一系列的发展”。[110]

Samelson 提及的这些发展包括研究向量丛的 K-理论，由 Grothendieck、Serre、Atiyah 和 Friedrich Hirzebruch 创立。(圆柱体是一个向量丛的简单例子，向量丛由附着于水平面上的圆的向量构成——在这里，向量是被赋予方向和大小的垂直线段或“箭头”。) Bott 1959 年的一篇论文给出“周期性定理的 K-理论表述”，几年后，他和 Atiyah 在 K-理论框架下提出了周期性的新证明。[111] 在这一背景下，周期性定理极为有用，因为它为数学家提供了一种快速分类向量丛的方法。正如哈佛数学家 Michael Hopkins 所解释的：“周期性定理证明了 K-理论的可计算性 (在某种意义上，也证明了 K-理论本身)。”[112] 因此，Bott 补充说：“从此 K-理论开始蓬勃发展，能参与到其中是极为有趣的。”[113]

由于证明了周期性定理，Bott 收到四所大学的聘请，但他拿不定主意。哈佛数学家 John Tate 催促学校聘用 Bott，因为当时哈佛没有拓扑学家。时任数学系主任 Zariski 很喜欢这个想法，他认为“对这个在他看来相当乏味的数学系，Bott 正是那个能让它活跃起来的人”。[114] 1959 年，Bott 接受了哈佛的聘请，并在这里度过了余下的职业生涯。

五年后，在 1964 年麻省伍兹霍尔的一次会议上，Atiyah 和 Bott 提出一个公式，Bott 认为这是“我最喜欢的数学公式之一”。[115] 他们的工作是对 Lefschetz 不动点定理的广泛推广，该定理由普林斯顿大学数学家 Solomon Lefschetz 在 1937 年证明。Lefschetz 的公式 (用上同调的语言表达) 涉及一个空间到自身映射的不动点个数。如前所述，一个映射就像一个函数，它取一个空间的点，将其指定给另一个空间的点 (事实上，两个空间可以是同一个空间)。

举一个简单的例子，假设我们有一个函数 $g(x) = 3x^4 + 2x + 1$，要求解方程 $3x^4 + 2x + 1 = 0$。我们可在方程的两边同时加上 x：$g(x) + x = x$。然后，我们构造一个等于 $g(x) + x$ 的映射 $h(x)$。那么，原始方程 $g(x) = 0$ 等价于 $h(x) = x$，这意味着 h 将 x 映射到它自身。于是，原始方程的解 x 是映射 h 的不动点，因为 x 从一个空间映射到另一个空间仍然是 x。(严格来说，这个例子涉及实轴上的代数方程；把方程的解变换为映射的不动点，这一思想同样适用于流形上的微分方程。)

要了解 Lefschetz 不动点定理的实际作用，可将一个球面绕其垂直轴旋转。这是一个变换或映射的例子，它把一个球面映射到一个球面。在这种情况下，仅存在两个不动点——北极和南极，因为其他点都在转动。我们也可以用 Lefschetz 公式，从代数上确定有两个不动点。后一种方法的优点是，即使在无法画出旋转球面简化图的更复杂的情形下，也能用公式计算出不动点的个数。

杜武亮解释说："代数几乎总是比几何和拓扑更容易做，这是上同调背后的基本想法，就是把几何和拓扑问题转化为代数问题。"Atiyah 和 Bott 走得更远，杜武亮补充说："他们所做的推广影响更加深远，它不仅在一个特例中给出 Lefschetz 定理，并且还给出了许多其他的不动点定理——既有新定理，也有经典定理。"[116]

1982 年，Atiyah 和 Bott 提出了关于不动点的另一个公式，涉及"等变上同调"。本书曾多次出现"上同调"这个术语，它是数学家指定给空间的一个代数不变量，是研究空间的工具之一。当所研究空间有某种特殊的对称性时，"等变上同调"就是其中一种可被研究的上同调。

两位法国数学家 Nicole Berline 和 Michèle Vergne 几乎同时各自独立地发现了这个公式。Atiyah-Bott-Berline-Vergne 公式 (也常被称为等变局部化公式) 让我们可以计算对称流形上的某些积分。这个公式带来极大便利，因为许多重要物理量都可用积分表示，但是计算这些积分可能是相当困难的。

再次以球面为例，我们考虑半径为 1 的球面。它有围绕垂直轴的旋转对称性，如前所述，恰有两个不动点。球面的表面积是一个曲面积分。等变局部化公式对每个不动点赋予一个数或重数，并断言该曲面积分是常数 2π 乘以所有不动点的重数之和。在这里，赋予每个不动点的重数是 1，因为有两个不动点，根据这个推算，单位球面的面积等

于 2π 乘以 2，等于 4π，本该如此。这种方法“非常强大”，杜武亮说，“因为你不再需要计算积分，而只要把几个数加起来即可”。[117]

在谈到最终突破时，Bott 说，“Michael 和我自 1960 年代以来，一直致力解决等变上同调问题”，用不动点定理的概念来研究它。“不可思议的是，一个新想法需要很久才能渗透到我们的集体意识中，而相同想法一旦被恰当表述出来，看起来却又是多么的自然和明显。”[118]

Atiyah 与 Bott 相识超过 50 年，在谈到与 Bott 的长期合作时，他说：“与 Bott 共事，你很难不被他的个性所吸引。工作成了一种可以分享的快乐，而不是一种负担……他的个性渗透到他的工作中，渗透到他与合作者及学生的相处中，也渗透到他的演讲和写作中。他是人类与数学家的完美融合。”[119]

另一位同事、哈佛几何学家 Clifford Taubes 认为，在读哈佛研究生期间 (1980 年获得物理学博士学位)，Bott 对他有着深刻影响。“看到这些美妙数学如此涌现……真是太棒了，” 在谈到 Bott 的授课时，Taubes 说：“就我而言，如果没听过他的课，我可能会成为一名物理学家，但我被数学迷住了。” 当然，Bott 在 1970 年代末的影响远不止于一个研究生。总体而言，Taubes 说：“他对现代几何和拓扑的发展产生了巨大影响。我认为，他对这方面的贡献不亚于任何人。”[120]

Taubes 不是唯一一个如此评价的人。Bott 与 Jean-Pierre Serre 一起分享了 2000 年的沃尔夫数学奖，获奖是因为他在拓扑学方面的工作，在周期性定理取得的成功，以及“对 K-理论贡献巨大，并为其奠定了基础”。[121]

在证明了许多重要定理，并在一代又一代的学生身上留下深刻印记之后，Bott 于 2005 年去世。他的两位学生获得了菲尔兹奖：1957 年在密歇根大学获得博士学位的 Stephen Smale，以及 1964 年在哈佛大学获得博士学位的 Daniel Quillen。他的另一位哈佛学生 Robert D. MacPherson 是“相交同调”的共同创立者，在布朗大学、麻省理工学院和普林斯顿高等研究院都成就卓著。

Bott 是一位公认的沉着冷静的老师。有一次，他在数学 11 教室上课，一块 5 平方英尺大的天花板掉了下来，砸在教室中间。他平静地等到尘埃落定，然后继续他的讨论，敦促学生们不要理会天花板上的大裂缝。[122] Benedict Gross 说，上 Bott 的课“是一次美妙的体验，饮水知源，因为很多内容都是他自己的工作”。[123]

当 Bott 进入哈佛时，华盛顿大学数学家 Lawrence Conlon 还是一名研究生，他说：“我记得他每次讲课都不带笔记，在禁烟标志处吞云吐雾，向我们简明生动地讲授数学。”在听完一堂令人兴奋的代数拓扑课后，Conlon 鼓起勇气请 Bott 指导他的论文。Bott 说：“好吧，Larry。你是一个好学生，但我们现在必须弄清楚你是否有想象力。”[124]

据 Mazur 说，Bott“显露的那种友好不仅令人愉悦，还会让人表现得更好”。[125] Bott 是少数具有“非凡幽默感和乐观精神”的人，他可以如实宣称，正如他所做的那样，“没有任何数学是我不喜欢的”。[126]

就像 Bott 的学生和同事感激他一样，Bott 也感谢他们。1990 年，Bott 获得 Steele 终身成就奖，他向工作了 30 多年的哈佛大学致谢，“所有同事或学生都是我的良师益友，我们一同探寻数学的奥秘”。[127]

通过聘用 Ahlfors、Zariski、Brauer、Bott 以及后来者，哈佛对来自国外的数学家敞开大门，这些人丰富了院系、学科以及文化。Bott 将其感激之情扩大至“这个国家，她以如此伟大的精神和慷慨之心，接纳了我们这么多来自不同国家的人。包容我们的口音和一切，让我们竭尽所能做自己擅长的事”。[128]

尾声

数和其他

1959 年，当 John Torrence Tate 努力让 Raoul Bott 来哈佛时，他自己正面临一个两难局面。尽管他从 1954 年起就在哈佛工作，但普林斯顿刚向他提供了一个诱人的职位，不容忽视——起因是他在巴黎的学术休假期间完成了一些激动人心的工作。Bott 来剑桥的决定使得 Tate 留了下来；既有才能、又有魅力的 Bott 来到系里，使哈佛立刻变成了一个更有吸引力的地方。继而，Tate 的决定也对哈佛产生了深远影响，这个决定促使学校成立了一个充满活力的数论小组，至今依然强大并不断壮大。

在 Tate 漫长的职业生涯中，他对数论的很多领域都做出了重要的贡献，以至难以挑选出最具代表性的一个。他最主要和重要的工作涉及 (形为 $y^2 = x^3 + ax + b$ 的) 椭圆方程及其定义的曲线，以及被称为 Abel 簇的高维椭圆曲线。如上式所示，椭圆曲线由两个变量的三次多项式描述。椭圆曲线与所谓的椭圆积分相关，椭圆积分被用于计算椭圆的弧长。Tate 指出，椭圆曲线也是 Abel 簇的第一个非平凡的例子。

尽管描述椭圆曲线的方程乍一看可能很简单，但求解它们却极具挑战性。椭圆曲线理论出奇地高深，与数学的许多不同分支相互关联。Tate 写了不少非常重要的论文来研究这些曲线，同时阐明了它们在数学中的应用。关于这个主题，基于 Tate 于 1961 年在哈弗福德学院所做的一些报告，Tate 还与 Joseph Silverman——他以前的哈佛博士生、布朗大学教授——合写过一本书。哈佛数学家、Tate 的另一位学生 Benedict Gross 指出："John Tate 提供了研究椭圆曲线的一种新方式，改变了我们的整个观点。"[1]

通过大幅提升我们对椭圆曲线的理解，Tate 帮助推进了许多重要的数学问题。Birch 和 Swinnerton-Dyer (BSD) 猜想提出椭圆方程的有理数解是有限还是无限这一问题，激发了许多振奋人心的工作。这个猜想在 1960 年代中期提出，至今仍是一个未解决问题，仅有几个特殊情形被证明。Tate 做了很多工作来改进这个猜想，使得需要解决的问题更为明了。此外，椭圆曲线是普林斯顿大学数学家 Andrew Wiles 于 1995 年证明 Fermat 大定理的核心——Wiles 曾在哈佛担任了三年 (1977–1980) 的 Benjamin Peirce 讲师。在 Wiles 彻底证明 Fermat 大定理之前，Pierre de Fermat 本人和 Leonhard Euler 等人曾证明过定理的特殊情形。

1978 年，哈佛数学家 Barry Mazur 发表了一篇关于椭圆曲线有理点的论文，它对数论和算术代数几何学的一些重要进展，包括 Wiles 对 Fermat 大定理的证明都有所贡献。[2] Mazur 在普林斯顿大学获得博士学位，并在高等研究院待了一年，之后他于 1959 年首次来到哈佛，成为哈佛学者学会的青年会士。那时，Mazur 因为证明了广义 Schoenflies 问题已有些名气，该问题的二维情形是：平面上任意一条简单闭曲线所围成的区域拓扑等价或"同胚"于一个圆盘。

Mazur 于 1962 年加入哈佛，大约就是在这个时候，他从拓扑学

John Tate

Vincent B. Wickwar 摄，哈佛年鉴出版公司

转到数论。他的转向有些偶然，当时他正在研究拓扑学的一个分支——扭结理论。Mazur 回忆道："我对扭结理论非常了解，并发现了扭结和素数之间的相似性。如果对这种相似性做进一步研究，扭结理论可以让你了解一些数论方面的深刻结果。"[3] 他顺着这条线索，尽可能向前推进，基本上再未回头。这或许可以解释传说中的一则故事，"这位伟大的年轻拓扑学家从地球上消失了"，他只是在故事讲述者不知情的情况下，悄然出现在数论的神秘世界里。[4]

Mazur 和 Tate 共同成为哈佛的一个强大数论小组的核心成员，这个小组由于 Jean-Pierre Serre、Alexander Grothendieck、Serge Lang 等人的定期访问而活跃起来。在 Tate 到来之前，哈佛很少有这方面的研究，直到 Tate 和 Mazur 加入后才有了根本的改变。据 Mazur 忆述，在 1960 年代，"数论在哈佛大行其道，逐渐成为一个令人兴奋的领域"。在 1960 年代后期，他和 Tate 开办了一个数论讨论班，几乎每周都有，至今已超过 45 年。"John 和我将其视为一个普通论坛，旨在发现数论中的新鲜和有趣的事物，主要招揽本地才俊。我们没有经费预算，很少邀请需要坐飞机到这里的人。讨论班也是非正式的——一个人站起来可以直接讲话，不用太介绍自己。我们如此行事是因为它符合我们的性格，也因为我们认为这样能够长期持续，但是我们从未想到它会举办这么长时间。"[5] 几十年来，讨论班规模越办越大，吸引了更多远道而来的人，包括那些乘飞机旅行的人。

说到旅行，Tate 在 1990 年离开哈佛，接受了得克萨斯大学奥斯汀分校的讲席教授职位。2009 年从得克萨斯大学退休后，他以荣誉退休的身份重返哈佛。现在 Tate 已年近九旬*，仍在参加他和 Mazur 在

---

*Tate 教授于 2019 年 10 月 16 日在麻省列克星敦去世，享年 94 岁。——译者注

Barry Mazur

Jim Harrison 摄

几十年前开办的数论讨论班。

Tate 可能会注意到自己的名字频繁出现在数论的讨论中。他在这个领域无处不在，部分证据是冠有他名字的重要术语：Tate 模、Tate motive、Tate 曲线、Tate 闭链、Tate 上同调、Tate 算法、Hodge-Tate 分解、Serre-Tate 形变理论、Lubin-Tate 群、Tate 迹、Tate-Shafarevich 群、Néron-Tate 高度、Sato-Tate 猜想、Honda-Tate 定理，等等。

对 Tate 来说，这似乎更多是一种尴尬而不是自豪。他说："我从未想过要把我的名字系于这些事物上。这主要是因为我没有发表很多文章，因此其他人 [尤其是 Serge Lang] 最终给它们取了名字。也可能是因为 'Tate' 其实是个很不错的短名字。" 至于为何 Tate 发表的文章比他能发表的少，也比同行期望的少，一些同事认为，Tate 对自己的文章有一点 (可能不止一点) 完美主义。Tate 承认："我倾向于先写一点东西，然后撕掉，并重新开始，我总是试图把事情做得更好。最终我找到了不发表它的理由。"[6]

幸好 Tate 更喜欢写信，他的许多想法通过书信得以传播。Silverman 说："他会给 Serre 和 [英国数论学家 John] Cassels 这样的人写信，信中的数学思想令人惊叹。例如，在他给 Cassels 的信中，谈到了 'Tate 算法'，用来寻找椭圆曲线的最小模型。最终，Tate 同意让 Cassels 在会议文集中发表这封信的原文。我曾写过一篇论文，用来改进 Tate 的另一个算法，该算法之前仅在他写给 Serre 的信里出现过。"[7]

好消息是，Tate 的许多想法确实流传甚广，其中不少极具影响力。考虑到他入行之前曾有过犹豫——在进入普林斯顿大学研究生院时选择了物理专业，因为他担心自己不能胜任数学家的工作——Tate 坦言："我对自己能在数学领域取得成就感到惊讶，这无疑是件好事。"[8]

在某种程度上他承认自己的成功，并将这种成功归因于几个因素。

其一，他从来没有被某项嗜好分散注意力，而是一直专注于数学，可能比他的一些更全面的同侪更专注。Tate 承认："我肯定不是一个多才多艺的人。我没有广博的知识或兴趣。我感觉我的头脑并不聪明，做数学必须要集中精力。" 他的另一个成功之道是：不必依靠快速的解题能力在数学上有所成就，他说："如果最终结果是一个漂亮的定理，那么花多长时间并不重要。"[9]

正如 Tate 所说，一个 "漂亮的定理" 是永恒的。一旦被证明，它将永远是成立的，其他数学家可以自由地使用它，并在它的基础上建立他们喜欢的理论，有时这会产生巨大影响。除了证明定理，数学家还能通过其他方式为数学领域做出贡献，比如，提出具有启发性的问题，或者激励学生做出自己的成果。Tate 和他的同事 Raoul Bott 做到了上述一切，甚至更多。他们也在另一个领域做出了贡献：他们为哈佛数学系建立了新的家，让所有的教师、学生和工作人员都搬进了同一座楼，提高了便捷性和凝聚力，同时促进了彼此的交流。

Tate 说："在 1940 年代，当我在哈佛念本科时，这里没有数学大楼，你看不到任何实体部门，教授们的办公室遍布各处，有的可能根本没有办公室。" 当时大多数课程都在 Sever 大楼 (Sever Hall) 讲授，那里只有一个小房间供教授们在课前挂外套。"我们拥有的公共空间就那么大。"[10]

二战后，大部分数学系办公室和教职人员被临时安排到一间半圆拱形的小屋中，直到 1950 年前后，才搬到位于神学大道 2 号的旧地理大楼。但这一安置并不理想，因为能用作教室的仅有一楼的报告厅。更加不便的是，助教们被安排在相隔几个街区的剑桥街。[11]

1960 年代末和 1970 年代初，当哈佛科学中心的新 (现在的) 数学区正在筹备时，Bott 投入了大量精力。数学系当时要占据大楼的第三、

四、五层 (后来扩展到了一、二层)，在时任数学系主任 Tate 的帮助下，Bott 争取到一间公共休息室，位于第四层的中间。Bott 希望这些楼层可以通过多个楼梯相互连通，他还大力主张建设一个通向公共休息室的开放式楼梯。

Mazur 说："Raoul 参加了建筑师的会议，因为他认为系里的空间会影响合作氛围。他坚持一定要有可以打开的窗户，这给供暖和制冷系统的设计增加了难度。" 他对开放式楼梯的要求毫不妥协，这使设计更难符合消防规范的要求。他以解决数学问题一样的聪明才智来应对这些挑战。正如他在数学上的强势，在 Tate 和其他人的支持下，Bott 在设计问题上同样取得了胜利。认识他的人都坚信，他非常有说服力。幸运的是，Mazur 补充说："这些努力得到了回报，因为这栋建筑取得了惊人的成功。" [12] Tate 赞同说："大家都在同一屋檐下的感觉很棒，这真的很重要。" [13]

回顾数学系搬到科学中心的这段过往，40 多年后，我们可以说数学系已在其现有的办公条件下蓬勃发展。尽管这部书的重点是 1825 年至 1975 年这段时间，但我们很高兴地告诉大家，时至今日，数学在哈佛依然生机勃勃。在庆祝 Tate 获得 2010 年 Abel 奖的午餐会上，Tate 与系里分享了这项荣誉，他认为数学系仍然 "一如既往的强大"。事实上，他认为今天的数学系更为强大，因为自从他 70 多年前作为本科生第一次来到哈佛以来，系里在许多不同领域都有发展。[14]

Shlomo Sternberg 是一位在哈佛工作了半个多世纪的多才多艺的数学家，他对 "未来非常乐观"。Sternberg 同 Bott 和 Mazur 都在 1959 年来到哈佛，他在动力系统和辛几何 (微分几何和拓扑学的一个分支，专门研究偶数维空间) 方面的工作最为知名。他们三个当时都很年轻。由于近来聘用了很多年轻的数学家，包括 Dennis Gaitsgory、

Jacob Lurie 和 Mark Kisin, Sternberg 认为“我们系没有老龄化”。[15]

年轻学者不仅是数学系未来的关键，也是数学本身的关键，Benedict Gross 补充说:“他们是把真正伟大的想法带到世上的人。在过去的五六年里，我们已经进行了 6 次任命，任命时，他们几乎都是 20 多岁的年轻人。他们使整个系充满活力。”[16]

初到新人与资深老将并肩作战，既在一些熟悉的领域向前推进，同时也在另一些领域开辟新的前沿，显然，哈佛数学的历史仍在被书写。故事还在继续，今天的研究人员正在这个已经进行了几个世纪、甚至几千年的领域取得进展。Mazur 说:“有时，长达数十年的数学研究可以被看作许多数学家共同参与的一场漫长的对话。”和 Sternberg 一样，他在数学系工作了 50 多年，并仍在积极参与这场“对话”。[17]

在本书序言中，我们把数学比作一条流过时间、空间和人类思想的河流。放眼今天的哈佛数学系，乃至整个领域，我们可以自信地说，这条河流正变得波澜壮阔，并在形成新的支流。但不同于一般河流的起源和终点都是固定的，我们并不知道这条河流的确切流向。我们无法控制、也不应该去试图控制它的方向。我们唯一能确定的是，它将毫无疑问地把我们带到从未去过的地方，引领我们踏上难以名状的冒险之旅。

注 释

开 端

1 “The John Harvard Window,” *The Harvard Graduates’ Magazine* **14** (September 1905), pp. 198–200.

2 Edmund B. Games Jr., “The Start of Harvard Education,” *Harvard Crimson*, June 12, 1958, available at http://www.thecrimson.com/article/1958/6/12/the-start-of-harvard-education-pbwhen/.

3 Samuel Eliot Morison, *Three Centuries of Harvard: 1636–1936* (Cambridge, Mass.: Harvard University Press, 1946), pp. 9–10.

4 Ibid., p. 30.

5 Florian Cajori, “The Teaching and History of Mathematics in the United States,” Bureau of Education, Circular No. 3, 1890, pp. 18–28.

6 Samuel Eliot Morison, *Harvard College in the Seventeenth Century* (Cambridge, Mass.: Harvard University Press, 1936), p. 208.

7 Samuel Eliot Morison, *The Founding of Harvard* (Cambridge, Mass.: Harvard University Press, 1995), p. 435.

8 Cajori, “Teaching and History of Mathematics.”

9 Ibid.

10 Morison, *Harvard College*, pp. 208–209.

11 Dirk J. Struik, “Mathematics in Colonial America,” in *The Bicentennial Tribute to American Mathematics*, edited by Dalton Tarwater (Washington, D.C.: Mathematical Association of America, 1977), p. 3.

12 Benjamin Peirce, *A History of Harvard University* (Cambridge, Mass.: Brown, Shattuck, 1833), p. 187.

13 Morison, *Three Centuries of Harvard*, p. 92.

14 J. L. Coolidge, “Three Hundred Years of Mathematics at Harvard,” *American*

Mathematical Monthly **56** (1943), pp. 349.
15 Cajori, "Teaching and History of Mathematics."
16 Coolidge, "Three Hundred Years of Mathematics," p. 349.
17 Morison, *Three Centuries of Harvard,* pp. 190, 195.
18 Bryan Norcross, *Hurricane Almanac: The Essential Guide to Storms Past, Present, and Future* (New York: St. Martin's Press, 2007), p. 96.
19 Peirce, *A History of Harvard University.*

1. BENJAMIN PEIRCE 和 "得出必然结论" 的科学

1 Florian Cajori, "Teaching and History of Mathematics in the United States," Bureau of Education, Circular No. 3, 1890, pp. 18–28.
2 Lao Genevra Simons, *Fabre and Mathematics* (New York: Scripta Mathematica, 1939), p. 49.
3 F. P. Matz, "Benjamin Peirce," *American Mathematical Monthly* **II** (June 1985), p. 174.
4 Raymond Clare Archibald, *A Semicentennial History of the American Mathematical Society, 1888–1938* (New York: American Mathematical Society, 1938), p. 1.
5 Somerville's work in this area and her book were brought to the authors' attention by Sir Michael Atiyah of the University of Edinburgh.
6 Joseph Lovering, "The Mécanique Céleste of Laplace, and Its Translation with a Commentary by Bowditch," in *Proceedings of the American Academy of Arts and Sciences: From May 1888 to May 1889* (Boston: John Wilson and Son, 1889), pp. 185–201.
7 Sven R. Peterson, "Benjamin Peirce: Mathematician and Philosopher,"*Journal of the History of Ideas* **16** (January 1955), p. 95.
8 Samuel Eliot Morison, *Three Centuries of Harvard* (Cambridge, Mass.: Harvard University Press, 1965), p. 264.
9 Benjamin Peirce, *A System of Analytic Mechanics* (Boston: Little Brown and Company, 1855), p. v.
10 Cajori, "Teaching and History of Mathematics," p. 133.
11 R. C. Archibald, "Benjamin Peirce. Biographical Sketch." *American Mathematical Monthly* **32** (January 1925), pp. 8–19.
12 Benjamin Peirce, "On Perfect Numbers," *Mathematical Diary* **2** (1832), pp. 267–277.
13 Edward J. Hogan, *Of the Human Heart* (Bethlehem, Penn.: Lehigh University Press, 2008), pp. 98–99.
14 Benjamin Peirce, "On Perfect Numbers," *Mathematical Diary* **2** p. 267.
15 Jennifer T. Betcher and John H. Jaroma, "An Extension of the Results of

Servais and Cramer on Odd Perfect and Odd Multiply Perfect Numbers," *American Mathematical Monthly* **110** (January 2003), p. 49.

16 Pace P. Nielsen, "Odd Perfect Numbers Have at Least Nine Distinct Prime Factors," *Mathematics of Computation* **76** (2007), pp. 2109–2126.

17 Hogan, *Of the Human Heart,* p. 69.

18 "Sketch of Professor Benjamin Peirce," *Popular Science Monthly* (March 1881), pp. 691–695, HUG 300, Harvard University Archives.

19 Ibid.

20 Hogan, *Of the Human Heart,* p. 70.

21 Cajori, "Teaching and History of Mathematics," pp. 140–141.

22 Steve Batterson, "Bôcher, Osgood, and the Ascendance of American Mathematics at Harvard," *Notices of the American Mathematical Society* **56** (September 2009), p. 918.

23 J. L. Coolidge, "William Elwood Byerly in Memoriam," *Bulletin of the American Mathematical Society* **42** (1936), pp. 295–298.

24 Charles W. Eliot, "Benjamin Peirce. I. Reminiscences of Peirce," *American Mathematical Monthly* **32** (January 1925), p. 3.

25 Daniel J. Cohen, *Equations from God* (Baltimore, Md.: Johns Hopkins University Press, 2007), pp. 66–67.

26 Julian Coolidge, "Mathematics 1870–1928," in *Development of Harvard University 1869–1929,* edited by Samuel Eliot Morison (Cambridge, Mass.: Harvard University Press, 1930), pp. 248–257.

27 W. E. Byerly, "Benjamin Peirce. III. Reminiscences," *American Mathematical Monthly* **32** (January 1925), p. 6.

28 Diann Renee Porter, "William Fogg Osgood at Harvard," doctoral thesis, University of Illinois at Chicago, 1997, p. 39.

29 Coolidge, "Mathematics 1870–1928," p. 253.

30 A. Lawrence Lowell, "Benjamin Peirce. II. Reminiscences," *American Mathematical Monthly* **32** (January 1925), p. 4.

31 Hogan, *Of the Human Heart,* p. 91.

32 Peterson, "Benjamin Peirce," pp. 94–95.

33 *Harvard Crimson,* April 26, 1883, available at http://www.thecrimson.com/article/1883/4/26/no-headline-a-story-is-told/.

34 J. L. Coolidge, "Three Hundred Years of Mathematics at Harvard," *American Mathematical Monthly* **50** (June–July 1943), p. 353.

35 Edward Hogan, "A Proper Spirit Is Abroad," *Historia Mathematica* **18**(1991), pp. 158–172.

36 Morison, *Three Centuries of Harvard,* pp. 305–307.

37 Cohen, *Equations from God*, pp. 64–65.

38 Ibid.

39 T. J. J. See, "The Services of Benjamin Peirce to American Mathematics and

Astronomy," *Popular Astronomy* III (October 1895), pp. 50–51, HUG 300, Harvard University Archives.

40 Laura J. Snyder, *The Philosophical Breakfast Club* (New York: Random House Digital, 2011), p. 286.

41 Dirk Jan Struik, *Yankee Science in the Making* (Mineola, N.Y.: Dover, 1991), p. 416.

42 Hogan, *Of the Human Heart,* p. 27.

43 Batterson, "Bôcher, Osgood," p. 918.

44 Hogan, *Of the Human Heart,* pp. 25–26.

45 Ibid., p. 195.

46 James Clerk Maxwell, "Letter to William Thomson, August 1, 1857," in *The Scientific Letters and Papers of James Clerk Maxwell,* Vol. 1, *1846–1862,* edited by P. M. Harmon (Cambridge: Cambridge University Press, 1990), p. 527.

47 Matz, "Benjamin Peirce," p. 174.

48 Paul Weiss, "Peirce, Charles Sanders," in *Dictionary of American Biography* (1934), available at http://www.cspeirce.com/menu/library/aboutcsp/weissbio.htm.

49 Hogan, *Of the Human Heart,* p. 130.

50 Paul Meier and Sandy Zabell, "Benjamin Peirce and the Howland Will," *Journal of the American Statistical Association* 75 (September 1980), pp. 497–506.

51 Hogan, *Of the Human Heart,* pp. 286–287.

52 Hogan, "A Proper Spirit Is Abroad," p. 169.

53 I. Bernard Cohen (editor), *Benjamin Peirce: Father of Pure Mathematics in America* (New York: Arno Press, 1980), p. 280.

54 Ivor Grattan-Guinness and Alison Walsh, "Benjamin Peirce," in *Stanford Encyclopedia of Philosophy* (2008), available at http://plato.stanford.edu/entries/peirce-benjamin.

55 H. A. Newton, "Benjamin Peirce," *American Journal of Science,* 3rd series, 22 (September 1881), pp. 167–178, HUG 1680.154, Harvard University Archives.

56 Hogan, *Of the Human Heart,* p. 289.

57 Helena M. Pycior, "Benjamin Peirce's *Linear Associative Algebra,*" *Isis* 70 (1979), pp. 537–551.

58 Ibid.

59 Raymond C. Archibald, "Benjamin Peirce's Linear Associative Algebra and C. S. Peirce," *American Mathematical Monthly* 34 (December 1927), p. 526.

60 Pycior, "Peirce's *Linear Associative Algebra,*" p. 543.

61 Benjamin Peirce, "Linear Associative Algebra," *American Journal of Mathematics* 4 (1881), p. 109.

62 Ibid., p. 118.

63 Martin Czigler, "George David Birkhoff," in *Thinkers of the Twentieth Century,* edited by Roland Turner (Chicago: St. James Press, 1987), p. 80.
64 George D. Birkhoff, "Fifty Years of American Mathematics," in *Semicentennial Addresses of the American Mathematical Society,* Vol. 2 (New York: Arno Press, 1980).
65 Pycior, "Peirce's *Linear Associative Algebra,*" p. 551.
66 Hogan, *Of the Human Heart,* p. 298.
67 Grattan-Guinness and Walsh, "Benjamin Peirce."
68 Peirce, "Linear Associative Algebra," p. 97.
69 H. E. Hawkes, "Estimate of Peirce's Linear Associative Algebra," *American Journal of Mathematics* **24** (January 1902), pp. 87–95; Herbert Edwin Hawkes, "On Hypercomplex Number Systems," *Transactions of the American Mathematical Society* **3** (July 1902), pp. 312–330.
70 Newton, "Benjamin Peirce."
71 Peirce, "Linear Associative Algebra," p. 97.
72 Benjamin Peirce, "Address of Professor Benjamin Peirce, President of American Association for the Year 1853, on Retiring from the Duties of President." Available at http://projecteuclid.org/euclid.chmm/1263240516.
73 Cohen, *Equations from God,* p. 58.
74 Grattan-Guinness and Walsh, "Benjamin Peirce."
75 Benjamin Peirce, *Ideality in the Physical Sciences* (Boston: Little, Brown, 1881).
76 Pycior, "Peirce's *Linear Associative Algebra,*" p. 550.
77 Hogan, *Of the Human Heart,* p. 63.
78 Matz, "Benjamin Peirce," p. 178.
79 Hogan, *Of the Human Heart,* p. 9.
80 Moses King (editor), *Benjamin Peirce: A Memorial Collection* (Boston: Rand, Avery, 1881), p. 27, HUG 1680 145A, Box HD, Harvard University Archives.
81 Oliver Wendell Holmes, "Benjamin Peirce: Astronomer, Mathematician," *Atlantic Monthly* **46** (1880), p. 823, HUG 300, Harvard University Archives.
82 *Harvard Crimson,* October 15, 1880.
83 Coolidge, "Three Hundred Years of Mathematics at Harvard," p. 353.

2. OSGOOD、BÔCHER 和美国数学的伟大觉醒

1 Steve Batterson, "Bôcher, Osgood, and the Ascendance of American Mathematics at Harvard," *Notices of the American Mathematical Society* **56** (September 2009), p. 916.
2 Ibid., p. 918.
3 Judith V. Grabiner, "Mathematics in America: The First Hundred Years," in

The Bicentennial Tribute to American Mathematics, edited by Dalton Tarwater (Washington, D.C.: Mathematical Association of America, 1977), p. 19.

4 Karen Hunger Parshall, "Perspectives on American Mathematics," *Bulletin of the American Mathematical Society* 37 (2000), pp. 381–382.

5 Ibid.

6 Samuel Eliot Morison, *Three Centuries of Harvard* (Cambridge, Mass.: Harvard University Press, 1965), p. 356.

7 Karen Hunger Parshall and David E. Rowe, "American Mathematics Comes of Age: 1875–1900," in *A Century of Mathematics in America,* Part 3, edited by Peter Duren (Providence, R.I.: American Mathematical Society, 1989), pp. 7–8.

8 Grabiner, "Mathematics in America," p. 21.

9 Batterson, "Bôcher, Osgood," p. 919.

10 Parshall and Rowe, "American Mathematics Comes of Age," pp. 10–11.

11 Karen Hunger Parshall, "Eliakim Hastings Moore and the Founding of a Mathematical Community in America, 1892–1902," in *A Century of Mathematics in America,* Part 2, edited by Peter Duren (Providence, R.I.: American Mathematical Society, 1989), p. 156.

12 J. L. Coolidge, "Three Hundred Years of Mathematics at Harvard," *American Mathematical Monthly* 50 (June–July 1943), p. 353.

13 Julian L. Coolidge, George D. Birkhoff, and Edwin C. Kemble, "William Fogg Osgood," *Science* 98 (November 5, 1943), pp. 399–400.

14 U. G. Mitchell (editor), "Undergraduate Mathematical Clubs," *American Mathematical Monthly* 26 (June 1919), p. 263.

15 Batterson, "Bôcher, Osgood," pp. 922–923.

16 Joseph L. Walsh, "William Fogg Osgood," *Biographical Memoirs* 81(2002), pp. 246–257.

17 Coolidge, Birkhoff, and Kemble, "William Fogg Osgood," pp. 399–400.

18 J. L. Walsh, "History of the Riemann Mapping Theorem," *American Mathematical Monthly* 80 (March 1973), pp. 270–276.

19 Bernard Osgood Koopman, "William Fogg Osgood—in Memoriam," *Bulletin of the American Mathematical Society* 50 (1944), pp. 139–142.

20 Garrett Birkhoff, "Mathematics at Harvard, 1836–1944," in *A Century of Mathematics in America,* Part 2, edited by Peter Duren (Providence, R.I.: American Mathematical Society, 1989), pp. 15–16.

21 J. L. Walsh, "William Fogg Osgood," in *A Century of Mathematics in America,* Part 2, edited by Peter Duren (Providence, R.I.: American Mathematical Society, 1989), p. 82.

22 Norbert Wiener, *Ex-Prodigy* (New York: Simon and Schuster, 1953), p. 232.

23 Diann Renee Porter, *William Fogg Osgood at Harvard,* doctoral thesis, University of Illinois at Chicago, 1997, p. 57.

24 J. L. Walsh, "William Fogg Osgood," in *Dictionary of American Biography,* Supplement 3, edited by John A. Garraty (New York: Scribner, 1973), pp. 575–576.
25 Walsh, "William Fogg Osgood," *Biographical Memoirs*
26 William F. Osgood, "A Jordan of Positive Area," *Transactions of the American Mathematical Society* **4** (January 1903), pp. 107–112.
27 Raymond Clare Archibald, *A Semicentennial History of the American Mathematical Society, 1888–1938* (New York: American Mathematical Society, 1938), p. 155.
28 George D. Birkhoff, "The Progress of Science," *Scientific Monthly* **57** (November 1943), pp. 466–469.
29 G. D. Birkhoff, "Fifty Years of American Mathematics," in *Semicentennial Addresses of the American Mathematical Society,* Vol. 2 (New York: Arno Press, 1980), pp. 270–315.
30 Koopman, "William Fogg Osgood," pp. 139–142.
31 George D. Birkhoff, "The Scientific Work of Maxime Bôcher," *Bulletin of the American Mathematical Society* **25** (1919), pp. 197–215.
32 Birkhoff, "Fifty Years of American Mathematics."
33 Ibid.
34 J. D. Zund, "Maxime Bôcher," *American National Biography,* Vol. 3 (New York: Oxford University Press, 1999), pp. 88–89.
35 William F. Osgood, "Maxime Bôcher," *Bulletin of the American Mathematical Society* **35** (March–April 1929), pp. 205–217.
36 Archibald, *Semicentennial History,* pp. 162–163.
37 Birkhoff, "Scientific Work of Maxime Bôcher."
38 Maxime Bôcher, "The Fundamental Conceptions and Methods of Mathematics," address delivered before the department of mathematics of the International Congress of Arts and Science, St. Louis, September 20, 1904, *Bulletin of the American Mathematical Society* **11** (1904), pp. 115–135.
39 Ibid.
40 Ibid.
41 Garrett Birkhoff, "Some Leaders in American Mathematics: 1891–1941," in *The Bicentennial Tribute to American Mathematics,* edited by Dalton Tarwater (Washington, D.C.: Mathematical Association of America, 1977), pp. 33–34.
42 Walsh, "William Fogg Osgood," *Dictionary of American Biography.*
43 Archibald, *Semicentennial History,* p. 163.
44 "Maxime Bôcher," *Science* **48** (November 29, 1918), pp. 534–535.
45 J. Laurie Snell, "A Conversation with Joe Doob," *Statistical Science* **12** (November 1997), pp. 301–311.
46 Wiener, *Ex-Prodigy,* pp. 231–232.

47 Ibid.
48 Coolidge, Birkhoff, and Kemble, "William Fogg Osgood," pp. 399–400.
49 Julian Lowell Coolidge, "XV. Mathematics, 1870–1928," in *The Development of Harvard University,* edited by Samuel Eliot Morison (Cambridge, Mass.: Harvard University Press, 1930), p. 251.
50 Osgood, "Maxime Bôcher."
51 Angus Taylor, "A Life in Mathematics Remembered," *American Mathematical Monthly* **91** (December 1984), p. 607.
52 Birkhoff, "The Progress of Science," pp. 466–469.
53 D. V. Widder, "Some Mathematical Reminiscences," in *A Century of Mathematics in America,* Part 1, edited by Peter Duren (Providence, R.I.: American Mathematical Society, 1988), p. 80.
54 Walsh, "William Fogg Osgood," *Biographical Memoirs.*
55 "Maxime Bôcher," *Science* **18** (November 29, 1918), pp. 534–535.
56 "In the Death of Maxime Bôcher," *Transactions of the American Mathematical Society* **20** (January 1919).
57 Koopman, "William Fogg Osgood," pp. 139–142.
58 Coolidge, Birkhoff, and Kemble, "William Fogg Osgood," pp. 399–400.
59 Walsh, "William Fogg Osgood," *Biographical Memoirs.*
60 "Maxime Bôcher," pp. 534–535.
61 Archibald, *Semicentennial History,* p. 163.
62 William F. Osgood, "The Life and Services of Maxime Bôcher," *Bulletin of the American Mathematical Society* **25** (1919), pp. 337–350.
63 Records of the President of Harvard University, Abbott Lawrence Lowell, 1909–1933, General Correspondence, Series 1930–1933, letter, Lee to Lowell (August 26, 1932), folder 804, U115.160, Harvard University Archives.
64 Records of the President of Harvard University, Abbott Lawrence Lowell, 1909–1933, General Correspondence, Series 1930–1933, letter, Lowell to Osgood (October 13, 1932), folder 804, U115.160, Harvard University Archives.
65 David E. Zitarelli, "Towering Figures in Mathematics," *American Mathematical Monthly* **108** (August–September 2001), p. 617.
66 Batterson, "Bôcher, Osgood," p. 916.
67 Parshall, "Eliakim Hastings Moore," p. 155.

3. GEORGE DAVID BIRKHOFF 强势登场

1 Donald J. Albers and G. L. Alexanderson (editors), *Mathematical People: Profiles and Interviews* (Boston: Birkhäuser, 1985), p. 10.
2 H. S. Vandiver, "Some of My Recollections of George David Birkhoff," *Jour-*

nal of Mathematical Analysis and Applications 7 (1963), p. 272.

3 Albers and Alexanderson, *Mathematical People,* p. 10.

4 Garrett Birkhoff, "Mathematics at Harvard, 1836–1944," in *A Century of Mathematics in America,* Part 2, edited by Peter Duren (Providence, R.I.: American Mathematical Society, 1989), p. 25.

5 David E. Zitarelli, "Towering Figures in Mathematics," *American Mathematical Monthly* **108** (August–September 2001), p. 616.

6 Albers and Alexanderson, *Mathematical People,* p. 10.

7 Marston Morse, "George David Birkhoff and His Mathematical Work," *Bulletin of the American Mathematical Society* **52** (1946), pp. 357–391.

8 Garrett Birkhoff,"Some Leaders in American Mathematics: 1891–1941," in *The Bicentennial Tribute to American Mathematics: 1776–1976,* edited by Dalton Tarwater (Washington, D.C.: Mathematical Association of America, 1977), p. 40.

9 Morse, "George David Birkhoff."

10 Martin Czigler, "Birkhoff, George David," in *Thinkers of the Twentieth Century,* edited by Roland Turner (London: St. James Press, 1987), pp. 79–80.

11 June Barrow-Green, *Poincaré and the Three Body Problem* (Providence, R.I.: American Mathematical Society, 1997), p. 7.

12 Ibid., p. 15.

13 Henri Poincaré, *New Methods of Celestial Mechanics,* edited by Daniel L. Goroff (Woodbury, N.Y.: American Institute of Physics, 1993), p. xxi.

14 Barrow-Green, *Poincaré and the Three Body Problem,* pp. 22, 28.

15 Ibid., p. 1.

16 Poincaré, *New Methods of Celestial Mechanics,* p. 186.

17 Carol Parikh, *The Unreal Life of Oscar Zariski* (Boston: Academic Press, 1991), p. 40.

18 George D. Birkhoff, "Proof of Poincaré's Geometric Theorem," *Transactions of the American Mathematical Society* **14** (1913), pp. 14–22.

19 Poincaré, *New Methods of Celestial Mechanics,* p. 187.

20 Barrow-Green, *Poincaré and the Three Body Problem,* pp. 174, 223–225.

21 John Franks (Northwestern University), interview with the author, October 7, 2010.

22 Norbert Wiener, *Ex-Prodigy* (New York: Simon and Schuster, 1953), p. 230.

23 Birkhoff, "Mathematics at Harvard, 1836–1944," p. 27.

24 Morse, "George David Birkhoff."

25 Birkhoff, "Some Leaders in American Mathematics," p. 41.

26 George D. Birkhoff, "The Reducibility of Maps," *American Journal of Mathematics* **35** (April 1913), pp. 115–128.

27 J. J. O'Connor and E. F. Robertson, "History Topic: The Four Colour Theorem," *MacTutor History of Mathematics* (September 1996), available at

http:// www-groups.dcs.st-and.ac.uk/~history/PrintHT /The_four_colour_theorem.html.

28 G. L. Alexanderson, Review of "Four-Colors Suffice," *MAA Online Book Review Column* (December 12, 2003) available at http://mathdl.maa.org/ mathDL/ 19/?pa=reviews&sa=viewBook&bookId=65760.

29 Vandiver, "Some of My Recollections," pp. 272–278.

30 Albers and Alexanderson, *Mathematical People,* pp. 12–13.

31 Rudolph Fritsch and Gerda Fritsch, *The Four-Color Theorem* (New York: Springer, 1998), p. 32.

32 George D. Birkhoff, "Dynamical Systems with Two Degrees of Freedom," *Proceedings of the National Academy of Sciences of the USA* **3** (April 1917), pp. 314–316.

33 Morse, "George David Birkhoff."

34 E. T. Whittaker, "Professor G. D. Birkhoff," *Nature* **154** (December 23, 1944), pp. 791–792.

35 Birkhoff, "Dynamical Systems." Marston Morse, "George David Birkhoff."

36 David Aubin, "George David Birkhoff, *Dynamical Systems* (1927), in *Landmark Writings in Western Mathematics, 1640–1940,* edited by L. Grattan-Guinness (Amsterdam: Elsevier, 2005), pp. 871–881.

37 Ibid.

38 Ibid.

39 G. D. Birkhoff, "What Is the Ergodic Theorem?," *American Mathematical Monthly* **49** (April 1942), pp. 222–226.

40 Franks, interview.

41 Joseph D. Zund, "George David Birkhoff and John von Neumann: A Question of Priority and the Ergodic Theorems, 1931–1932," *Historia Mathematica* **29** (2002), pp. 138–156.

42 Karen Hunger Parshall, "Perspectives on American Mathematics," *Bulletin of the American Mathematical Society* **37** (2000), p. 391.

43 Antti Knowles (Harvard University), interview with the author, October 15, 2010.

44 Ibid.

45 Franks, interview.

46 Terence Tao (UCLA), e-mail message to the author, October 16, 2010.

47 Ibid.

48 John von Neumann, "Letter to H. P. Robertson," in *John von Neumann: Selected Letters,* edited by Miklos Redei (Providence, R.I.: American Mathematical Society, 2005), pp. 208–210.

49 Ibid.

50 George D. Birkhoff, "Proof of the Ergodic Theorem," *Proceedings of the National Academy of Sciences of the USA* **17** (December 1931), pp. 656–660.

51 von Neumann, "Letter to H. P. Robertson."
52 G. D. Birkhoff and B. O. Koopman, "Recent Contributions to the Ergodic Theory," *Proceedings of the National Academy of Sciences of the USA* **18** (March 1932), pp. 279–282.
53 Zund, "George David Birkhoff and John von Neumann."
54 Steve Batterson, *Pursuit of Genius* (Wellesley, Mass.: A. K. Peters), p. 10.
55 Marston Morse, "George David Birkhoff."
56 Albers and Alexanderson, *Mathematical People,* p. 12.
57 Marjorie Van de Water, "Mathematical Measure for Art," *Science News Letter* **25** (March 17, 1934), pp. 170–172.
58 Ivars Peterson, "A Measure of Beauty," *Ivars Peterson's MathTrek* (May 24, 2004), available at http://www.maa.org/mathland/mathtrek_05_24_04.html.
59 J. Laurie Snell, "A Conversation with Joe Doob," available at http://www.dartmouth.edu/~chance/Doob/conversation.html.
60 Albers and Alexanderson, *Mathematical People,* p. 14.
61 Marston Morse, "George David Birkhoff."
62 Vandiver, "Some of My Recollections," pp. 273–274.
63 Edwin B. Wilson, "Obituary: George David Birkhoff," *Science* **102** (December 7, 1945), pp. 578–580.
64 R. E. Langer, "George David Birkhoff, 1884–1944," *Transactions of the American Mathematical Society* **60** (July 1946), pp. 1–2.
65 Marston Morse, "George David Birkhoff."
66 Oswald Veblen, "George David Birkhoff," in *Biographic Memoirs,* Vol. 80 (Washington, D.C.: The National Academy Press, 2001), pp. 1–14.
67 George D. Birkhoff, "Fifty Years of American Mathematics," in *Semicentennial Addresses of the American Mathematical Society,* Vol. 2 (New York: American Mathematical Society, 1938), pp. 270–315.
68 Constance Reid, *Courant* (New York: Springer, 1996), pp. 212–213.
69 Saunders Mac Lane, "Jobs in the 1930s and the Views of George D. Birkhoff," *Mathematical Intelligencer* **16** (1944), pp. 9–10.
70 Ioan James, *Remarkable Mathematicians: From Euler to von Neumann* (Cambridge: Cambridge University Press, 2002), p. 342.
71 Lipman Bers, "The Migration of European Mathematicians to America," in *A Century of Mathematics in America,* Part 1, edited by Peter Duran (Providence, R.I.: American Mathematical Society, 1988), p. 235.
72 Peter Lax (New York University), interview with the author, November 3, 2010.
73 Norbert Wiener, *I Am a Mathematician* (New York: Doubleday, 1956), pp. 28–31.
74 George Daniel Mostow (Yale University), interview with the author, April 9, 2010.

75 Wiener, *I Am a Mathematician,* pp. 28–31.
76 Nathan Reingold, "Refugee Mathematicians, 1933–1941," in *A Century of Mathematics in America,* Part 1, edited by Peter Duran (Providence, R.I.: American Mathematical Society, 1988), p. 183.
77 J. J. O'Connor and E. F. Robertson, "George David Birkhoff," *MacTutor History of Mathematics,* available at http://www-history.mcs.st-andrews.ac.uk/Biographies/Birkhoff.html.
78 Mac Lane. "Jobs in the 1930s."
79 Stephen H. Norwood, *The Third Reich in the Ivory Tower* (New York: Cambridge University Press, 2009), pp. 60–67.
80 Reid, *Courant,* p. 213.
81 Mostow, interview with the author, April 9, 2010.
82 Veblen, "George David Birkhoff."
83 Garrett Birkhoff, "The Rise of Modern Algebra, 1936 to 1960," in *Selected Papers on Algebra and Topology by Garrett Birkhoff,* edited by Gian-Carlo Rota and Joseph S. Oliveira (Boston: Birkhäuser, 1987), p. 586.
84 Bers, "Migration of European Mathematicians to America," pp. 233–234.
85 Reuben Hersh, "Under-represented Then Over-represented: A Memoir of Jews in American Mathematics," *College Mathematics Journal* **41** (January 2010), pp. 2–9.
86 Bers, "Migration of European Mathematicians to America," p. 242.

4. 当分析和代数遇到拓扑

1 David E. Zitarelli, "Towering Figures in Mathematics," *American Mathematical Monthly* **108** (August–September 2001), pp. 606–635.
2 Calvin Moore, *Mathematics at Berkeley: A History* (Wellesley, Mass.: A. K. Peters, 2007), p. 63.
3 Joseph D. Zund, "Joseph Leonard Walsh," *American National Biography,* Vol. 22 (New York: Oxford University Press, 1999), pp. 571–572.
4 Joanne E. Snow and Colleen M. Hoover, "Mathematician as Artist: Marston Morse," *Mathematical Intelligencer* **32** (2010), pp. 11–18.
5 Marston Morse, "Relations between the Critical Points of a Real Function of *n*Independent Variables," *Transactions of the American Mathematical Society* **27** (1925), pp. 345–396.
6 Marston Morse, *The Calculus of Variations in the Large* (Providence, R.I.: American Mathematical Society, 1934).
7 S. Smale, "Marston Morse (1892–1977)," *Mathematical Intelligencer* **1** (March 1878), pp. 33–34.
8 Raoul Bott, "Marston Morse and His Mathematical Works," *Bulletin of the*

American Mathematical Society **3** (November 1980), pp. 907–950.

9 Joseph D. Zund, "Marston Morse," *American National Biography,* Vol. 15 (New York: Oxford University Press, 1999), pp. 936–937.

10 Marston Morse, "Topology and Equilibria," edited by Abe Shenitzer and John Stillwell, *American Mathematical Monthly* **114** (November 2007), pp. 819–834.

11 Ibid.

12 Antti Knowles (Harvard University), interview with the author, November 30, 2010.

13 Morse, "Relations between the Critical Points."

14 Morse, "Topology and Equilibria."

15 Barry Mazur (Harvard University), interview with the author, November 24, 2010.

16 Snow and Hoover, "Mathematician as Artist."

17 Raoul Bott, "Marston Morse."

18 Ibid.

19 Saunders Mac Lane, *Saunders Mac Lane: A Mathematical Autobiography* (Wellesley, Mass.: A. K. Peters, 2005), p. 69.

20 Everett Pitcher, "Marston Morse," *Biographical Memoirs* **65** (Washington, D.C.: National Academy of Sciences, 1994), pp. 223–238.

21 Bott, "Marston Morse."

22 Pitcher, "Marston Morse."

23 Ibid.

24 Bott, "Marston Morse."

25 Snow and Hoover, "Mathematician as Artist."

26 Smale, "Marston Morse."

27 Stewart Cairns, "Marston Morse, 1892–1977," *Bulletin of the Institute of Mathematics Academia Sinica* **6** (October 1978), pp. i–ix.

28 Smale, "Marston Morse."

29 Bott, "Marston Morse."

30 Marston Morse, "Twentieth Century Mathematics," *American Scholar* **9** (1940), pp. 499–504.

31 Snow and Hoover, "Mathematician as Artist."

32 Marston Morse, "Mathematics and the Arts," in *Musings of the Masters,* edited by Raymond G. Ayoub (Washington, D.C.: Mathematical Association of America, 2004), p. 91.

33 Zund, "Marston Morse."

34 Garrett Birkhoff, "Some Leaders in American Mathematics: 1891–1941," in *The Bicentennial Tribute to American Mathematics: 1776–1976,* edited by Dalton Tarwater (Washington, D.C.: Mathematical Association of America, 1977), p. 69.

35 J. J. O'Connor and E. F. Robertson, "Hassler Whitney," *MacTutor History of Mathematics,* available at http://www-history.mcs.st-andrews.ac.uk /Biographies/ Whitney.html.

36 "1985 Steele Prizes Awarded at Summer Meeting in Laramie," *Notices of the American Mathematical Society* **32** (1985), pp. 577–578.

37 Hassler Whitney, "Moscow 1935: Topology Moving Toward America," in *A Century of Mathematics in America,* Part 1, edited by Peter Duren (Providence, R.I.: American Mathematical Society, 1988), p. 99.

38 "1985 Steele Prizes Awarded."

39 Ron Bartlett, "Hassler Whitney: Humble about His World-wide Honor," *Princeton Packet,* March 2, 1983.

40 William Aspray and Albert Tucker, "Hassler Whitney (with Albert Tucker)," *Princeton Mathematics Community in the 1930s,* Transcript 43 (PMC43), 1985, available at http://www.princeton.edu/~mudd/finding_aids/mathoral /pmc43.htm.

41 Ibid.

42 Whitney, "Moscow 1935," p. 99.

43 Aspray and Tucker, "Hassler Whitney."

44 Shiing-shen Chern, "Hassler Whitney," *Proceedings of the American Philosophical Society* **138** (September 1994), pp. 465–467.

45 Karen Hunger Parshall, "Perspectives on American Mathematics," *Bulletin of the American Mathematical Society* **37** (2000), p. 391.

46 Chern, "Hassler Whitney."

47 Ibid.

48 Jean Dieudonné, *A History of Algebraic and Differential Topology* (Boston: Birkhäuser, 1989), pp. 78–79.

49 John W. Milnor and James D. Stasheff, *Characteristic Classes* (Princeton, N.J.: Princeton University Press, 1974), p. v.

50 Hassler Whitney, *Geometric Integration Theory* (Princeton, N.J.: Princeton University Press, 1957).

51 Whitney, "Moscow 1935," p. 117.

52 Ibid.

53 Alex Heller, "Samuel Eilenberg," *Biographical Memoirs,* Vol. 79 (Washington, D.C.: National Academy Press, 2001), pp. 119–122.

54 Mac Lane, *Mathematical Autobiography,* pp. 22, 31.

55 Ibid., p. 33.

56 Ibid., p. 53.

57 Philip J. Davis, "Mister Mathematics: Saunders Mac Lane," *SIAM News,* November 20, 2005.

58 Saunders Mac Lane, "Mathematics at Göttingen under the Nazis," *Notices of the American Mathematical Society* **42** (October 1995), pp. 1134–1138.

59 Ivan Niven, "The Threadbare Thirties," in *A Century of Mathematics in America,* Part 1, edited by Peter Duren (Providence, R.I.: American Mathematical Society, 1988), p. 219.
60 G. L. Alexanderson, "A Conversation with Saunders Mac Lane," *College Mathematics Journal* **20** (January 1989), pp. 2–25.
61 Mac Lane, *Mathematical Autobiography,* p. 135.
62 Ibid., p. 72.
63 Gaston de los Reyes, "Fellows Promote Genius, Continue Tradition," *Harvard Crimson,* March 5, 1994.
64 Saunders Mac Lane, "Garrett Birkhoff and the 'Survey of Modern Algebra,'" *Notices of the American Mathematical Society* **44** (December 1997), pp. 1438–1439.
65 Mac Lane, *Mathematical Autobiography,* p. 137.
66 Alexanderson, "Conversation with Saunders Mac Lane."
67 Barry Mazur (Harvard University), interview with the author, December 9, 2009.
68 Mac Lane, *Mathematical Autobiography,* p. xi.
69 Ibid., p. 101.
70 S. Mac Lane, "Samuel Eilenberg and Categories," *Journal of Pure and Applied Algebra* **168** (2002), pp. 127–131.
71 Hyman Bass, Henri Cartan, Peter Freyd, Alex Heller, and Saunders Mac Lane, "Samuel Eilenberg (1913–1998)," *Notices of the American Mathematical Society* **45** (November 1998), pp. 1344–1352.
72 Alexanderson, "Conversation with Saunders Mac Lane."
73 Michael Barr (McGill University), interview with the author, November 29, 2010.
74 Mac Lane, *Mathematical Autobiography,* pp. 125–126.
75 Saunders Mac Lane, "Concepts and Categories in Perspective," in *A Century of Mathematics in America,* Part 1, edited by Peter Duren (Providence, R.I.: American Mathematical Society, 1988), pp. 323–365.
76 Ibid.
77 Alexandra C. Bell, "Ex-Math Prof Mac Lane, 95, Dies," *Harvard Crimson,* April 25, 2005.
78 Steve Koppes, "Saunders Mac Lane, Mathematician, 1909–2005," press release, University of Chicago News Office, April 21, 2005.
79 Steve Awodey, "In Memoriam: Saunders Mac Lane," *Bulletin of Symbolic Logic* **13** (March 2007), pp. 115–119.
80 Colin McLarty (Case Western Reserve University), interview with the author, November 30, 2010.
81 Colin McLarty (Case Western Reserve University), interview with the author, December 12, 2010.

82 William Lawvere (SUNY Buffalo), interview with the author, November 29, 2010.
83 Davis, "Mister Mathematics."
84 Della Fenster, "Reviews," *American Mathematical Monthly* **113** (December 2006), pp. 947–951.
85 Davis, "Mister Mathematics."
86 Walter Tholen, "Saunders Mac Lane, 1909–2005: Meeting a Grand Leader," *Scientiae Mathematiciae Japonicae* **63** (January 2006), pp. 13–24.

5. 最复杂的分析学

1 Albert Marden (University of Minnesota), e-mail message to the author, August 6, 2011.
2 Olli Lehto, "On the Life and Work of Lars Ahlfors," *Mathematical Intelligencer* **20** (1985), pp. 4–8.
3 Lars Ahlfors, "Author's Preface," in *Lars Valerian Ahlfors, Collected Papers,* Vol. 1, *1929–1955,* edited by Rae Michael Shortt (Boston: Birkhäuser, 1982), p. xi.
4 Donald J. Albers, "An Interview with Lars V. Ahlfors," *College Mathematics Journal* **29** (March 1998), pp. 82–92.
5 Ahlfors, "Author's Preface," p. xi.
6 Albers, "Interview with Lars V. Ahlfors."
7 Troels Jorgensen, in "Lars Valerian Ahlfors," edited by Steven G. Krantz, *Notices of the American Mathematical Society* **45** (February 1998), pp. 248–255.
8 Albers, "Interview with Lars V. Ahlfors."
9 Lars Ahlfors, "The Joy of Function Theory," in *A Century of Mathematics in America,* Part 3, edited by Peter Duren (Providence, R.I.: American Mathematical Society, 1989), pp. 443–447.
10 Ahlfors, "Joy of Function Theory."
11 Osmo Pekonen, "Lars Ahlfors, Finland's Greatest Mathematician," *CSC-news* (*Information Technology for Science in Finland*) **2** (2007), p. 39.
12 Albers, "Interview with Lars V. Ahlfors."
13 Ahlfors, "Joy of Function Theory."
14 Aimo Hinkkanen (University of Illinois), interview with the author, June 13, 2011.
15 Ahlfors, "Author's Preface," p. xii.
16 Albers, "Interview with Lars V. Ahlfors."
17 Ibid.
18 Ahlfors, "Joy of Function Theory."

19 Ahlfors, “Author’s Preface,” p. xii.
20 Lehto, “Life and Work of Lars Ahlfors.”
21 Robert Osserman, “The Geometry Renaissance in America: 1938–1988,” in *A Century of Mathematics in America,* Part 1, edited by Peter Duren (Providence, R.I.: American Mathematical Society, 1988), p. 513.
22 Albers, “Interview with Lars V. Ahlfors.”
23 Lehto, “Life and Work of Lars Ahlfors.”
24 David Drasin (Purdue University), interview with the author, June 15, 2011.
25 David Drasin, e-mail message to the author, June 15, 2011.
26 Ibid.
27 Hinkkanen, interview.
28 L. V. Ahlfors, “Zur Theorie der Überlagerungsflächen,” *Acta Mathematica* **65** (1935), pp. 157–194.
29 Hinkkanen, interview.
30 David Drasin, e-mail message to the author, June 14, 2011.
31 Robert Osserman, “Conformal Geometry,” in “The Mathematics of Lars Valerian Ahlfors,” edited by Steven G. Krantz, *Notices of the American Mathematical Society* **45** (February 1998), pp. 233–236.
32 Albers, “Interview with Lars V. Ahlfors.”
33 Osserman, “Conformal Geometry.”
34 Ahlfors, “Author’s Preface,” p. xii.
35 Albers, “Interview with Lars V. Ahlfors.”
36 L. V. Ahlfors, “The Theory of Meromorphic Curves,” *Acta Societas Scientiarum Fennicae* **3** (1941), pp. 3–31.
37 Frederick Gehring, “Lars Valerian Ahlfors,” *Biographical Memoirs* **87** (2005), pp. 1–27.
38 Hung-Hsi Wu (University of California, Berkeley), e-mail message to the author, July 18, 2011.
39 Lehto, “Life and Work of Lars Ahlfors.”
40 Albers, “Interview with Lars V. Ahlfors.”
41 Ibid.
42 Steven G. Krantz, *Mathematical Apocrypha* (Washington, D.C.: Mathematical Association of America, 2002), p. 166.
43 Pekonen, “Lars Ahlfors,” p. 39.
44 Ahlfors, “Author’s Preface,” p. xiv.
45 Ibid.
46 Raoul Bott, in “Lars Valerian Ahlfors,” edited by Steven G. Krantz, *Notices of the American Mathematical Society* **45** (February 1998), pp. 254–255.
47 Marden, e-mail message.
48 L. Ahlfors and A. Beurling, “Conformal Invariants and Function-Theoretic Null Sets,” *Acta Mathematica* **83** (1950), pp. 101–129.

49 Steven G. Krantz (editor), "Lars Valerian Ahlfors," *Notices of the American Mathematical Society* **45** (February 1998), pp. 248–249.
50 Marden, e-mail message.
51 Hinkkanen, interview.
52 Frederick Gehring, "Quasiconformal Mappings," in "The Mathematics of Lars Valerian Ahlfors," edited by Steven G. Krantz, *Notices of the American Mathematical Society* **45** (February 1998), pp. 239–242.
53 Lehto, "Life and Work of Lars Ahlfors."
54 Clifford Earle (Cornell University), interview with the author, June 10, 2011.
55 Marden, e-mail message.
56 Lehto, "Life and Work of Lars Ahlfors."
57 Gehring, "Quasiconformal Mappings."
58 A. Beurling and L. Ahlfors, "The Boundary Correspondence under Quasiconformal Mappings," *Acta Mathematica* **96** (1956), pp. 125–142.
59 Lars Ahlfors, "The Story of a Friendship: Recollections of Arne Beurling," *Mathematical Intelligencer* **15** (1993), pp. 25–27.
60 Gehring, "Quasiconformal Mappings."
61 David Drasin, e-mail message to the author, June 20, 2011.
62 Dennis Hejhal (University of Minnesota), interview with the author, July 5, 2011.
63 Marden, e-mail message.
64 Andrew Gleason, George Mackey, and Raoul Bott, "Faculty of Arts and Sciences—Memorial Minute: Lars Valerian Ahlfors," *Harvard Gazette*, January 24, 2001.
65 J. J. O'Connor and E. F. Robertson, "Lipman Bers," *MacTutor History of Mathematics*, available at http://www-history.mcs.st-andrews.ac.uk /Biographies/Bers.html.
66 William Abikoff, "Lipman Bers," *Notices of the American Mathematical Society* **72** (1995), pp. 385–404.
67 Lars Ahlfors and Lipman Bers, "Riemann's Mapping Theorem for Variable Metrics," *Annals of Mathematics* **72** (September 1960), pp. 385–404.
68 Lars V. Ahlfors, "Quasiconformal Mappings, Teichmüller Spaces, and Kleinian Groups," *Proceedings of the International Congress of Mathematicians* (Helsinki, 1978), pp. 71–84, available at http://www.mathunion.org/ICM /ICM1978.1/ Main/icm1978.1.0071.0084.ocr.pdf.
69 John Willard Milnor, *Dynamics in One Complex Variable*, 3rd ed. (Princeton, N.J.: Princeton University Press, 2006), p. 165.
70 Ahlfors, "Quasiconformal Mappings."
71 Irwin Kra (Stony Brook University), interview with the author, June 15, 2011.
72 Ibid.
73 Lars V. Ahlfors, "Finitely Generated Kleinian Groups," *American Journal of*

Mathematics **86** (April 1964), pp. 413–429.
74 Irwin Kra, "Kleinian Groups," in "Lars Valerian Ahlfors," edited by Steven G. Krantz, *Notices of the American Mathematical Society* **45** (February 1998), pp. 248–255.
75 Kra, interview.
76 Irwin Kra, "Creating an American Mathematical Tradition: The Extended Ahlfors-Bers Family," in *A Century of Mathematical Meetings,* edited by Bettye Anne Case (Providence, R.I.: American Mathematical Society, 1996), pp. 265–280.
77 Marden, e-mail message.
78 Ahlfors, "Finitely Generated Kleinian Groups."
79 Kra, "Creating an American Mathematical Tradition."
80 Lehto, "Life and Work of Lars Ahlfors."
81 Krantz, "Lars Valerian Ahlfors," pp. 248–249.
82 Marden, e-mail message.
83 Albers, "Interview with Lars V. Ahlfors."
84 Bott, in "Lars Valerian Ahlfors," pp. 254–255.
85 Lehto, "Life and Work of Lars Ahlfors."
86 "The 1981 Wolf Foundation Prize in Mathematics," available at http://www.wolffund.org.il/index.php?dir=site&page=winners&cs=237&language=eng.
87 Hejhal, interview.
88 Krantz, "Lars Valerian Ahlfors," pp. 248–249.
89 Gleason, Mackey, and Bott, "Faculty of Arts and Sciences."
90 Hejhal, interview.
91 Dennis Hejhal, in "Lars Valerian Ahlfors," edited by Steven G. Krantz, *Notices of the American Mathematical Society* **45** (February 1998), pp. 251–253.
92 Robert Osserman, "Lars Valerian Ahlfors (1907–1996)," edited by Steven G. Krantz, *Notices of the American Mathematical Society* **45** (February 1998), p. 250.
93 Marden, e-mail message.
94 Lehto, "Life and Work of Lars Ahlfors."

6. 战争及其余波

1 Saunders Mac Lane, *Saunders Mac Lane: A Mathematical Autobiography* (Wellesley, Mass.: A. K. Peters, 2005), p. 120.
2 John McCleary, "Airborne Weapons Accuracy," *Mathematical Intelligencer* **28** (2006), pp. 17–21.
3 Garrett Birkhoff, "Mathematics at Harvard, 1836–1944," in *A Century of*

Mathematics in America, Part 2, edited by Peter Duren (Providence, R.I.: American Mathematical Society, 1989), pp. 3–58.

4 Ibid.

5 Garrett Birkhoff, "The Rise of Modern Algebra, 1936 to 1950," in *Selected Papers on Algebra and Topology by Garrett Birkhoff,* edited by Gian-Carlo Rota and Joseph S. Oliveira (Boston: Birkhäuser, 1987), pp. 585–605.

6 Necia Grant Cooper, Roger Eckhardt, and Nancy Shera, *From Cardinals to Chaos: Reflections on the Life and Legacy of Stanislaw Ulam* (New York: Cambridge University Press, 1989).

7 J. Barkley Rosser, "Mathematics and Mathematicians in World War II," in *A Century of Mathematics in America*, Part 1, edited by Peter Duren (Providence, R.I.: American Mathematical Society, 1988), pp. 303–309; John T. Bethell, *Harvard Observed* (Cambridge, Mass.: Harvard University Press, 1998), p. 147.

8 Rosser, "Mathematics and Mathematicians."

9 Ibid.

10 Ethan Bolker (editor), "Andrew M. Gleason, 1921–2008," *Notices of the American Mathematical Society* **56** (November 2009), pp. 1236–1239.

11 Andrew M. Gleason, "Andrew M. Gleason," in *More Mathematical People: Contemporary Conversations,* edited by Donald J. Albers, Gerald L. Alexanderson, and Constance Reid (San Diego: Academic Press, 1990), p. 87.

12 George Dyson, "Turing Centenary: The Dawn of Computing," *Nature* **482** (February 23, 2012), pp. 459–460.

13 Ethan Bolker (University of Massachusetts–Boston), interview with the author, February 1, 2012.

14 John Burroughs, David Lieberman, and Jim Reeds, "The Secret Life of Andy Gleason," *Notices of the American Mathematical Society* **56** (November 2009), pp. 1239–1243.

15 Deborah Hughes Hallet, "Andy Gleason: Teacher," *Notices of the American Mathematical Society* **56** (November 2009), p. 1264.

16 Burroughs et al., "Secret Life of Andy Gleason," p. 1240.

17 Richard Ruggles and Henry Brodie, "An Empirical Approach to Economic Intelligence in World War II," *Journal of the American Statistical Association* **42 B** (March 1947), pp. 72–91.

18 "Technology History," Bletchley Park Science and Innovation Center, available at http://www.bpsic.com/bletchley-park/technology-history.

19 Burroughs et al., "Secret Life of Andy Gleason."

20 Benedict Gross, David Mumford, and Barry Mazur, "Andrew Mattei Gleason," *Harvard Gazette,* April 1, 2010.

21 Gleason, "Andrew M. Gleason," p. 88.

22 John Wermer, "Gleason's Work on Banach Algebras," *Notices of the Ameri-*

can Mathematical Society **56** (November 2009), pp. 1248–1251.
23 Joel Spencer, “Andrew Gleason’s Discrete Mathematics,” *Notices of the American Mathematical Society* **56** (November 2009), pp. 1251–1253.
24 Gleason, “Andrew M. Gleason,” p. 89.
25 Bolker, interview.
26 R. L. Graham, “Roots of Ramsey Theory,” in *Andrew M. Gleason: Glimpses of a Life in Mathematics,* edited by Ethan Bolker (University of Massachusetts at Boston, 1992), pp. 39–47.
27 R. E. Greenwood and A. M. Gleason, “Combinatorial Relations and Chromatic Graphs,” *Canadian Journal of Mathematics* 7 (1955), pp. 1–7.
28 Spencer, “Andrew Gleason’s Discrete Mathematics.”
29 B. D. McKay and S. P. Radziszowski, “R(4,5)=25,” *Journal of Graph Theory* **19** (May 1995), pp. 309–322.
30 Joel Spencer, *Ten Lectures on the Probabilistic Method* (Philadelphia: Society for Industrial and Applied Mathematics, 1987), p. 4.
31 George W. Mackey, “Remarks at Andrew Gleason’s Retirement Conference,” in *Andrew M. Gleason: Glimpses of a Life in Mathematics,* edited by Ethan Bolker (University of Massachusetts at Boston, 1992), pp. 60–61.
32 Gleason, “Andrew M. Gleason,” p. 91.
33 David Hilbert, “Mathematical Problems,” *Bulletin of the American Mathematical Society* **8** (1902), pp. 437–479.
34 Benjamin H. Yandell, *The Honors Class: Hilbert’s Problems and Their Solvers* (Natick, Mass.: A. K. Peters, 2002), p. 144.
35 Ibid.
36 Richard Palais, “Gleason’s Contribution to the Solution of Hilbert’s Fifth Problem,” *Notices of the American Mathematical Society* **56** (November 2009), pp. 1243–1247.
37 Ibid.
38 Richard Palais (University of California, Irvine), interview with the author, September 5, 2011.
39 Richard Palais, e-mail message to the author, February 16, 2012.
40 Yandell, *The Honors Class*, p. 152.
41 G. Daniel Mostow, *Science at Yale: Mathematics* (New Haven, Conn.: Yale University, 2001), p. 22.
42 Yandell, *The Honors Class,* pp. 152–153.
43 Deane Montgomery and Leo Zippin, “Small Subgroups of Finite-Dimensional Groups,” *Annals of Mathematics* **56** (September 1952), pp. 213–241.
44 Andrew M. Gleason, “Groups without Small Subgroups,” *Annals of Mathematics* **58** (1953), pp. 193–212.
45 Richard Palais, interview with the author, September 5, 2011.
46 Mostow, *Science at Yale*, p. 22.

47 Palais, e-mail message.
48 Gleason, "Andrew M. Gleason," pp. 92–93.
49 Jeremy J. Gray, *The Hilbert Challenge* (New York: Oxford University Press, 2000), p. 178.
50 Palais, interview.
51 Paul Chernoff, "Andy Gleason and Quantum Mechanics," *Notices of the American Mathematical Society* **56** (November 2009), pp. 1253–1259.
52 Hallet et al., "Andy Gleason: Teacher."
53 Sheldon Gordon, "Second Star on the Right and Straight on to Morning," in *Andrew M. Gleason: Glimpses of a Life in Mathematics,* edited by Ethan Bolker (University of Massachusetts at Boston, 1992), p. 55.
54 Bolker, "Andrew M. Gleason."
55 Andrew M. Gleason, "Angle Trisection, the Heptagon, and the Triskaidecagon," *American Mathematical Monthly* **95** (March 1988), pp. 185–194.
56 Bolker, interview.
57 Bolker, "Andrew M. Gleason."
58 Roger Howe (Yale University), interview with the author, August 2, 2011.
59 V. S. Varadarajan, "George Mackey and His Work on Representation Theory and Foundations of Physics," *Contemporary Mathematics* **449** (2008), pp. 417–446.
60 Veeravalli S.Varadarajan (UCLA), interview with the author, January 12, 2012.
61 Chernoff, "Andy Gleason and Quantum Mechanics."
62 Mackey, "Andrew Gleason's Retirement Conference."
63 Chernoff, "Andy Gleason and Quantum Mechanics."
64 Andrew M. Gleason, "Measures on the Closed Subspaces of a Hilbert Space," *Journal of Mathematics and Mechanics* **6** (1957), pp. 885–893.
65 Varadarajan, interview.
66 Howe, interview.
67 Chernoff, "Andy Gleason and Quantum Mechanics," p. 1253.
68 Howe, interview.
69 Mackey, "Andrew Gleason's Retirement Conference."
70 Ibid.
71 Judith A. Packer, "George Mackey: A Personal Remembrance," *Notices of the American Mathematical Society* **54** (August 2007), pp. 837–841.
72 Caroline Series, "George Mackey," *Notices of the American Mathematical Society* **54** (August 2007), pp. 844–847.
73 Ann Mackey, "Eulogy for My Father, George Mackey," *Notices of the American Mathematical Society* **54** (August 2007), pp. 849–850.
74 Bryan Marquard, "George Mackey, Professor Devoted to Truth, Theorems," *Boston Globe,* April 28, 2006.

75 Packer, "George Mackey."
76 Series, "George Mackey."
77 Roger Howe (Yale University), interview with the author, September 6, 2011.
78 G. W. Mackey, Letter to Stephanie Singer, September 19, 1982, available at http://www.symmetrysinger.com/Mackey/letter1.pdf.
79 Varadarajan, interview.
80 Howe, interview.
81 David Mumford, "George Whitelaw Mackey," *Proceedings of the American Philosophical Society* **152** (December 2008), pp. 559–663.
82 Andrew Gleason, Calvin Moore, David Mumford, Clifford Taubes, and Shlomo Sternberg, "George Whitelaw Mackey," *Harvard Gazette,* December 18, 2008.
83 Mackey, "Eulogy for My Father."
84 Jean Berko Gleason, "A Life Well Lived," *Notices of the American Mathematical Society* **56** (November 2009), pp. 1266–1267.
85 Bolker, "Andrew M. Gleason," p. 1261.
86 Spencer, "Andrew Gleason's Discrete Mathematics," p. 1252.
87 Ibid.
88 Ethan Bolker, "...and the Work Is Play...," in *Andrew M. Gleason: Glimpses of a Life in Mathematics,* edited by Ethan Bolker (University of Massachusetts at Boston, 1992), pp. 39–47.

7. 有朋自欧洲来

1 Nathan Reingold, "Refugee Mathematicians in the United States of America, 1933–1941: Reception and Reaction," in *A Century of Mathematics in America,* Vol. 1, edited by Peter Duren (Providence, R.I.: American Mathematical Society, 1988), pp. 175–200.
2 Carol Parikh, *The Unreal Life of Oscar Zariski* (Boston: Academic Press, 1991), p. 10.
3 H. Hironaka, G. Mackey, D. Mumford, and J. Tate, "Oscar Zariski: Memorial Minute Adopted by the Faculty of Arts and Sciences," *Harvard University Gazette* **83** (May 1988).
4 Parikh, *Unreal Life of Oscar Zariski,* p. 14.
5 Oscar Zariski, "Preface," in *Oscar Zariski: Collected Papers,* Vol. 4, edited by J. Lipman and B. Teissier (Cambridge, Mass.: MIT Press, 1979), pp. xi–xviii.
6 Parikh, *Unreal Life of Oscar Zariski,* p. 16.
7 Ibid., p. 20.
8 Ibid., p. 25.
9 Ibid., p. 25.

10 Zariski, "Preface."
11 Ibid.
12 Ibid.
13 "Mathematician, Oscar Zariski, Dead at 86," *Harvard Crimson,* July 11, 1986.
14 Ioan James, *Remarkable Mathematicians: From Euler to von Neumann* (Cambridge: Cambridge University Press, 2007), p. 403.
15 "Mathematician, Oscar Zariski."
16 Parikh, *Unreal Life of Oscar Zariski,* pp. 69–70.
17 Zariski, "Preface."
18 Parikh, *Unreal Life of Oscar Zariski,* p. 76.
19 Ibid., p. 79.
20 Ibid., p. 120.
21 Allyn Jackson, "Interview with Heisuke Hironaka," *Notices of the American Mathematical Society* **52** (October 2005), pp. 1010–1019.
22 Heisuke Hironaka (Harvard University), interview with the author, March 31, 2011.
23 Garrett Birkhoff, "Oscar Zariski (24 April 1899–4 July 1986)," *Proceedings of the American Philosophical Society* **137** (1993), pp. 307–320.
24 Parikh, *Unreal Life of Oscar Zariski,* p. 103.
25 D. Mumford, "Oscar Zariski, 1899–1986," *Notices of the American Mathematical Society* **33** (1986), pp. 891–894.
26 David Mumford (Harvard University), interview with the author, March 11, 2011.
27 Oscar Zariski, "Foundations of a General Theory of Birational Correspondences," *Transactions of the American Mathematical Society* **53** (1943), pp. 490–542.
28 Oscar Zariski, "Theory and Applications of Holomorphic Functions on Algebraic Varieties over Arbitrary Ground Fields," *Memoirs of the American Mathematical Society* **5** (1951), pp. 1–90; Mumford, "Oscar Zariski."
29 Michael Artin (MIT), interview with the author, March 31, 2011.
30 Mumford, interview.
31 Mumford, "Oscar Zariski."
32 Zariski, "Preface."
33 Parikh, *Unreal Life of Oscar Zariski,* p. 95.
34 Hironaka et al., "Oscar Zariski."
35 Leila Schneps, "Review: Grothendieck-Serre Correspondence," *Mathematical Intelligencer* **29** (2007), pp. 1–8.
36 Pierre Colmez and Jean-Pierre Serre, *Grothendieck-Serre Correspondence* (Providence, R.I.: American Mathematical Society, 2004), p. 114.
37 Steven L. Kleiman, "Steven L. Kleiman," in *Recountings: Conversations with*

MIT Mathematicians, edited by Joel Segel (Wellesley, Mass.: A. K. Peters, 2009), pp. 278–279.

38 J. Lipman, "Oscar Zariski," *Progress in Mathematics* **181** (2000), pp. 1–4.
39 Parikh, *Unreal Life of Oscar Zariski,* p. 119.
40 Ibid.
41 Hironaka et al., "Oscar Zariski."
42 Jackson, "Interview with Heisuke Hironaka."
43 Ibid.
44 Mumford, "Oscar Zariski."
45 Ibid.
46 Parikh, *Unreal Life of Oscar Zariski,* p. 165.
47 Arthur P. Mattuck, "Arthur P. Mattuck," in *Recountings: Conversations with MIT Mathematicians,* edited by Joel Segel (Wellesley, Mass.: A. K. Peters, 2009), pp. 52–54.
48 Heisuke Hironaka, "Zariski's Papers on Resolution of Singularities," in *Oscar Zariski: Collected Papers,* edited by H. Hironaka and D. Mumford (Cambridge, Mass.: MIT Press, 1972), pp. 223–231.
49 Ibid.
50 S. S. Abhyankar, "Local Uniformization on Algebraic Surfaces over Ground Fields of $p \neq 0$," *Annals of Mathematics* **63** (May 1956), pp. 491–526.
51 Parikh, *Unreal Life of Oscar Zariski,* p. 163.
52 Jackson, "Interview with Heisuke Hironaka."
53 Hironaka, interview.
54 Ibid.
55 Mumford, interview.
56 David Mumford, "Autobiography of David Mumford," in *Fields Medallists' Lectures,* edited by Michael Atiyah and Daniel Iagolnitzer (Singapore: World Scientific, 2003), p. 233.
57 Mumford, interview.
58 David Mumford, "Autobiography of David Mumford," Shaw Prize 2006, available at http://www.shawprize.org/en/shaw.php?tmp=3&twoid=51&threeid=63&fourid=107&fiveid=24.
59 David Gieseker (UCLA), interview with the author, June 8, 2011.
60 David Mumford, e-mail communiqué to the author, March 11, 2011.
61 Mumford, interview.
62 Mumford, e-mail communiqué.
63 Michael Artin, "Michael Artin," in *Recountings: Conversations with MIT Mathematicians,* edited by Joel Segel (Wellesley, Mass.: A. K. Peters, 2009), pp. 358–359.
64 Michael Artin (MIT), interview with the author, March 7, 2011.
65 Ibid.

66 Parikh, *Unreal Life of Oscar Zariski,* p. 157.
67 Ibid.
68 "1981 Steele Prizes," *Notices of the American Mathematical Society* 28 (1981), pp. 504–507.
69 Wolf Foundation, "The 1981 Wolf Foundation Prize in Mathematics," available at http://www.wolffund.org.il/index.php?dir=site&page=winners &cs=241.
70 Lipman, "Oscar Zariski."
71 Parikh, *Unreal Life of Oscar Zariski,* p. 165.
72 Ibid., p. 171.
73 Richard Brauer, "Preface," in *Collected Papers,* Vol. 1, edited by Paul Fong and Warren J. Wong (Cambridge, Mass.: MIT Press, 1980), pp. xv–xix.
74 Ibid.
75 Ibid.
76 Walter Feit, "Richard D. Brauer," *Bulletin of the American Mathematical Society* **1** (January 1979), pp. 1–20.
77 Ibid.
78 J. A. Green, "Richard Dagobert Brauer," *Bulletin of the London Mathematical Society* **10** (1978), pp. 317–342.
79 Feit, "Richard D. Brauer."
80 Charles W. Curtis, *Pioneers of Representation Theory* (Providence, R.I.: American Mathematical Society, 1999), p. 205.
81 Jonathan L. Alperin, "Brauer, Richard Dagobert," *American National Biography Online,* Oxford University Press, available at http://www.anb.org.
82 Mario Livio, *The Equation That Couldn't Be Solved* (New York: Simon and Schuster, 2005), p. 260.
83 Charles Curtis (University of Oregon), interview with author. March 26, 2012.
84 Ibid.
85 Ibid.
86 Charles W. Curtis, "Richard Brauer: Sketches from His Life and Work," *American Mathematical Monthly* **110** (October 2003), pp. 665–678.
87 Richard Brauer and K. A. Fowler, "On Groups of Even Order," *Annals of Mathematics* **62** (November 1955), pp. 565–583; Green, "Richard Dagobert Brauer."
88 Curtis, *Pioneers of Representation Theory,* p. 208.
89 Feit, "Richard D. Brauer."
90 Walter Feit and John G. Thompson, "Solvability of Groups of Odd Order," *Pacific Journal of Mathematics* **13** (1963), pp. 775–1029.
91 John T. Tate, George W. Mackey, and Barry C. Mazur, "Richard Dagobert Brauer: Memorial Minute," *Harvard University Gazette* **75** (February 1,

1980).
92 Livio, *The Equation That Couldn't Be Solved,* p. 259.
93 Stephen Ornes, "Prize Awarded for Largest Mathematical Proof," *New Scientist,* September 9, 2011.
94 Daniel Gorenstein, "The Classification of Finite Simple Groups. I. Simple Groups and Local Analysis," *Bulletin of the American Mathematical Society* **1** (January 1979), pp. 43–199.
95 Feit, "Richard D. Brauer."
96 Green, "Richard Dagobert Brauer."
97 Allyn Jackson, "Interview with Raoul Bott," *Notices of the American Mathematical Society* **48** (April 2001), pp. 374–382.
98 Harold M. Edwards, in "Raoul Bott as We Knew Him," in *A Celebration of the Mathematical Legacy of Raoul Bott,* edited by P. Robert Kotiuga (Providence, R.I.: American Mathematical Society), pp. 43–50.
99 Raoul Bott, "Autobiographical Sketch," in *Raoul Bott Collected Works,* Vol. 1, edited by Robert D. MacPherson (Boston: Birkhäuser, 1994), pp. 3–10.
100 Loring Tu, "The Life and Works of Raoul Bott," *Notices of the American Mathematical Society* **53** (May 2006), pp. 554–570.
101 R. Bott and R. J. Duffin, "Impedance Synthesis without Use of Transformers," *Journal of Applied Physics* **20** (1949), p. 816.
102 Raoul Bott, "Marston Morse and His Mathematical Works," *Bulletin of the American Mathematical Society* **3** (November 1999), pp. 908–909.
103 Raoul Bott, "Comments on the Papers in Volume 1," *Raoul Bott Collected Works,* Vol. 1, edited by Robert D. MacPherson (Boston: Birkhäuser, 1994), p. 29.
104 Jackson, "Interview with Raoul Bott."
105 Bott, "Comments," p. 30.
106 Loring Tu (Tufts University), interview with author, March 30, 2012.
107 Ibid.
108 Raoul Bott, "The Stable Homotopy of Classical Groups," *Proceedings of the National Academy of Sciences of the USA* **43** (1957), pp. 933–955; Sir Michael Atiyah, "Raoul Harry Bott," *Biographical Memoirs of Fellows of the Royal Society* **53** (2007), pp. 64–76.
109 Atiyah, "Raoul Harry Bott."
110 Hans Samelson, "Early Days," in *Raoul Bott Collected Papers,* Vol. 1, edited by Robert D. MacPherson (Boston: Birkhäuser, 1994), p. 38.
111 Bott, "Comments," p. 35.
112 Michael J. Hopkins, "Influence of the Periodicity Theorem on Homotopy Theory," in *Raoul Bott Collected Papers,* Vol. 1, edited by Robert D. MacPherson (Boston: Birkhäuser, 1994), p. 52.
113 Allyn Jackson, "Interview with Raoul Bott."

114 Parikh, *The Unreal Life of Oscar Zariski,* p. 113.

115 Raoul Bott, "Comments on Some of the Papers in Volume 2," in *Raoul Bott Collected Works,* Vol. 2, edited by Robert D. MacPherson (Boston: Birkhäuser, 1994), p. xix.

116 Loring Tu (Tufts University), interview with the author, June 14, 2012.

117 Ibid.

118 Raoul Bott, "Comments on Some of the Papers in Volume 4," in *Raoul Bott Collected Papers,* Vol. 4, edited by Robert D. MacPherson (Boston: Birkhäuser, 1995), p. xii.

119 Sir Michael Atiyah, "Raoul Henry Bott," *Biographical Memoirs of Fellows of the Royal Society* **53** (2007), pp. 64–76.

120 Bryan Marquard, "Raoul Bott: Top Explorer of the Math behind Surfaces and Spaces," *Boston Globe,* January 4, 2006.

121 "Bott and Serre Share 2000 Wolf Prize," *Notices of the American Mathematical Society* **47** (May 2000), p. 572.

122 "Bit of Sever's Ceiling Interrupts Math Class," *Harvard Crimson,* November 3, 1966.

123 Alexandra C. Bell, "Math Professor Dies at Age 82," *Harvard Crimson,* January 13, 2006.

124 Lawrence Conlon, in "Raoul Bott as We Knew Him," in *A Celebration of the Mathematical Legacy of Raoul Bott,* edited by P. Robert Kotiuga (Providence, R.I.: American Mathematical Society), pp. 43–50.

125 Barry Mazur (Harvard University), e-mail message to the author, July 31, 2012.

126 Barry Mazur, in "Raoul Bott as We Knew Him," *A Celebration of the Mathematical Legacy of Raoul Bott,* edited by P. Robert Kotiuga (Providence, R.I.: American Mathematical Society), pp. 43–50.

127 Raoul Bott, "Remarks upon Receiving the Steele Career Prize at the Columbus Meeting of the A.M.S.," *Raoul Bott Collected Papers,* Vol. 4, edited by Robert D. MacPherson (Boston: Birkhäuser, 1995), p. 482.

128 Ibid.

尾 声

1 Benedict Gross (Harvard University), interview with the author, March 28, 2012.

2 Barry Mazur, "Modular Curves and the Eisenstein Ideal," *Publications Mathématiques (IHES)* **47**(1978), pp. 33–186.

3 Barry Mazur (Harvard University), interview with the author, March 28, 2012.

4 Joseph Silverman (Brown University), interview with the author, April 3, 2012.
5 Mazur, interview.
6 John Tate (Harvard University), interview with the author, April 4, 2012.
7 Joseph Silverman (Brown University), e-mail message to the author, April 2, 2012.
8 Tate, interview.
9 Martin Rausssen and Christian Skau, "Interview with Abel Laureate John Tate," *Notices of the American Mathematical Society* 58 (March 2011), pp. 444–452.
10 John Tate (Harvard University), interview with the author, December 30, 2009.
11 Tate, interview, April 4, 2012.
12 Mazur, interview.
13 Tate, interview, April 4, 2012.
14 Ibid.
15 Shlomo Sternberg (Harvard University), interview with the author, March 28, 2012.
16 Pat Harrison, "Mathematician Sophie Morel," *Harvard Gazette,* April 16, 2010.
17 Barry Mazur, "Steele Prize for a Seminal Contribution to Research," *Notices of the American Mathematical Society* 47 (April 2000), p. 479.

索引

H

J

K

L

M

N

O

P

Q

R

S

T

U

V

W

X

Y

Z

哈佛数学150年(1825-1975) HAFO SHUXUE 150 NIAN

图字：01-2014-6434 号

A HISTORY IN SUM: 150 Years of Mathematics at Harvard, 1825–1975
by Steve Nadis and Shing-Tung Yau

图书在版编目(CIP)数据

哈佛数学 150 年：1825–1975 / (美) 斯蒂夫·纳第斯 (Steve Nadis), (美) 丘成桐著；赵振江译. – 北京：高等教育出版社，2021.3
书名原文：A HISTORY IN SUM: 150 Years of Mathematics at Harvard, 1825–1975
ISBN 978-7-04-055602-5

I. ①哈… II. ①斯… ②丘… ③赵… III. ①数学史 – 美国 IV. ① O117.12

中国版本图书馆 CIP 数据核字 (2021) 第 020761 号

物 料 号 55602-00

出版发行 高等教育出版社
社 址 北京市西城区德外大街 4 号
邮政编码 100120
印 刷 北京中科印刷有限公司
开 本 787mm×1092mm 1/16
印 张 19.75
字 数 260 千字
购书热线 010-58581118
咨询电话 400-810-0598
网 址 http://www.hep.edu.cn
http://www.hep.com.cn
网上订购 http://www.hepmall.com.cn
http://www.hepmall.com
http://www.hepmall.cn
版 次 2021 年 3 月第 1 版
印 次 2021 年 3 月第 1 次印刷
定 价 59.00 元

策划编辑 赵天夫
责任编辑 赵天夫
书籍设计 张申申
责任印制 赵义民